STARK

MATHEMATIK TRAINING

Czech • Jonczyk

Algebra 10. Klasse

Grundlagen und Aufgaben mit Lösungen

STARK

Bildnachweis:
S. 1: Neue Enzyklopädie des Wissens. Das Weltall – Die Erde, Deutscher Bücherbund, Stuttgart 1978, S. 52; S. 61: Reinhard Schmid (Hrsg.), An der Schwelle des dritten Jahrtausends, Spectrum Verlag, Stuttgart 1967, S. 27, Bild: Bavaria; S. 88: Severino Perelda, Studio e Laboratorio d'Arte, Bozen; S. 105: Mauritius, Die Bildagentur, Mittenwald

ISBN: 3-89449-250-3

Auflage 1996

Inhalt

(Fortsetzung nächste Seite)

Funktionen 61

Lösungen 105

Herausgeber: Walter Czech
Autor: Stefan Jonczyk

Vorwort

Liebe Schülerin, lieber Schüler,

die Mittelstufe legt das Fundament, auf dem die gymnasiale Oberstufe aufbaut. Es ist daher wichtig, daß du nach Abschluß der 10. Klasse über ein solides Grundwissen, insbesondere auch in Mathematik, verfügst.

Vielleicht schließt du deine schulische Ausbildung fürs erste mit der Mittleren Reife ab und bewirbst dich um einen Ausbildungsplatz? Eine gute Endnote im Fach Mathematik wird deine Bewerbung bestimmt günstig beeinflussen.

Dieses Trainingsbuch unterstützt dich bei deinen Bemühungen. Es hilft dir, den Algebrastoff der 10. Klasse Gymnasium durch **Beispiele zu verstehen** und an **Aufgaben zu üben**. Es schließt direkt an den Band Algebra 9. Klasse (Best.-Nr. 90013) an und behält den bewährten Aufbau der Mathematik-Trainingsreihe bei.

- Jeder Abschnitt beginnt mit Erklärungen und Regeln, durch die in übersichtlicher Weise das notwendige **Grundwissen** vermittelt wird. Daran schließen sich vollständig ausgearbeitete Beispiele an.
- Elementares und vielfältiges Aufgabenmaterial ermöglicht **individuelles Üben.** Zu allen Aufgaben sind die **Lösungen** ausführlich vorgerechnet.
- Neben dem Unterricht kannst du das Buch zur **Wiederholung und Festigung** des Lehrstoffs einsetzen.
- Du kannst dich damit auch gezielt auf **Klassen- bzw. Schularbeiten** vorbereiten.

Ich wünsche dir viel Erfolg und Freude bei der Arbeit mit diesem Buch!

Stefan Jonczyk

Stefan Jonczyk

Für die freundliche Unterstützung bei der Beschaffung von aktuellem Zahlenmaterial für die anwendungsbezogenen Aufgaben möchte ich mich bedanken bei:

- Frau Schmid-Adelmann vom Dezernat VI, Gesundheitsamt Karlsruhe,
- Dipl. Brauingenieur Hans-Jörg Mayer von der Privatbrauerei Gebr. Mayer, Oggersheim,
- der naturwissenschaftlichen Redaktion des *stern*-Magazins sowie
- bei den Damen und Herren des Statistischen Bundesamts, Zweigstelle Berlin.

Potenzen

Aufgang der Erde, gesehen am 31. Juli 1969 von Apollo 11 aus beim Umkreisen des Mondes. Die Aufnahme beweist, daß unsere Erde eine Kugel ist. Ihr Radius beträgt $6{,}38 \cdot 10^6$ m und ihre Masse ist $5{,}98 \cdot 10^{24}$ kg.

1 Potenzen mit natürlichen Zahlen als Exponenten

1.1 Der Potenzbegriff

Für die Multiplikation mehrerer gleicher Faktoren gilt eine vereinfachende Schreibweise. Für $8 \cdot 8 \cdot 8 \cdot 8 \cdot 8$ schreibt man 8^5 (gelesen: 8 hoch 5). Allgemein legt man fest:

> Für n gleiche Faktoren a schreibt man kurz a^n, wobei $a \in \mathbb{R}$ und $n \in \mathbb{N} \setminus \{1\}$.
> Außerdem vereinbart man $a^1 = a$.
> a^n heißt **Potenz** mit der **Basis (Grundzahl)** a und dem **Exponenten** (der **Hochzahl**) n.

Beispiele:

1. Vereinfache mit Hilfe der Potenzschreibweise!

a) $(-5) \cdot (-5) \cdot (-5) \cdot (-5) \cdot (-5) \cdot (-5) \cdot (-5)$

b) $\frac{3}{4} \cdot \frac{3}{4} \cdot \frac{1}{7} \cdot \frac{1}{7} \cdot \frac{1}{7}$

c) $x \cdot y \cdot x \cdot y \cdot x \cdot z$

d) $(x-3) \cdot (x-3) \cdot (3-x) \cdot (x-3)$

Lösung:

a) $(-5) \cdot (-5) \cdot (-5) \cdot (-5) \cdot (-5) \cdot (-5) \cdot (-5) = (-5)^7$

b) $\frac{3}{4} \cdot \frac{3}{4} \cdot \frac{1}{7} \cdot \frac{1}{7} \cdot \frac{1}{7} = \left(\frac{3}{4}\right)^2 \cdot \left(\frac{1}{7}\right)^3$

c) $x \cdot y \cdot x \cdot y \cdot x \cdot z = x^3 \cdot y^2 \cdot z$

d) $(x-3) \cdot (x-3) \cdot (3-x) \cdot (x-3)$
$= (x-3) \cdot (x-3) \cdot [-(x-3)] \cdot (x-3)$
$= (-(x-3) \cdot (x-3) \cdot (x-3) \cdot (x-3) = -(x-3)^4$

2. Schreibe als Potenz!

a) -27
b) $0{,}008$

Lösung:

a) $-27 = (-3) \cdot (-3) \cdot (-3) = (-3)^3$
b) $0{,}008 = 0{,}2 \cdot 0{,}2 \cdot 0{,}2 = 0{,}2^3$

Aufgaben

1. Verwende die Potenzschreibweise!

a) $1{,}5 \cdot 1{,}5 \cdot 1{,}5 \cdot \frac{3}{2}$

b) $(-0{,}3) \cdot (-0{,}3) \cdot (-0{,}3) \cdot 5 \cdot 5 \cdot 5$

c) $x \cdot b \cdot b \cdot x \cdot z$

d) $(3a) \cdot (3a) \cdot (3a) \cdot (3a) \cdot (3a)$

e) $(x + 1)(x + 1)(x + 1)(1 + x)$

f) $(2x + 1)(1 - 2x)(2x + 1)$

g) $(1 - x)(1 - x)(x - 1)$

h) $a \cdot (b + 2) \cdot a \cdot a \cdot (2 - b)$

2. Schreibe als Potenz!

a) 125

b) $1\,000\,000$

c) 81

d) 196

e) $0{,}0625$

f) $\frac{1}{3135}$

1.2 Berechnung von Potenzen

Bei der Berechnung von Potenzen ist genau auf die Schreibweise zu achten, da sich die Hochzahl nur auf die direkt voranstehende Zahl oder Variable bezieht.

> Der Potenzwert einer Potenz mit negativer Basis ist positiv, wenn der Exponent gerade ist; er ist negativ, wenn der Exponent ungerade ist.

Beispiele:

1. Berechne!

   a) -7^2

   b) $(-7)^2$

   c) $\frac{4^3}{5}$

   d) $\left(\frac{4}{5}\right)^3$

   Lösung:

   a) $-7^2 = -7 \cdot 7 = -49$

   b) $(-7) \cdot (-7) = 49$

   c) $\frac{4^3}{5} = \frac{4 \cdot 4 \cdot 4}{5} = \frac{64}{5}$

   d) $\left(\frac{4}{5}\right)^3 = \frac{4}{5} \cdot \frac{4}{5} \cdot \frac{4}{5} = \frac{64}{125}$

2. Berechne mit Hilfe des Taschenrechners!

   a) 4^6

   b) $(-2)^5$

   c) $(-3)^4$

   Lösung:

   Für die Berechnung von Potenzen kann man den **Taschenrechner** einsetzen. Je nach Rechnermodell findet man hierfür die Funktionstaste

   $\boxed{x^y}$ oder $\boxed{y^x}$

Übereinstimmend wird aber bei allen Rechnern zunächst die Basis eingegeben, dann die entsprechende Potenz-Funktionstaste bestätigt und danach der Exponent eingegeben.

a) Eingabe: [4] [x^y] [6] [=] Ausgabe im Display: 4096
Also $4^6 = 4096$.

b) *Achtung:* Nur wenige Taschenrechnern erlauben die Berechnung von Potenzen mit *negativen* Basen bei ganzzahligen Exponenten. Wird eine solche Berechnung nicht angeboten, so ermittelt man ganz einfach das Vorzeichen der Potenz voraus im Kopf.
$(2)^5 = -2^5 = -32$
↑
Die Hochzahl 5 ist ungerade.
Der Potenzwert ist folglich negativ.

c) $(-3)^4 = +3^4 = 81$
↑
Die Hochzahl 4 ist gerade.
Der Potenzwert ist folglich positiv.

3. Berechne $\left(3\frac{1}{3}\right)^4$!

Lösung:
Wir verwandeln den gemischten Bruch zunächst in einen uneigentlichen Bruch und potenzieren dann:

$$\left(3\frac{1}{3}\right)^4 = \left(\frac{10}{3}\right)^4 = \frac{10}{3}\cdot\frac{10}{3}\cdot\frac{10}{3}\cdot\frac{10}{3} = \frac{10\,000}{81} = 123\frac{37}{81}$$

4. Berechne!

a) $3 \cdot 4^3 + 4 \cdot (-3)^3$

b) $(-1{,}4^2 - 0{,}2^2)^7$

Lösung:

a) $3 \cdot 4^3 + 4 \cdot (-3)^3 = 3 \cdot 64 + 4 \cdot (-27) = 3 \cdot 64 - 4 \cdot 27$
$= 192 - 108 = 84$
↑ Potenzrechnung geht vor Punkt- und Strichrechung
↑ Punkt- vor Strichrechnung

b) $(-1{,}4^2 - 0{,}2^2)^7 = (-1{,}96 - 0{,}04)^7 = (-2)^7$
Wir berechnen zunächst die Potenzwerte in der Klammer.
$= -2^7 = -128$
↑
ungerade Hochzahl

Aufgaben

3. Berechne im Kopf!

a) -3^4 b) $(-2)^5$

c) $(-5)^3$ d) $\left(-\frac{1}{7}\right)^2$

e) $-0{,}1^2$ f) $\left(-\frac{1}{10}\right)^2$

g) $-(-2)^3$ h) $-(-3)^4$

4. Berechne mit dem Taschenrechner auf 2 Dezimalen genau!

a) $13{,}3^3$ b) $(-2{,}13)^3$

c) $-4{,}01^4$ d) $-(-6{,}1)^4$

e) $(-1{,}01)^{111}$ f) $(-0{,}997)^{200}$

5. Berechne zunächst ohne Taschenrechner! Kontrolliere dein Ergebnis dann mit Hilfe des Taschenrechners!

a) $\left(2\frac{6}{7}\right)^2$ b) $\left(-1\frac{2}{17}\right)^2$

c) $\left(3\frac{1}{8}\right)^2$ d) $\left(-3\frac{1}{5}\right)^3$

6. Berechne zunächst ohne Taschenrechner! Kontrolliere dein Ergebnis dann mit Hilfe des Taschenrechners!

a) $5^3 - 3 \cdot 2^4$ b) $(-6)^3 \cdot 4 + 3 \cdot 7^4$

c) $\left[\frac{3}{4} - \left(\frac{1}{2}\right)^3\right]^2$ d) $8 \cdot 0{,}5^4 + 25 \cdot 1{,}4^3$

e) $0{,}3^3 + 0{,}074 - \left(\frac{1}{10}\right)^3$ f) $\left(1\frac{3}{4}\right)^2 - 6 \cdot 1{,}5^3$

1.3 Potenzen mit gleicher Basis

Sollen **Potenzen mit gleicher Basis multipliziert** werden, so kann man diese zu einer Potenz zusammenfassen.

Potenzgesetz 1

Potenzen mit gleicher Basis werden multipliziert, indem man ihre Exponenten addiert und die Basis beibehält.
Es gilt: $a^n \cdot a^m = a^{n+m}$ wobei $a \in \mathbb{R}$ und $n, m \in \mathbb{N}$

Beispiele:

Fasse zu einer Potenz zusammen!
1. $7^3 \cdot 7^5$
2. $(-3)^3 \cdot (-3)^2$

Lösung:
1. $7^3 \cdot 7^5 = 7^{3+5} = 7^8$
2. $(-3)^3 \cdot (-3)^2 = (-3)^{3+2} = (-3)^5$

Aufgaben

7. Fasse zu einer Potenz zusammen!

a) $5^8 \cdot 5^7$
b) $6 \cdot 6^9$
c) $(-2)^4 \cdot (-2)^4$
d) $(-3{,}5)^{12} \cdot (-3{,}5)^{25}$
e) $\left(\frac{1}{5}\right)^4 \cdot \left(\frac{1}{5}\right)^6$
f) $(-1{,}2)^8 \cdot \left(-\frac{6}{5}\right)^3$
g) $(a+1)^5 \cdot (1+a)^7$
h) $(x+2)^6 \cdot (4+4x+x^2)$

8. Fasse zu einer Potenz zusammen, wobei $n, m \in \mathbb{N}$!

a) $a^n \cdot a \cdot a^3$
b) $r^{2m-1} \cdot r^{m+1}$
c) $k^{2n} \cdot k^{3n}$
d) $(-a)^{n+2} \cdot (-a)^{3n-2}$
e) $(-x)^{2+n} \cdot (-x)^{4n-2}$
f) $25 \cdot 5^n$

g) $8 \cdot 2^{3n-2}$

h) $343 \cdot 7^{2n-1}$

i) $a^{5n-3} \cdot a^{4m-3}$

j) $-32 \cdot (-2)^n$

k) $x^n \cdot (-x)^{2n}$

l) $-z^{2n} \cdot (-z)^{4n+1}$

m) $(x-4) \cdot (4-x)^{6n}$

n) $(1-x)^{4n-2} \cdot (x^2 - 2x + 1)$

9. Fasse zusammen, wobei $n \in \mathbb{N}$!

a) $2a^3 \cdot 16a^2$

b) $-3x^4y^7 \cdot 7x^5y^{11}$

c) $(-p)^4q^5 \cdot p^3q^n$

d) $8r^{n+1} \cdot 2r^{2n}$

e) $s^{2n-1}t^9 \cdot s^2t^{4n-3}$

f) $(x+1)^n \cdot (x-1)^3 \cdot (x^2-1)$

g) $(-a+b)^5 \cdot (a-b)^{3n-1}$

1.4 Division von Potenzen mit gleicher Basis

Sollen **Potenzen mit gleicher Basis dividiert** werden, so kann man diese **zu einer Potenz zusammenfassen.**

Potenzgesetz 2

Für alle $a \in \mathbb{R} \setminus \{0\}$ und alle $n, m \in \mathbb{N}$ gilt:

$$a^n : a^m = \begin{cases} a^{n-m} & \text{, wenn } n > m \\ 1 & \text{, wenn } n = m \\ \dfrac{1}{a^{m-n}} & \text{, wenn } n < m. \end{cases}$$

Beispiele:

1. Fasse zu einer Potenz zusammen!
   a) $2^7 : 2^4$
   b) $2^3 : 2^5$
   c) $2^3 : 2^3$
   d) $a^{12} : a^3$

   Lösung

   a) $2^7 : 2^4 = \dfrac{2^7}{2^4} = 2^{7-4} = 2^3$

   b) $2^3 : 2^5 = \dfrac{2^3}{2^5} = \dfrac{1}{2^{5-3}} = \dfrac{1}{2^2}$

   c) $2^3 : 2^3 = 1$

   d) $a^{12} : a^3 = \dfrac{a^{12}}{a^9} = \dfrac{\overbrace{a \cdot a \cdot \ldots \cdot a}^{12 \text{ Faktoren } a}}{\underbrace{a \cdot a \cdot \ldots \cdot a}_{9 \text{ Faktoren } a}} = a^{12-9} = a^3$

2. Fasse zu einer Potenz zusammen, wobei $n \in \mathbb{N}$!
   $x^{3n} : x^{2n-1} = x^{3n-(2n-1)} = x^{3n-2n+1} = x^{n+1}$

Aufgaben

10. Fasse zu einer Potenz zusammen, wobei $n \in \mathbb{N}$!

a) $3^6 : 3^4$ b) $10^8 : 10$

c) $(-7)^8 : (-7)^7$ d) $\left(\frac{5}{8}\right)^{11} : \left(\frac{5}{8}\right)^4$

e) $0{,}25^7 : \left(\frac{1}{4}\right)^3$ f) $x^{34} : x^{18}$

g) $(x+3)^9 : (x+3)^5$ h) $(x-1)^8 : (x^2 - 2x + 1)$

11. Fasse zu einer Potenz zusammen, wobei $n \in \mathbb{N}$!

a) $5^{3n} : 5^n$ b) $y^{n+4} : y^n$

c) $z^{4n+5} : z^{3n+2}$ d) $p^{5n} : p^{3n-2}$

e) $r^{7n-1} : r^{3n+2}$ f) $(-x)^{2n+4} : x^{n+2}$

12. Schreibe als Bruch und vereinfache durch Kürzen, wobei $n \in \mathbb{N}$!

a) $7^4 : 7^{10}$ b) $15^5 : 15^{14}$

c) $10 : 10^6$ d) $x^{11} : x^{20}$

e) $\left(\frac{1}{2}\right)^3 : 0{,}5^{10}$ f) $5^n : 5^{n+3}$

g) $x^{2n-1} : x^{2n}$ h) $y^{3n-1} : y^{6n+3}$

13. Kürze, wobei $n \in \mathbb{N}$!

a) $\frac{a^4 \cdot b^8 \cdot c^6}{a^2 \cdot b^7 \cdot c^8}$ b) $\frac{x^{5n} \cdot x^2}{x^{2n} \cdot x^4}$

c) $\frac{y^{2n+6}}{y^{2n-1}}$ d) $\frac{u^2 v}{u^{n+4} v^5}$

e) $\frac{(-t)^3}{t^{4n}}$ f) $\frac{(ax)^{2n+1}}{(ax)^{6n-1}}$

g) $\left(\frac{1}{2}vw\right)^{2n} : \left(\frac{1}{2}vw\right)$ h) $\frac{2y-x}{(2y-x)^{3n-1}}$

i) $(ab^3)^4 : (ab^3)^{3(n+1)}$ j) $(x-2)^{2n+1} : (x-2)^{(n+1)^2}$

14. Fasse soweit wie möglich zusammen, wobei $n \in \mathbb{N}$!

a) $51x^5y^{14} : 17x^7y^9$

b) $45cd^n : 54c^4d^{2n+3}$

c) $\dfrac{12x^6y^5z^{3n+4}}{96x^7y^2z^{3n-2}}$

d) $\dfrac{32xy^3}{35x^4y} \cdot \dfrac{7x^5y^2}{2^6x^{13}}$

e) $\dfrac{3^4a^7}{b^{5n-2}} : \dfrac{3^{10}a^{10}}{27b^{6n+1}}$

1.5 Potenzieren von Produkten

Sind Produkte zu potenzieren, so gilt:

Potenzgesetz 3

Ein Produkt wird potenziert, indem man jeden einzelnen Faktor potenziert.

Es gilt: $(a \cdot b)^n = a^n \cdot b^n$, $a, b \in \mathbb{R}$ und $n \in \mathbb{N}$

Beispiele:

1. Berechne!

   a) $(5 \cdot 10)^3$

   b) $(0{,}2xy)^4$

   Lösung:

   a) $(5 \cdot 10)^3 = 5^3 \cdot 10^3 = 125 \cdot 1\,000 = 125\,000$

   b) $(0{,}2xy)^4 = 0{,}2^4 \cdot x^4 \cdot y^4 = 0{,}0016x^4 \cdot y^4$

2. Faktorisiere soweit wie möglich und schreibe als Produkt von Potenzen!

   a) $(x^2 - 2x)^3$

   b) $(4x^2 - 9y^2)^3$

   Lösung:

   a) $(x^2 - 2x)^3 = [x \cdot (x - 2)]^3 = x^3 \cdot (x - 2)^3$

   b) $(4x^2 - 9y^2)^3 = [(2x - 3y) \cdot (2x + 3y)]^3 = (2x - 3y)^3 \cdot (2x + 3y)^3$

3. Schreibe als Potenz!
   a) $2^3 \cdot 3^3$
   b) $a^4 \cdot b^4 \cdot \left(\frac{1}{c}\right)^4$

   Lösung:
   a) $2^3 \cdot 3^3 = (2 \cdot 3)^3 = 6^3$
   b) $a^4 \cdot b^4 \cdot \left(\frac{1}{c}\right)^4 = \left(\frac{ab}{c}\right)^4$

Aufgaben

15. Schreibe als Produkt von Potenzen! Verwende dazu, falls möglich, Primzahlen als Basis!

a) $(2 \cdot 3)^5$ b) 39^8
c) $(-21)^9$ d) $(xy)^4$
e) $\left(\frac{1}{5}xy\right)^3$ f) $(2{,}5yz)^2$
g) $(7x \cdot 4y)^3$ h) $\left(0{,}8x \cdot \frac{1}{2}y\right)^4$

16. Faktorisiere und schreibe als Produkt von Potenzen!

a) $(12x - 16)^3$ b) $(-7a - 7b)^4$
c) $(x^2 - 9)^2$ d) $(x^3 - 5x^2)^2$
e) $(a^4 + a^2)^2$ f) $(x^3 - x)^4$
g) $(x^2 - 14x + 49)^5$ h) $(-1 + 2x - x^2)^4$

17. Berechne vorteilhaft im Kopf! Verwende dazu Potenzgesetz 3 in umgekehrter Richtung!
Beispiel:

$$12^3 \cdot \left(-\frac{1}{24}\right)^3 = \left[12 \cdot \left(-\frac{1}{24}\right)\right]^3 = \left(-\frac{12}{24}\right)^3 = \left(-\frac{1}{2}\right)^3 = -\frac{1}{8} = -0{,}125$$

a) $4^4 \cdot \left(\frac{1}{2}\right)^4$

b) $(-4)^3 \cdot 25^3$

c) $10^5 \cdot 0{,}2^5$

d) $0{,}125^9 \cdot 8^9$

e) $0{,}6^4 \cdot 5^4$

f) $\left(-\frac{3}{4}\right)^6 \cdot \left(\frac{2}{3}\right)^6$

18. Schreibe als Potenz!

a) $(-5)^6 \cdot 7^6$

b) $11^{n+1} \cdot x^{n+1}$

c) $2^8 \cdot 3^8 \cdot y^8$

d) $32x^5y^5$

e) $8 \cdot 5^3$

f) $\frac{729}{64}x^3$

g) $\left(-\frac{x}{2}\right)^3 \cdot \left(\frac{4z}{5}\right)^3$

h) $\left(\frac{u}{3}\right)^3 \cdot \left(-\frac{v}{u^2}\right)^3$

i) $\left(\frac{xy}{9}\right)^4 \cdot \left(\frac{6}{x^2y^3}\right)^4$

j) $(a+b)^5 \cdot \left(\frac{2}{a^2-b^2}\right)^5$

1.6 Potenzieren von Quotienten

Sind Quotienten zu potenzieren, so gilt:

Potenzgesetz 4

Ein Bruch wird potenziert, indem man Zähler und Nenner potenziert.

Es gilt: $\left(\frac{a}{b}\right)^n = \frac{a^n}{b^n}$, wobei $a \in \mathbb{R}$, $b \in \mathbb{R} \setminus \{0\}$ und $n \in \mathbb{N}$.

Beispiele:

1. Gib in Bruchschreibweise an!

a) $\left(1\frac{3}{7}\right)^4$

b) $\left(\frac{5}{x+1}\right)^3$

Lösung:

a) $\left(1\frac{3}{7}\right)^4 = \left(\frac{10}{7}\right)^4 = \frac{10^4}{7^4}$

b) $\left(\frac{5}{x+1}\right)^3 = \frac{5^3}{(x+1)^3} = \frac{125}{(x+1)^3}$

2. Faktorisiere und schreibe als Quotient von Potenzen!

$\left(\frac{2x-4}{x^2-4}\right)^2$

Lösung:

$$\left(\frac{2x-4}{x^2-4}\right)^2 = \left[\frac{2\,(x-2)}{(x-2)\,(x+2)}\right]^2 = \left(\frac{2}{x+2}\right)^2 = \frac{2^2}{(x+2)^2}$$

Aufgaben

19. Schreibe als Quotient von Potenzen!

a) $\left(\frac{4x}{5}\right)^3$

b) $\left(2\frac{1}{3}\right)^5$

c) $\left(-\frac{1}{2}\right)^{10}$

d) $\left(1\frac{1}{2}\,a\right)^2$

e) $[(x-1):x]^3$

f) $\left(1+\frac{2}{x}\right)^5$

g) $\left(\frac{3-6x}{10x-5}\right)^3$

h) $\left(\frac{8-8x+2x^2}{3x^2-12}\right)^4$

20. Berechne vorteilhaft im Kopf! Verwende dazu Potenzgesetz 4 in umgekehrter Reihenfolge!

a) $8^5 : 4^5$

b) $10^3 : 0{,}1^3$

c) $\frac{24^6}{12^6}$

d) $\frac{63^3}{9^3}$

21. Fasse zu einer Potenz zusammen und vereinfache!

a) $3^7 : 4^7$

b) $\frac{12^5}{18^5}$

c) $\frac{34^3}{51^3}$

d) $\left(2\frac{1}{3}\right)^3 : \left(3\frac{1}{2}\right)^3$

e) $2{,}4^4 : 6^4$

f) $1{,}5^8 : 22{,}5^8$

g) $8 : x^3$

h) $12^2 : 256$

i) $\frac{(6x)5}{(9x)^5}$

j) $(xy)^4 : (y^2)^4$

k) $(-51x)^n : 289^n$

l) $(0{,}6a)^4 : 0{,}0016$

m) $\frac{(8ab)^3}{(64a^2)^3}$

n) $\frac{(-2{,}5r)^5}{(10r^2)^5}$

o) $\frac{(\sqrt{3}x)^3}{(-\sqrt{27}\,x^2)^3}$

p) $\frac{(-0{,}8x^2y)^4}{(-3{,}2y^4x)^4}$

22. Fasse zu einer Potenz zusammen, wobei $n \in \mathbb{N}$!

a) $\frac{(6x^2y)^{2n}}{(0{,}4xy^3)^{2n}}$

b) $\frac{(a^2-b^2)^{2n+1}}{(a+b)^{2n+1}}$

c) $\frac{(3r^2t)^{3n}}{(-t)^{3n}\cdot\left(\frac{1}{6}rt\right)^{3n}}$

d) $\frac{(0{,}15u^3v)^n\cdot(0{,}1uv)^n}{\left(\frac{1}{10}u^4v\right)^n\cdot\left(-\frac{1}{uv^2}\right)^n}$

1.7 Potenzieren einer Potenz

Eine Potenz potenzieren heißt, sie so oft als Faktor anschreiben, wie dies der Exponent angibt. Und dieses Produkt kann weiter vereinfacht werden.
Zum Beispiel bedeutet $(2^4)^3$ nach dieser Erklärung $2^4 \cdot 2^4 \cdot 2^4$, und das ist $2^{4+4+4} = 2^{4 \cdot 3} = 2^{12}$. Allgemein gilt:

Potenzgesetz 5

Eine Potenz wird potenziert, indem man die Exponenten multipliziert.
Es gilt: $(a^n)^m = a^{n \cdot m}$ mit $a \in \mathbb{R}$ und $n, m \in \mathbb{N}$

Beispiele:

1. Schreibe ohne Klammern!

a) $(3^4)^5$

b) $(2x^3)^4$

c) $[(3a^2x)^3]^4$

Lösung:

a) $(3^4)^5 = 3^{4 \cdot 5} = 3^{20}$

b) $(2x^3)^4 = 2^4 x^{3 \cdot 4} = 2^4 x^{12} = 16x^{12}$

c) $[(3a^2x)^3]^4 = [3^3 a^{2 \cdot 3} \cdot x^3]^4 = (3^3 \cdot a^6 x^3)^4 = 3^{3 \cdot 4} \cdot a^{6 \cdot 4} \cdot x^{3 \cdot 4}$
$= 3^{12} a^{24} x^{12}$

oder auch:

$[(3a^2x)^3]^4 = (3a^2x)^{3 \cdot 4} = (3a^2x)^{12} = 3^{12} \cdot a^{2 \cdot 12} \cdot x^{12}$
$= 3^{12} a^{24} x^{12}$

Will man den Wert eines Potenzterms mit Hilfe des Taschenrechners berechnen, kann es vorkommen, daß der Rechenbereich des Taschenrechners überschritten wird. Meist läßt sich das Problem so lösen, daß man nur Primzahlen als Basen verwendet und der Term vor der Eingabe in den Taschenrechner vereinfacht wird.

2. Schreibe als Produkt oder Quotient von Potenzen, deren Basen Primzahlen sind!

a) 32^3

b) 392^4

c) $0{,}45^5$

d) $\left(6\frac{3}{4}\right)^7$

Lösung:

a) $32^3 = (2^5)^3 \overset{P5}{=} 2^{5 \cdot 3} = 2^{15}$

b) $392^4 = (2 \cdot 2 \cdot 2 \cdot 7 \cdot 7)^4 = (2^3 \cdot 7^2)^4 \overset{P3}{=} (2^3)^4 \cdot (7^2)^4$
$\overset{P5}{=} 2^{3 \cdot 4} \cdot 7^{2 \cdot 4} = 2^{12} \cdot 7^8$

c) $0{,}45^5 = \left(\frac{45}{100}\right)^5 = \left(\frac{9}{20}\right)^5 \overset{P4}{=} \frac{9^5}{20^5} = \frac{(3 \cdot 3)^5}{(2 \cdot 2 \cdot 5)^5} =$
$= \frac{(3^2)^5}{(2^2 \cdot 5)^5} \overset{P3}{=} \frac{(3^2)^5}{(2^2)^5 \cdot 5^5} \overset{P5}{=} \frac{3^{2 \cdot 5}}{2^{2 \cdot 5} \cdot 5^5} = \frac{3^{10}}{2^{10} \cdot 5^5}$

d) $\left(6\frac{3}{4}\right)^7 = \left(\frac{27}{4}\right)^7 = \left(\frac{3^3}{2^2}\right)^7 \overset{P4}{=} \frac{(3^3)^7}{(2^2)^7} \overset{P5}{=} \frac{3^{3 \cdot 7}}{2^{2 \cdot 7}} = \frac{3^{21}}{2^{14}}$

3. Schreibe ohne Klammern und vereinfache, wobei m, n $\in \mathbb{N}$!

a) $(4x^{2n}y^{n+1})^3 \cdot (8x^3y)^{2n-1}$

b) $(49a^4b^3)^{3n} : (-7^3a^2b^6)^{2n+1}$

Lösung:

a) $(4x^{2n}y^{n+1})^3 \cdot (8x^3y)^{2n-1} = (2^2x^{2n}y^{n+1})^3 \cdot (2^3x^3y)^{2n-1}$
$= 2^{2 \cdot 3}x^{2n \cdot 3}y^{(n+1) \cdot 3} \cdot 2^{3 \cdot (2n-1)}x^{3 \cdot (2n-1)}y^{2n-1}$
$= 2^6x^{6n}y^{3n+3} \cdot 2^{6n-3}x^{6n-3}y^{2n-1}$
$= 2^{6+6n-3}x^{6n+6n-3}y^{3n+3+2n-1} = 2^{6n+3}x^{12n-3}y^{5n+2}$

b) $(49a^4b^3)^{3n} : (-7^3a^2b^6)^{2n+1} = (7^2a^4b^3)^{3n} : (-7^3a^2b^6)^{2n+1}$
$= \frac{7^{2 \cdot 3n}a^{4 \cdot 3n}b^{3 \cdot 3n}}{(-1)^{2n+1} \cdot 7^{3 \cdot (2n+1)}a^{2 \cdot (2n+1)}b^{6 \cdot (2n+1)}} = -\frac{7^{6n}a^{12n}b^{9n}}{7^{6n+3}a^{4n+2}b^{12n+6}}$
$= -\frac{a^{12n-(4n+2)}}{7^{6n+3-6n}b^{12n+6-9n}} = -\frac{a^{8n-2}}{7^3b^{3n+6}}$

Aufgaben

23. Schreibe als Potenz!

a) $(5^3)^6$

b) $[(-6)^2]^3$

c) $(-6^2)^3$

d) $\left[\left(1\frac{3}{4}\right)^5\right]^9$

e) $\left(-\frac{3}{7}^2\right)^4$

f) $(3x^3)^5$

g) $(a^{3n-1})^4$

h) $(b^{n+1})^n$

24. Berechne!

a) $(-3^2)^3 - [-(-3)^2]^3 - [-(-3^2)]^2$

b) $\left(-\frac{1}{2}\right)^3 - (0{,}125)^2 - 3 : 2^5$

25. Schreibe ohne Klammern!

a) $\left(-\frac{1}{2}a^2\right)^3$

b) $\left[-\frac{1}{2}\cdot(-a)^2\right]^3$

c) $-\left[-\frac{1}{2}\cdot(-a^2)\right]^3$

26. Schreibe ohne Klammern!

a) $(3x^2y)^4$

b) $(-2^7x^4yz^8)^5$

c) $\left(\frac{5a^3b}{c^4}\right)^6$

d) $\frac{(24a)^3}{8^3}$

e) $\frac{6u^3v}{(2uv^2)^3}$

f) $\left[\frac{-3\,(2x)^3}{(4y)^6}\right]^2$

g) $(36v^8w^3)^7 : (9vw^2)^5$

h) $(4g^3h)^7\cdot\left(\frac{1}{2}g^2h^4\right)^5$

i) $\frac{(5x)^2}{(7y)^2} : \left(\frac{10x}{7y}\right)^3$ j) $\frac{(4d^2e)^3}{(6f^4g)^4} : \frac{(8de^3)^3}{(9f^2g^3)^8}$

k) $\left[-(-2a^2)^3+(-a^3)^2\right] : \frac{a^5}{0,3}$ l) $\left[\left(\frac{2r^2}{3u^4v}\right) : \left(\frac{-5r^2}{3uv^2}\right)^3\right] : \left(\frac{2v^2}{-5ru}\right)^2$

27. Schreibe ohne Klammern und vereinfache, wobei $n, m \in \mathbb{N}$!

a) $(3^2 a^n b^{3n})^4 \cdot (9a^5b)^n$

b) $(-5x^4 y)^{2n+1} : (625xy^5)^n$

c) $\left(\frac{4c^n d^{m+1}}{16^3}\right)^3 \cdot \left(\frac{d^{2m-1}}{8c^{3n+1}}\right)^2$

d) $\left(\frac{12^2 x^{3n+1}}{y^{4n-1}}\right)^3 : \left(\frac{x^{2n-1}}{0,25y^n}\right)^4$

28. Schreibe als Produkt oder Quotient von Potenzen, deren Basen Primzahlen sind!

a) 75^3 b) 324^5

c) $0,8^6$ d) $0,375^4$

e) $\left(\frac{39}{243}\right)^6$ f) $\left(2\frac{46}{121}\right)^2$

1.8 Addieren und Subtrahieren von Potenzen

Summen und Differenzen mit Potenzen können wir in den Fällen, in denen das Distributivgesetz (DG) anwendbar ist, umformen und zusammenfassen.

Beispiele:

1. Faktorisiere und fasse zusammen!

   a) $4 \cdot 2^n - 17 \cdot 2^n + 3 \cdot 2^n$

   b) $(-2{,}2x)^2 - 2{,}2x^2$

   c) $(-x)^3 - 3x^2y^2 + (-3xy)^2 - 4x \cdot x^2$

   d) $(x^2 - y^2)^2 - (-2y)^4 + xy \cdot 2xy$

   Lösung:

   a) Wir klammern den **gemeinsamen Faktor $\mathbf{2^n}$** aus. Also:

   $4 \cdot 2^n - 17 \cdot 2^n + 3 \cdot 2^n \underset{DG}{=} \mathbf{2^n} \cdot (4 - 17 + 3) = 2^n \cdot (-10) = -10 \cdot 2^n$

   b) Wir klammern den **gemeinsamen Faktor $\mathbf{x^2}$** aus:

   $(-2{,}2x)^2 - 2{,}2x^2 = 4{,}84x^2 - 2{,}2x^2 \underset{DG}{=} \mathbf{x^2}\,(4{,}84 - 2{,}2) = 2{,}64\,x^2$

   c) $(-x)^3 - 3x^2y^2 + (-3xy)^2 - 4x \cdot x^2 = -x^3 - 3x^2y^2 + 9x^2y^2 - 4x^3 =$

   $= -x^3 - 4x^3 - 3x^2y^2 + 9x^2y^2$

   Wir klammern in den beiden ersten Summanden x^3 aus; die beiden letzten Summanden haben $x^2\,y^2$ als gemeinsamen Faktor. Also:

   $\underset{DG}{=} \mathbf{x^3}\,(-1 - 4) + \mathbf{x^2y^2}\,(-3 + 9)$

   $= x^3 \cdot (-5) + x^2y^2 \cdot 6 = -5x^3 + 6x^2y^2$

   d) $(x^2 - y^2)^2 - (-2y)^4 + xy \cdot 2xy$

   $= x^4 - 2x^2y^2 + y^4 - [(-2)^4y^4] + 2x^2y^2$ Binomische Formel! $(a - b)^2 = a^2 - 2ab + b^2$

   $= x^4 - 2x^2y^2 + y^4 - 16y^4 + 2x^2y^2$

   $= x^4 + y^4 - 16y^4 \underset{DG}{=} x^4 + \mathbf{y^4}(1 - 16)$

   $= x^4 - 15y^4$

2. Faktorisiere so weit wie möglich und vereinfache!

   a) $(12x^5y^5 - 21x^4y^6) : (xy)^4$

   b) $(18x^6y^2 - 12x^4y^3 + 2x^2y^4) : [3x^2 - y) \cdot xy]^2$

   Lösung:

   a) $(12x^5y^5 - 21x^4y^6) : (xy)^4 = 3x^4y^5\,(4x - 7y) : (x^4y^4) = 3y\,(4x - 7y)$

   b) $(18x^6y^3 - 12x^4y^4 + 2x^2y^5) : [(3x^2 - y) \cdot xy]^2$

   $= 2x^2y^3\,(9x^4 - 6x^2y + y^2) : [(3x^2 - y)^2 \cdot x^2y^2]$

   $= 2y\,(3x^2 - y)^2 : (3x^2 - y)^2 = 2y$

Aufgaben

29. Fasse zusammen!

a) $5 \cdot 3^n - 16 \cdot 3^n + 11 \cdot 3^n$
b) $(5 \cdot 2^n)^2 - 17 \cdot 2^{2n} - 9 \cdot 4^n$
c) $1{,}5a^3 + b^2 - 2{,}1a^3 + 0{,}17b^2$
d) $(-4z)^3 - 12z \cdot (-5z^2)$
e) $(6c)^2 + c \cdot (c - 7) + 13c$
f) $5d^3 + (-3d^2)^2 - d^3 \cdot (d - 1)$
g) $3xy \cdot (2x - 6y) + 7x^2y - xy^2$
h) $-(-5e^2 + 3)^2 + 2e^2 \cdot (4e^2 - e - 1)$

30. Faktorisiere so weit wie möglich! Achtung: binomische Formeln!

a) $48x^7y^3 + 24x^4y^4 + 3xy^5$
b) $-80a^2b^9 + 360a^6b^7 - 405a^{10}b^5$
c) $32x^{2n+1} + 32x^{2n} + 8x^{2n-1}$
d) $x^{2n+2} - x^{n+2} + \frac{1}{4}x^2$

31. Faktorisiere und vereinfache!

a) $\frac{x^6y^3 - x^4y^5}{x^5y + x^4y^2}$
b) $\frac{18a^5b^4 - 24a^3b^7}{8a^6b^4 - 6a^8b}$
c) $\frac{s^{n+2} - 9s^{3n}}{2s^{n+1} + 6s^{2n}}$
d) $\frac{1}{x^{2n}+1} + \frac{2}{x^{4n}-1}$

32. Fasse zusammen!

a) $\frac{1}{x^3} + \frac{1}{x^2} + \frac{1}{4x}$
b) $\frac{1}{2x^4} - \frac{2}{x} - \frac{1}{6x^3}$

1.9 Die Polynomdivision

Das Lösen von Gleichungen spielt in der Algebra eine große Rolle. Bisher haben wir gelernt, wie man lineare und quadratische Gleichungen löst. Wie verfährt man jedoch bei einer Gleichung der Art

$$x^3 + 3x^2 - x - 3 = 0\ ?$$

Eine Lösungsformel – wie im Falle quadratischer Gleichungen – gibt es nicht. Wir müssen deshalb versuchen, **Lösungszahlen durch Probieren** zu finden.
Einen Hinweis auf mögliche Lösungen der Gleichung gibt das Absolutglied (der Zahlenwert ohne eine Potenz von x), hier also –3. Man überprüft alle Zahlen, die geeignet wären, Faktoren eines Produktes zu sein, dessen Wert das Absolutglied ist. In diesem Fall würde man überprüfen, ob eine der Zahlen 1, –1, 3 oder –3 eine Lösung der Gleichung ist.
Die Einsetzung von –1 in die Gleichung liefert eine wahre Aussage, da

$$(-1)^3 + 3 \cdot (-1)^2 - (-1) - 3 = 0.$$

Die Zahl –1 ist somit eine Lösung zur Gleichung

$$x^3 + 3x^2 - x - 3 = 0.$$

Gibt es noch weitere Lösungen und wie kann man sie bestimmen?
Wir verwenden den

Hauptsatz der Algebra

Besitzt eine Gleichung n-ten Grades die Zahl a als Lösung, so kann man den Gleichungsterm so in Faktoren zerlegen, daß (x – a) einer der Faktoren ist.

In Kurzschreibweise: $f(x) = (x - a) \cdot q(x)$, wobei wir den Gleichungsterm mit f(x) bezeichnen.
Den Term q(x) bestimmen wir durch **Polynomdivision**.

So werden Polynome dividiert

1. Gegebenenfalls nach fallenden Potenzen ordnen.
2. Höchste Potenzen dividieren und Ergebnis aufschreiben.
3. Zwischenprodukt berechnen und subtrahieren (Vorzeichen beachten!).
4. Schritte 2–3 so oft wiederholen, bis die Division aufgeht oder ein Rest bleibt.

Beispiele:

Führe die Polynomdivision aus!

1. $(x^3 + 3x^2 - x - 3) : (x + 1)$

Lösung:
Die Polynome sind bereits nach fallenden Potenzen geordnet. Wir beginnen daher mit Schritt 2.

Da $x^3 : x = x^2$, gilt $(x^3 + 3x^2 - x - 3) : (x + 1) = x^2$

Um den Rest zu ermitteln, multipliziert man im Schritt 3 – wie man es auch bei einer schriftlichen Division von Zahlen gewohnt ist – das erste Teilergebnis, hier x^2, mit dem Divisor, hier $(x + 1)$. Das Ergebnis dieser Multiplikation subtrahiert man vom Dividenden.

$$\begin{array}{l} (x^3+3x^2-x-3):(x+1)=x^2 \\ \underline{-(x^3+\ x^2)\qquad} \\ \qquad 2x^2-x-3 \end{array}$$

Für die nachfolgenden Divisionen überträgt man der Überschaubarkeit wegen aus dem Dividenden weitere Potenzen von x, ebenso wie man bei der schriftlichen Division den Zahlenwert der nächsten Stelle übernehmen muß. Wir wiederholen nun Schritt 2 und Schritt 3 so oft, bis die Division aufgeht oder ein Rest bleibt.

Da $2x^2 : x = 2x$, gilt

$$\begin{array}{l} (x^3+3x^2-x-3):(x+1)=x^2+2x \\ \underline{-(x^3+\ x^2)\qquad} \\ \qquad 2x^2-x-3 \end{array}$$

Jetzt wiederum multipliziert man den Divisor $(x + 1)$ mit $2x$ und subtrahiert den Wert dieses Produkts von dem noch verbliebenen Rest des Dividenden.

$$\begin{array}{l} (x^3+3x^2\ -x-3):(x+1)=x^2+2x \\ \underline{-(x^3+\ x^2)\qquad} \\ \qquad 2x^2\ -x-3 \\ \quad \underline{-(2x^2+2x)\quad} \\ \qquad\qquad -3x-3 \end{array}$$

Da $-3x : x = -3$, gilt

$$
\begin{array}{l}
(x^3+3x^2-x-3):(x+1)=x^2+2x-3 \\
\underline{-(x^3+x^2)} \\
\quad 2x^2-x-3 \\
\quad \underline{-(2x^2+2x)} \\
\qquad -3x-3 \\
\qquad \underline{-(-3x-3)} \\
\qquad\qquad 0
\end{array}
$$

2. $(-43x + 4x^3 - 21) : (3 + x)$

Lösung:

$$
\begin{array}{l}
(4x^3 \qquad -43x-21):(x+3)=4x^2-12x-7 \\
\underline{-(4x^3+12x^2)} \\
\quad -12x^2-43x-21 \\
\quad \underline{-(-12x^2-36x)} \\
\qquad -7x-21 \\
\qquad \underline{-(-7x-21)} \\
\qquad\qquad 0
\end{array}
$$

Aufgaben

33. Die Gleichung $x^3 + 3x^2 - x - 3 = 0$ hat als eine Lösung die Zahl -1. Die Gleichung läßt sich aufgrund der oben ausgeführten Polynomdivision in der Form $(x + 1) \cdot (x^2 + 2x - 3) = 0$ darstellen. Bestimme die vollständige Lösungsmenge der Gleichung in der Grundmenge der reellen Zahlen $\mathbb{R}$!

34. Führe die Polynomdivision aus!

a) $(6x^3 + 4x^2 - 24x - 16) : (3x + 2)$

b) $(2x^4 - 3x^3 - x^2 + 3x - 1) : (x^2 - 1)$

c) $(4x^3 + 6x^2 - 2) : (2x - 1)$

d) $(x^3 - 9x^2 + 27x - 27) : (9 + x^2 - 6x)$

e) $(3x^2 - 3) : (x + 1) - (x^3 - x^2) : \frac{1}{2}x^2$

35. Zeige zunächst, daß die angegebene Zahl eine Lösung der vorgegebenen Gleichung ist! Zerlege mit Hilfe dieser Information die linke Seite der Gleichung in Faktoren und bestimme so die Lösungsmenge der Gleichung!

a) $2x^3 - 5x^2 - 4x + 3 = 0, \quad x = 3$

b) $4x^3 + 32x^2 - x - 8 = 0, \quad x = -8$

c) $6x^3 - 11x^2 - 19x - 6 = 0, \quad x = -0{,}5$

d) $6x^3 + \frac{19}{2}x^2 + \frac{19}{4}x + \frac{3}{4} = 0, \quad x = -\frac{1}{3}$

e) $x^4 + x^3 - 7x^2 - 13x - 6 = 0, \quad x = -1$

36. Finde zunächst durch Erraten eine Lösung der Gleichung und bestimme dann mit Hilfe der Polynomdivision die Lösungsmenge der Gleichung!

a) $x^3 - x^2 - 4x + 4 = 0$

b) $x^3 - 6x^2 + 12x - 8 = 0$

c) $2x^3 + 3x^2 - 8x + 3 = 0$

d) $3x^3 - 14x^2 + 13x + 6 = 0$

e) $3x^3 - 3x^2 + 4x - 4 = 0$

f) $x^4 + 2x^3 - 2x^2 - 4x = 0$

37. a) Berechne $(x^3 + 2x^2 - 9x - 18) : (x^2 - 9)$ und vereinfache damit den Term $\frac{4x+12}{x^3+2x^2-9x-18}$ mit $x \in \mathbb{R} \setminus \{-3; -2; 3\}$!

b) Berechne $(4x^3 - x^2 + 4x - 1) : (x^2 + 1)$ und vereinfache damit den Term $\frac{4x^3-x^2+4x-1}{x^4-1}$ mit $x \in \mathbb{R} \setminus \{-1; 1\}$!

c) Berechne $(x^3 + x^2 - x - 1) : (x + 1)$ und vereinfache damit den Term $\frac{x^2-x-2}{x^3+x^2-x-1} - \frac{3}{x^2-1}$ mit $x \in \mathbb{R} \setminus \{-1; 1\}$!

d) Berechne $(x^3 - 3x - 2) : (x^2 + 2x + 1)$ und vereinfache damit den Term $\frac{2x-1}{x^3-3x-2} + \frac{x}{(x+1)^2}$ mit $x \in \mathbb{R} \setminus \{-1; 2\}$!

38. Faktorisiere und vereinfache!

a) $\frac{x-2}{5x^3+3x^2-19x-14}$

b) $\frac{2x^3-4x^2-10x+12}{x^2-x-6}$

2 Potenzen mit ganzzahligen Exponenten

2.1 Potenzen mit negativen Exponenten

Bei der Division von Potenzen mit gleicher Basis gilt es bisher zu unterscheiden, ob der Exponent des Zählers größer, kleiner oder gleich dem Exponenten des Nenners ist. Diese Fallunterscheidung soll nun entfallen, wobei die bisherigen Potenzgesetze weiterhin gelten sollen. So müßte nach dem 2. Potenzgesetz gelten $2^3 : 2^7 = 2^{3-7} = 2^{-4}$ und $3^4 : 3^4 = 3^{4-4} = 3^0$.

Man vereinbart deshalb, daß $2^{-4} = \frac{1}{2^4}$ und $3^0 = 1$.

Allgemein legt man fest:

Für jede Zahl $a \in \mathbb{R} \setminus \{0\}$ ist
$a^{-n} = \frac{1}{a^n} = \left(\frac{1}{a}\right)^n$ und $a^0 = 1$

Beispiele:

1. Schreibe ohne negative Exponenten und berechne dann!

   a) 5^{-4}

   b) $\left(\frac{4}{5}\right)^{-3}$

   c) $(-1{,}2)^{-3}$

   d) $(1{,}5\overline{4})^{-1}$

   e) $(\sqrt{3})^{-6}$

   f) $\frac{1}{5^{-2}}$

Lösung:

a) $5^{-4} = \frac{1}{5^4} = \frac{1}{625}$

b) $\left(\frac{4}{5}\right)^{-3} = \left(\frac{1}{\frac{4}{5}}\right)^3 = \left(\frac{5}{4}\right)^3 = \frac{125}{64}$

c) $(-1,2)^{-3} = \left(-\frac{6}{5}\right)^{-3} = \left(\frac{1}{-\frac{6}{5}}\right)^3 = \left(-\frac{5}{6}\right)^3 = -\frac{125}{216}$

d) $(1,5\overline{4})^{-1} = (1,5+0,0\overline{4})^{-1} = \left(\frac{3}{2}+\frac{4}{90}\right)^{-1} = \left(\frac{139}{90}\right)^{-1} = \frac{90}{139}$

e) $(\sqrt{3})^{-6} = \frac{1}{(\sqrt{3})^6} = \frac{1}{27}$

f) $\frac{1}{5^{-2}} = \frac{1}{\frac{1}{5^2}} = 5^2 = 25$

2. Berechne!
$2^{-1} + 16^{-2} \cdot 4^2 - 64^{-1} \cdot 2^3$

Lösung:
Wir schreiben zunächst mit positiven Exponenten und beachten, daß Punkt- vor Strichrechnung gerechnet wird.

$$2^{-1}+16^{-2}\cdot 4^2-64^{-1}\cdot 2^3 = \frac{1}{2}+\frac{1}{16^2}\cdot 4^2-\frac{1}{64}\cdot 2^3$$

$$= \frac{1}{2}+\left(\frac{4}{16}\right)^2-\frac{1}{64}\cdot 8 = \frac{1}{2}+\left(\frac{1}{4}\right)^2-\frac{1}{8} = \frac{1}{2}+\frac{1}{16}-\frac{1}{8}$$

$$= \frac{8}{16}+\frac{1}{16}-\frac{2}{16} = \frac{7}{16}$$

3. Berechne mit dem Taschenrechner $\left(\frac{3}{7}\right)^{-3}$ auf 1 D genau!

Lösung:

(	3	:	7	)	y^x	3	+/–	=	12,703704
									Display

$\left(\frac{3}{7}\right)^{-3} \approx 12,7$

Aufgaben

39. Berechne im Kopf!

a) 4^{-1} b) 2^{-5}

c) $(-1)^{-49}$ d) $\left(\frac{2}{3}\right)^{-1}$

e) $\left(-\frac{4}{5}\right)^{-2}$ f) $(\sqrt{3})^{-6}$

g) $125 \cdot 5^{-4}$ h) $0{,}5^{-2} \cdot 4^{-1}$

40. Berechne mit dem Taschenrechner auf 2 Dezimalen genau!

a) $0{,}05^{-3}$ b) $-1{,}2^{-4}$

c) $\left(\frac{2}{7}\right)^{-5}$ d) $1{,}3^{-2} + 2{,}2^{-1}$

41. Schreibe ohne negative Exponenten!

a) 7^{-9} b) $(-3)^{-11}$

c) $-\left(\frac{2}{3}\right)^{-5}$ d) $\frac{4^{-2}}{5}$

e) $(-2{,}5)^{-5}$ f) $(0{,}125)^{-3}$

g) $(-0{,}75)^{-1}$ h) $(\sqrt{6})^{-3}$

i) $(3\sqrt{5})^{-4}$ j) $\frac{3}{0{,}5^{-3}}$

k) $(x+1)^{-7}$ l) $\frac{3^{-2}}{(a+b)^{-1}}$

42. Schreibe ohne Bruchstrich als Potenz mit möglichst kleiner Basis!

a) $\frac{1}{9}$ b) $\frac{1}{16}$

c) $\frac{1}{361}$ d) $\frac{1}{625}$

e) $\frac{1}{1024}$ f) $\frac{1}{9\sqrt{3}}$

g) $\frac{1}{a^5}$ h) $\frac{1}{(a-b)^{-3}}$

43. Schreibe ohne negative Exponenten und berechne zunächst ohne Taschenrechner! Kontrolliere dann dein Ergebnis mit Hilfe des Taschenrechners!

a) $3^2 \cdot 2^{-3} - \left(-\frac{1}{3}\right)^{-3} \cdot 5^{-1} - \left(\frac{2}{7}\right)^{-2} \cdot 10^{-1}$

b) $\left(-\frac{2}{3}\right)^{-2} \cdot \left(5\frac{2}{5}\right)^{-1} + 3^{-4} \cdot 1{,}5^2 - 4{,}5^{-2} : 3^{-2}$

c) $0{,}1^{-3} : \left(-\frac{1}{20}\right)^{-2} + \left(\frac{1}{3}\right)^{-3} \cdot 6^{-2} + (-1{,}5)^2 \cdot 3^{-1}$

2.2 Multiplikation und Division von Potenzen mit gleicher Basis

Durch die Einführung von Potenzen mit negativen Exponenten können die Potenzgesetze neu formuliert werden.

Für alle $a \in \mathbb{R} \setminus \{0\}$ und für alle $n, m \in \mathbb{Z}$ gilt:

Potenzgesetz 1: $a^n \cdot a^m = a^{n-m}$

Potenzgesetz 2: $\frac{a^n}{a^m} = a^n : a^m = a^{n-m}$

Potenzen mit **gleicher Basis** werden multipliziert (dividiert), indem man die Exponenten addiert (subtrahiert) und die Basis beibehält.

Beispiele:

1. Fasse zu einer Potenz zusammen!

a) $2^{-3} \cdot 2^5$

b) $27 \cdot 3^{-8}$

c) $(-5)^{-3} \cdot 5^3$

d) $\left(\frac{1}{3}\right)^{-4} \cdot 3^{-6}$

e) $(2x + 3)^{-3} \cdot (2x + 3)^{-n}$

Lösung:

a) $2^{-3} \cdot 2^5 = 2^{-3+5} = 2^2$

b) $27 \cdot 3^{-8} = 3^3 \cdot 3^{-8} = 3^{3+(-8)} = 3^{3-8} = 3^{-5}$

c) $(-5)^{-3} \cdot 5^3 = -5^{-3} \cdot 5^3 = -5^{-3+3} = -5^0 = -1$

d) $\left(\frac{1}{3}\right)^{-4} \cdot 3^{-6} = 3^4 \cdot 3^{-6} = 3^{4+(-6)} = 3^{4-6} = 3^{-2}$

e) $(2x + 3)^{-3} \cdot (2x + 3)^{-n} = (2x + 3)^{-3+(-n)} = (2x + 3)^{-3-n}$

2. Fasse zu einer Potenz zusammen!

a) $2^{-3} : 2^4$

b) $6 : 6^{-2}$

c) $0{,}7^{-9} : 0{,}7^4$

d) $\left(\frac{1}{5}\right)^{-1} : 5^2$

Lösung:

a) $2^{-3} : 2^4 = 2^{-3-4} = 2^{-7}$

b) $6 : 6^{-2} = 6^{1-(-2)} = 6^3$

c) $0{,}7^{-9} : 0{,}7^4 = 0{,}7^{-9-4} = 0{,}7^{-13}$

d) $\left(\frac{1}{5}\right)^{-1} : 5^2 = 5 : 5^2 = 5^{1-2} = 5^{-1}$

Aufgaben

44. Fasse zusammen!

a) $125 \cdot 5^{-4}$ b) $2^{-6} \cdot 64$

c) $0{,}2^{-3} \cdot 5^2$ d) $0{,}1^3 \cdot 10^{-7}$

e) $-1{,}5^4 \cdot \left(\frac{2}{3}\right)^8$ f) $-3a^{-6} \cdot 81a^4$

g) $3^{r-5} \cdot 243$ h) $343 \cdot 7^{3n-1}$

i) $25\sqrt{5} \cdot (\sqrt{5})^{-6}$ j) $(-\sqrt{7})^{-4} \cdot 49$

k) $x^{2-m} \cdot x^{2m}$ l) $y^{-k+1} \cdot y^{3k+5}$

m) $(a-b)^{2n} \cdot (a-b)^{m-n}$ n) $a^5b^p \cdot a^{n-1}b^{-3}$

o) $x^{-n}y^{-1} \cdot y^{2m}x^n$ p) $(2pq^2)^{-k} \cdot (2pq^2)^{k+1}$

45. Schreibe als Potenz!

a) $625 : 5^{-3}$ b) $2^{-7} : 64$

c) $(-3)^4 : 3^{11}$ d) $\frac{6}{6^n}$

e) $\frac{1}{4} : \left(\frac{1}{2}\right)^3$

f) $\left(\frac{1}{3}\right)^{-4} : \frac{1}{81}$

g) $a^{n-1} : a^n$

h) $b^{-2k} : b^{k-2}$

i) $(c^2d)^{2r-1} : (c^2d)^{r+2}$

j) $(3a + 2) : (3a + 2)^{-s}$

k) $\frac{(x-y^2)^7}{(x-y^2)^{-k+1}}$

l) $\frac{(a+b)^{2k-r}}{(a+b)^{r-3k}}$

46. Vereinfache! Gib das Ergebnis so an, daß bei Potenzen keine negativen Zahlen im Exponenten auftreten!

a) $(3^{-4} a^5 b^{-2}) \cdot (9^2 a^{-7} b^4)$

b) $(4xy)^3 \cdot (32^{-2} x^{-6} y^{-4})$

c) $(24 c^{-1} d) : (0{,}5^2 c^5 d^{-3})$

d) $(9^2 e^2 f^{12}) : (27 e^0 f^2)$

47. Vereinfache! Gib das Ergebnis ohne Divisionszeichen und ohne Bruchschreibweise an!

a) $\frac{15^7 \cdot 18^6}{10^8 \cdot 81^4}$

b) $\frac{144x^6y^3}{96x^8yz}$

c) $\frac{45a^{-7}}{32b^3c^{-9}} \cdot \frac{8a^8b^{-6}}{27c^4}$

48. Vereinfache!

a) $(3a)^{-3} : a^{-4} - \left(\frac{a}{3}\right)^2 \cdot a^{-1}$

b) $\left(\frac{3x^2}{4y^{-4}} : \frac{4x^3}{27y^{-5}}\right) : 81x$

2.3 Potenzieren von Produkten und Quotienten

Die Potenzgesetze 3 und 4 (siehe Seite 11 und 13) bleiben auch bei der Erweiterung des Potenzbegriffs auf ganzzahlige Exponenten in nahezu unveränderter Form erhalten. Es ändern sich lediglich die Zahlenmengen, aus denen die Basen gewählt werden dürfen.

Für alle $a, b \in \mathbb{R} \setminus \{0\}$ und für alle $n \in \mathbb{Z}$ gilt:

Potenzgesetz 3: $(a \cdot b)^n = a^n \cdot b^n$

Potenzgesetz 4: $\left(\frac{a}{b}\right)^n = (a : b)^n = \frac{a^n}{b^n}$

Ein Produkt wird potenziert, indem man jeden einzelnen Faktor potenziert. Ein Bruch bzw. ein Quotient wird potenziert, indem man sowohl den Zähler als auch den Nenner potenziert.

Beispiele:

Fasse zu einer Potenz zusammen!

1. $3^{-4} \cdot 5^{-4}$

   Lösung:
   $3^{-4} \cdot 5^{-4} = (3 \cdot 5)^{-4} = 15^{-4}$

2. $7^{-5} \cdot a^{-5}$

   Lösung:
   $7^{-5} \cdot a^{-5} = (7a)^{-5}$

3. $51^{-3} : 17^{-3}$

   Lösung:
   $51^{-3} : 17^{-3} = (51 : 17)^{-3} = 3^{-3}$

4. $\frac{(15a^3)^{-k}}{(35a)^{-k}}$

   Lösung:
   $\frac{(15a^3)^{-k}}{(35a)^{-k}} = \left(\frac{15a^3}{35a}\right)^{-k} = \left(\frac{3a^2}{7}\right)^{-k}$

Aufgaben

49. Fasse zu einer Potenz zusammen!

a) $7^{-9} \cdot 2^{-9}$

b) $\left(2\frac{2}{3}\right)^{-6} \cdot (-0{,}75)^{-6}$

c) $(-2)^{-7} \cdot (-5x)^{-7}$

d) $\left(\frac{3}{4}\right)^{1-t} \cdot (8a)^{1-t}$

e) $(-4)^{-r} \cdot (0{,}375y)^{-r}$

f) $\left(\frac{5x^2}{y}\right)^{-p} \cdot \left(\frac{0{,}6y}{x^3}\right)^{-p}$

g) $(-12)^{-3} : \left(\frac{4}{3}\right)^{-3}$

h) $(-91x)^{-8} : (17x)^{-8}$

i) $\frac{(8a^2b)^{-4}}{(56ab^3)^{-4}}$

j) $(x + 1)^{-n} : (1 - x^2)^{-n}$

k) $\frac{(2x-1)^{-q}}{(1-2x)^{-q}}$

l) $\frac{(x^2 - xy)^{2-n}}{(2x-2y)^{2-n}}$

2.4 Potenzieren einer Potenz

Auch beim Rechengesetz für das Potenzieren einer Potenz ändert sich durch die Erweiterung der Exponenten auf ganze Zahlen lediglich die Zahlenmenge, die für die Basis zur Verfügung steht. Es gilt:

Für alle $a \in \mathbb{R} \setminus \{0\}$ und für alle $n, m \in \mathbb{Z}$ gilt:

Potenzgesetz 5: $(a^n)^m = a^{n \cdot m}$

Eine Potenz wird potenziert, indem man die Exponenten multipliziert.

Beispiele:

1. $(2^5)^{-2}$

   Lösung:

   $(2^5)^{-2} = 2^{5\cdot(-2)} = 2^{-10}$

2. $(-10^{-3})^4$

   Lösung:

   $(-10^{-3})^4 = (10^{-3})^4 = 10^{-3\cdot 4} = 10^{-12}$

3. $[(3t)^{-2}]^{-r}$

   Lösung:

   $[(3t)^{-2}]^{-r} = (3t)^{-2\cdot(-r)} = (3t)^{2r} = 3^{2r}\cdot t^{2r}$

4. $\left(\frac{8x^2}{y^{-4}}\right)^{-3}$

   Lösung:

   $\left(\frac{8x^2}{y^{-4}}\right)^{-3} = \left(\frac{2^3x^2}{y^{-4}}\right)^{-3} = \frac{2^{3\cdot(-3)}x^{2\cdot(-3)}}{y^{-4\cdot(-3)}} = \frac{2^{-9}x^{-6}}{y^{12}}$

Aufgaben

50. Schreibe ohne Klammern!

a) $(3^3)^{-6}$

b) $\left[\left(\frac{1}{7}\right)^{-2}\right]^7$

c) $[(-0{,}4)^{-5}]^{-5}$

d) $(7a^{-2})^3$

e) $(16ab^2)^{-1}$

f) $\left(\frac{a^{-4}}{-b}\right)^0$

g) $\left(\frac{x^{-1}y^3}{5z^5}\right)^{-2}$

h) $(a^{k-2})^{-3}$

i) $(x^{2t-1}y^{-2})^{-t}$

j) $[(-8)^{-1}]^{-2}$

k) $[(5a^3)^{-2}]^{-3}$

l) $[(2^{-3})^n]^n$

m) $(-3^2)^{-5}\cdot(-3^6)$

n) $a^{-3} : (-a^{-2})$

51. Berechne!

a) $[(-0{,}5)^3]^{-2} : 0{,}5^{-1}$

b) $(1^{-2} - 2^{-1})^{-1} : (0{,}8 : 0{,}04)$

c) $(-3)^{-4} \cdot (-3^{-4}) \cdot (-9)^3 \cdot 27^{-2} \cdot 81$

52. Vereinfache! Gib das Ergebnis so an, daß bei Potenzen keine negativen Zahlen im Exponenten auftreten!

a) $(g^2h)^{-9} \cdot (g^{-3}h^7)^4$

b) $\left(\dfrac{z^{-5}}{x^{-7}y^8}\right)^{-2} : \left(\dfrac{x^{-4}z^{-5}}{y^{-4}}\right)^{-3}$

c) $(x^2 + 1)^{-5} : (x^2 + 1)^{-2}$

d) $\dfrac{(a-b)^4}{(a+b)^{-1}} : \dfrac{(a-b)^7}{(a+b)^{-2}}$

53. Bringe auf die einfachste Form!

a) $\left(\dfrac{a^{-3}}{b^{2n} \cdot c^{1-4n}}\right)^{-2} : \left(\dfrac{c^{-2n}}{a^0 \cdot b^{-n}}\right)^4$

b) $\left[\left(\dfrac{3x^2(-y)^{-3}}{2^{-3} \cdot z^4}\right)^2 \cdot \left(\dfrac{4x^{-2}z^{-3}}{3y^2}\right)^{-3}\right] : \left[\dfrac{3}{(-x)^{-2}}\right]^5$

54. Vereinfache! Gib das Ergebnis ohne Divisionszeichen und ohne Bruchschreibweise an!

a) $\left(\dfrac{3}{2}a^{-5}b^3\right)^{-1} : (6a^2b^{-4})^3$

b) $\left(\dfrac{125x^{-2}y}{27xy^3}\right)^3 : \left(\dfrac{243x^{-1}y^{-2}}{625x^3y^{-1}}\right)^{-2}$

c) $(-y^5)^3 \cdot (-0{,}2)^3 \cdot \left(\dfrac{a^{-4}b^{2n-6}}{b^{4-3n}}\right)^2 : \left(\dfrac{5a^{-2}}{b^{-4}y^3}\right)^{-4}$

2.5 Potenzen als Summanden

Summen und Differenzen mit Potenzen können wir in den Fällen, in denen das Distributivgesetz (DG) anwendbar ist, umformen und zusammenfassen. Wir vereinbaren: Klammere so aus, daß die verbleibende Differenz oder Summe weder Brüche noch Potenzen mit negativen Exponenten enthält.

Beispiele:

1. Faktorisiere!
   a) $12x^3y^{-2} + 18xy^{-3}$
   b) $48a^{-4}b^5 - 3a^{-2}b^2$
   c) $4x^{2n-2}y^{k+1} - x^{-2}y^{k-1}$
   d) $2x - 12 + 18x^{-1}$

   Lösung:
   a) Wir klammern den **gemeinsamen Faktor $6xy^{-3}$** aus.
   $12x^3y^{-2} + 18xy^{-3} \underset{DG}{=} 6xy^{-3}(2x^2y + 3)$
   b) Wir klammen den **gemeinsamen Faktor $3a^{-4}b^2$** aus.
   $48a^{-4}b^5 - 3a^{-2}b^2 \underset{DG}{=} 3a^{-4}b^2(16b^3 - a^2)$
   c) Wir klammern den **gemeinsamen Faktor $x^{-2}y^{k-1}$** aus.
   $4x^{2n-2}y^{k+1} - x^{-2}y^{k-1} \underset{DG}{=} x^{-2}y^{k-1}(4x^{2n} - y^2)$
   $= x^{-2}y^{k-1}(2x^n - y)(2x^n + y)$
   d) Wir klammern den **gemeinsamen Faktor $2x^{-1}$** aus.
   $2x - 12 + 18x^{-1} \underset{DG}{=} 2x^{-1}(x^2 - 6x + 9) = 2x^{-1}(x-3)^2$

2. Faktorisiere und vereinfache!
   $$\frac{x^{-1} - 2x^{-2}}{x - 4x^{-1}}$$
   Lösung:
   $$\frac{x^{-1} - 2x^{-2}}{x - 4x^{-1}} = \frac{x^{-2}(x^1 - 2)}{x^{-1}(x^2 - 4)} = \frac{x^{-2-(-1)}(x-2)}{(x+2)(x-2)}$$
   $$= \frac{x^{-1}}{x+2} \text{ bzw. } \frac{1}{x(x+2)}$$

Aufgaben

55. Faktorisiere so weit wie möglich!

a) $21x^{-4} + 12x^{-7}$ b) $18y^{-2} - 32$

c) $z^{3k} + 2z^{2k-2}$ d) $c^{n-1} - 2c^{n} + c^{n+1}$

e) $x^{-6k+4} - 16x^{-8k}$ f) $3 - 768x^{-4n}$

56. Faktorisiere zunächst! Vereinfache dann so weit wie möglich!

a) $\dfrac{324x^{-5}+72x^{-4}}{32+144x^{-1}}$ b) $\dfrac{(24a^{3}b^{-1}-36a^{2})^{3}}{(36a^{-2}b^{2}-54a^{-3}b^{3})^{2}}$

c) $\dfrac{(9a^{2}-15ab)^{-2}}{(35b^{3}-21ab^{2})^{-2}}$ d) $\dfrac{(x-2y)^{-2}\cdot(x+2y)^{5}}{(x^{2}-4y^{2})^{4}}$

57. Vereinfache!

a) $\left(a-\dfrac{b^{2}}{a}\right)^{n}\cdot\left(1+\dfrac{b}{a}\right)^{-n}$

b) $(x^{-4} - 1)^{-1} : (1 + x^{-2})^{-2}$

c) $\dfrac{a-a^{-1}}{a^{2}+a^{3}}$

d) $\dfrac{1-x^{-1}y^{2}}{y^{-1}x^{2}-y^{3}}$

e) $\left[\left(\dfrac{x^{-2}-y^{-2}}{2x^{-1}+2y^{-1}}\right)^{-1}\cdot\left(\dfrac{2y^{-1}}{x^{-1}}-\dfrac{2x^{-1}}{y^{-1}}\right)^{-1}\right]:(xy^{-1}-yx^{-1})^{-1}$

2.6 Zahlen in Normdarstellung

Im Alltag stoßen wir häufig auf sehr kleine oder sehr große Zahlenwerte, meistens in Kombination mit einer Maßeinheit. Beim Rechnen mit diesen Zahlen hat sich eine Darstellung als besonders praktisch erwiesen, wie sie uns auch vom Taschenrechner her bekannt ist. Man gibt Zahlen als Produkt einer Zahl zwischen 1 und 10 und einer Zehnerpotenz an.

Eine positive reelle Zahl ist in **Normdarstellung** bzw. **wissenschaftlicher Schreibweise** gegeben, wenn sie die Form
$a \cdot 10^z$ mit $1 \leq a < 10$ und $z \in \mathbb{Z}$ besitzt.

Bei Taschenrechnern wird häufig nur die Zahl a im linken Teil des Displays und die Größe der Zehnerpotenz z im rechten Teil, zweistellig mit Vorzeichen, etwas abgesetzt bzw. hochgstellt angezeigt.

Die Eingabe der Zahlen erfolgt nicht mühsam über die Tastenfolge z. B.
[1,66] [×] [10] [x^y] [27] [+/–], sondern als [1,66] [EXP] [27] [+/–].

Bei Zahlen, bei denen das Display des Taschenrechners zur Anzeige ausreicht, wird nur bei entsprechender Voreinstellung des Taschenrechners (**sci**entific mode) jede Zahl in Normdarstellung angezeigt. Hier sei gegebenenfalls auf die Bedienungsanleitung des Taschenrechners verwiesen.

Häufig findet man im Zusammenhang mit Maßeinheiten Vorsilben für dezimale Vielfache oder Teile von Einheiten. Es sind z. B.:

10^{-12}	10^{-9}	10^{-6}	10^{-3}	10^{-2}	10^{-1}	10^{2}	10^{3}	10^{6}	10^{9}
p	n	µ	m	c	d	h	k	M	G
Pico	Nano	Mikro	Milli	Zenti	Dezi	Hekto	Kilo	Mega	Giga

Beispiele:

1. Suche in der Formelsammlung oder im Physikbuch nach Größen, die in Normdarstellung angegeben sind!

   Lösung:
   Mittlerer Abstand Erde–Sonne = $1{,}50 \cdot 10^{11}$ m
   Masse der Erde = $5{,}98 \cdot 10^{24}$ kg
   Oberfläche der Erde = $5{,}09 \cdot 10^{8}\ \text{km}^2$
   Vakuumlichtgeschwindigkeit = $2{,}998 \cdot 10^{8}\ \frac{\text{m}}{\text{s}}$
   Elementarladung e = $1{,}60 \cdot 10^{-19}$ C
   Wellenlänge von blauem Licht $\lambda_{\text{blau}} = 4{,}00 \cdot 10^{-7}$ m
   Atomare Masseneinheit u = $1{,}66 \cdot 10^{-27}$ kg

2. Gib nachfolgende Zahlen in Normdarstellung an!
   a) 45 080
   b) 0,00897

   Lösung:

   a) $45\,080 = 4{,}508 \cdot 10^4$
   b) $0{,}00897 = 8{,}97 \cdot 10^{-3}$

3. Schreibe nachfolgende Zahlen ohne Normschreibweise!
   a) $3{,}521 \cdot 10^8$
   b) $4{,}961 \cdot 10^{-4}$

   Lösung:

   a) $3{,}521 \cdot 10^8 = 352\,100\,000$
   b) $4{,}961 \cdot 10^{-4} = 0{,}0004961$

4. Gib in Normschreibweise in der in Klammer angegebenen Einheit an!
   a) $43\ \text{mm}^3\ (\text{m}^3)$
   b) $12{,}8\ \text{ha}\ (\text{m}^2)$

   Lösung:

   a) $43\ \text{mm}^3 = 4{,}3 \cdot 10 \cdot (10^{-3}\ \text{m})^3 = 4{,}3 \cdot 10 \cdot 10^{-9}\ \text{m}^3 = 4{,}3 \cdot 10^{-8}\ \text{m}^3$
   b) $12{,}8\ \text{ha} = 1{,}28 \cdot 10 \cdot 100\ \text{a} = 1{,}28 \cdot 10^3 \cdot 100\ \text{m}^2 = 1{,}28 \cdot 10^5\ \text{m}^2$

5. Schreibe ohne Normschreibweise in der in Klammern angegebenen Einheit!
   a) $4{,}878 \cdot 10^{-8}\ \text{m}\ (\text{nm})$
   b) $3{,}56 \cdot 10^{-8}\ \text{m}^2\ (\text{mm}^2)$

   Lösung:

   a) $4{,}878 \cdot 10^{-8}\ \text{m} = 4{,}878 \cdot 10 \cdot 10^{-9}\ \text{m} = 48{,}78\ \text{nm}$
   b) $3{,}56 \cdot 10^{-8}\ \text{m}^2 = 3{,}56 \cdot 10^{-2} \cdot 10^{-6}\ \text{m}^2 = 0{,}0356 \cdot (10^{-3}\ \text{m})^2$
   $= 0{,}0356\ \text{mm}^2$

Aufgaben

58. Gib die nachfolgenden Zahlen in Normdarstellung an! Kontrolliere das Ergebnis mit Hilfe des Taschenrechners!

a) 10 b) 12 300
c) 2 450 000 d) 39 500 000
e) 0,3 f) $\frac{3}{8}$
g) 0,0238 h) 0,0000531

59. Schreibe nachfolgende Zahlen ohne Normschreibweise!

a) $2{,}43 \cdot 10^2$ b) $4{,}5 \cdot 10^5$
c) $3{,}699 \cdot 10^8$ d) $1{,}52 \cdot 10^{10}$
e) $9{,}842 \cdot 10^{-1}$ f) $6{,}18 \cdot 10^{-4}$
g) $8 \cdot 10^{-6}$ h) $1 \cdot 10^{-7}$

60. Gib in Normschreibweise in der in Klammer angegebenen Einheit an!

a) 12 pF (F) b) 430 nm (m)
c) 12,5 μA d) 5 mm^2 (m^2)
e) 3,2 cm^3 (m^3) f) $810\ \frac{km}{h} \left(\frac{m}{s}\right)$
g) 12 kJ (J) h) 50 GW (W)

61. Schreibe ohne Normschreibweise in der in Klammern angegebenen Einheit!

a) $1{,}3 \cdot 10^{-10}$ F (pF) b) $7{,}91 \cdot 10^{-10}$ m (nm)
c) $6{,}21 \cdot 10^{-5}$ V (μV) d) $4 \cdot 10^{-5}\ m^2$ (mm^2)
e) $3{,}1 \cdot 10^{-2}\ m^3$ (cm^3) f) $3 \cdot 10^8\ \frac{m}{s} \left(\frac{km}{h}\right)$
g) $5{,}50 \cdot 10^8$ W (MW) h) $9{,}3 \cdot 10^{16}$ Wh (GWh)
i) $1{,}61 \cdot 10^4$ MW (GW)

62. Berechne und gib das Ergebnis gerundet auf zwei gültige Ziffern an!

$$\sqrt{\frac{1{,}9 \cdot 10^{-3}\ dm^2 \cdot 3{,}4 \cdot 10^{-9}\ cm \cdot 2{,}4 \cdot 10^4\ t}{1{,}2 \cdot 10^{-2}\ mg \cdot 4{,}3 \cdot 10^2\ cm^3}}$$

63. Licht breitet sich in Vakuum mit einer Geschwindigkeit von $2{,}998 \cdot 10^8 \frac{m}{s}$ aus.

a) Welche Zeit benötigt das Licht, um die $1{,}496 \cdot 10^8$ km lange Strecke von der Sonne bis zur Erde zurückzulegen?

b) Astronomische Entfernungen gibt man häufig in Lichtjahren (LJ) an. Wie groß ist die Strecke, die Licht in einem Jahr zurücklegt?

c) Der Durchmesser unserer Milchstraße beträgt $8 \cdot 10^{17}$ km. Gib den Durchmesser unserer Milchstraße in Lichtjahren an!

64. Ein Gramm Kohlenstoff enthält $5{,}018 \cdot 10^{22}$ Atome. Der Durchmesser eines Kohlenstoffatoms beträgt ca. $d = 1{,}5 \cdot 10^{-10}$ m.

a) Von wieviel Gramm Kohlenstoff müßte man die Atome aneinanderreihen, um eine "Kohlenstoffkette" von der Erde bis zum 384 000 km entfernten Mond zu bilden?

b) Welche Menge Kohlenstoff würde man benötigen, um die Erde mit einer Oberfläche von $5{,}09 \cdot 10^8\,km^2$ mit einer einlagigen Kohlenstoffatomschicht zu überziehen (quadratische Anordnung im Abstand d)?

65. Im Durchschnitt atmet ein Mensch in einer Minute 15mal ein und aus. Wie viele Atemzüge hat ein 16jähriger seit seiner Geburt gemacht? Gib das Ergebnis in wissenschaftlicher Schreibweise an!

3 Potenzen mit reellen Exponenten

3.1 Die n-te Wurzel oder Potenzen mit Stammbrüchen als Exponenten

Beim Lösen quadratischer Gleichungen tauchte zum Beispiel das Problem auf, eine Lösung der Gleichung $x^2 = 2$ anzugeben. Daß eine Lösung dieser Gleichung existieren muß, konnte man mit Hilfe einer Intervallschachtelung zeigen. Diese nichtnegative Lösungszahl ist eine irrationale Zahl, also eine nicht abbrechende, nicht periodische Dezimalzahl. Um diese Lösungszahl nicht als gerundete Näherung angeben zu müssen, hat man die Quadratwurzel eingeführt. Es gilt: $\sqrt{2}$ ist die nichtnegative Lösung zur Gleichung $x^2 = 2$.

Sucht man eine Lösung der Gleichung $x^3 = 2$, so kann man mit Hilfe einer Intervallschachtelung zeigen, daß eine Lösung existiert. Diese Zahl ist, wie auch die Zahl $\sqrt{2}$, eine irrationale Zahl. Um nicht mit einer abbrechenden Dezimalzahl als Näherung arbeiten zu müssen, legt man fest, daß $\sqrt[3]{2}$ für die Zahl steht, die dreimal mit sich selbst multipliziert die Zahl 2 ergibt. In Analogie legt man fest:

> Die nichtnegative Lösung der Gleichung $x^n = a$ mit $a \geq 0$ und $n \in \mathbb{N}$ heißt **n-te Wurzel aus a**, geschrieben als $\sqrt[n]{a}$.

Nimmt man an, es gebe eine Zweierpotenz, die eine Lösung der Gleichung $x^3 = 2$ ist, so müßte sie dreimal mit sich selbst multipliziert die Zahl 2 ergeben, also $(2^x)^3 = 2^1$. Mit Potenzgesetz 5 erhält man $2^{3x} = 2^1$.

Setzt man für x die Zahl $\frac{1}{3}$ in die Gleichung ein, so ergibt sich eine wahre Aussage. Will man unter Verwendung der Potenzgesetze das Ergebnis von $\sqrt[3]{2}$ angeben, so erhält man $\sqrt[3]{2} = 2^{\frac{1}{3}}$.

Wählt man die gleiche Vorgehensweise für $\sqrt[n]{a}$, so erhält man $\sqrt[n]{a} = a^{\frac{1}{n}}$.

Da aber bisher nur Potenzen mit ganzzahligen Exponenten definiert sind, erweitern wir hiermit unsere bisherige Definition der Potenzen für den Fall, daß die Hochzahlen Stammbrüche sind und legen fest:

Für alle $n \in \mathbb{N} \setminus \{1\}$ und $a \in \mathbb{R}^+$ gilt: $\sqrt[n]{a} = a^{\frac{1}{n}}$. Weiterhin sei $0^{\frac{1}{n}} = 0$.

Beispiele:

1. Berechne mit Hilfe der Definition der n-ten Wurzel!

   a) $\sqrt[5]{32}$

   b) $\sqrt[3]{0,001}$

   c) $\sqrt[7]{11^7}$

   d) $\sqrt[3]{5^{12}}$

   Lösung:

   a) $\sqrt[5]{32} = 2$, da $2^5 = 32$

   b) $\sqrt[3]{0,001} = 0,1$, da $0,1^3 = 0,001$

   c) $\sqrt[7]{11^7} = 11$

   d) $\sqrt[3]{5^{12}} = 5^4$, da $(5^4)^3 = 5^{12}$

2. Berechne mit dem Taschenrechner auf zwei Dezimalen genau!

   a) $\sqrt[3]{14}$

   b) $\sqrt[4]{2,1^3}$

   Lösung:
   Bei den meisten Taschenrechnern findet man keine Funktionstaste für die Berechnung von n-ten Wurzeln. Man muß die Potenzschreibweise für ihre Berechnung verwenden.

   a) Da $\sqrt[3]{14} = 14^{\frac{1}{3}}$ erfolgt die Berechnung durch die Tastenfolge:

14	x^y	3	$1/x$	=

   oder auch als

14	x^y	1	$a^{b/c}$	3	=

   Anzeige: 2,410142264 Also: $\sqrt[3]{14} = 2,41$

b) Da $\sqrt[4]{2{,}1^3} = (2{,}1^3)^{\frac{1}{4}}$ erfolgt die Berechnung durch die Tastenfolge:

2,1	x^y	3	x^y	4	1/x	=

Anzeige: 1,74447388 Also: $\sqrt[4]{2{,}1^3} = 1{,}74$

3. Schreibe als Wurzeln und berechne ohne Taschenrechner!

a) $27^{\frac{1}{3}}$

b) $0{,}0016^{\frac{1}{4}}$

Lösung:

a) $27^{\frac{1}{3}} = \sqrt[3]{27} = 3$, da $3^3 = 27$

b) $0{,}0016^{\frac{1}{4}} = \sqrt[4]{0{,}0016} = 0{,}2$, da $0{,}2^4 = 0{,}0016$

Aufgaben

66. Berechne mit Hilfe der Definition der n-ten Wurzel!

a) $\sqrt[3]{125}$
b) $\sqrt[7]{128}$

c) $\sqrt[6]{1\,000\,000}$
d) $\sqrt[3]{\frac{27}{64}}$

e) $\sqrt[4]{39\frac{1}{16}}$
f) $\sqrt[3]{0{,}027}$

g) $\sqrt[5]{0{,}01024}$
h) $\sqrt[4]{14^4}$

i) $\sqrt[8]{(-12)^8}$
j) $\sqrt[4]{5^{16}}$

k) $\sqrt[7]{2^{21}}$
l) $\sqrt[5]{19^{10}}$

m) $\sqrt[5]{3^{-15}}$
n) $\sqrt[6]{10^{-12}}$

o) $\sqrt[6]{8^2}$
p) $\sqrt[4]{81^2}$

q) $\sqrt{324^3}$
r) $\sqrt[3]{\left(\frac{1}{64}\right)^7}$

67. Schreibe zunächst als Potenz und berechne dann mit Hilfe des Taschenrechners auf zwei Dezimalen genau!

a) $\sqrt[4]{138}$

b) $\sqrt[11]{\frac{5}{7}}$

c) $\sqrt[4]{62,5458}$

d) $\sqrt[5]{0,0005058}$

e) $\sqrt[3]{\frac{4,53 \cdot 10^{-7}}{6,35 \cdot 10^{-2}}}$

f) $\sqrt[6]{(6,49 \cdot 10^{7}):(4,51 \cdot 10^{-16})}$

g) $\sqrt[4]{14,5^2-(-8,7)^2-11,6^2}$

68. Schreibe als Wurzeln!

a) $10^{\frac{1}{4}}$

b) $\left(\frac{2}{3}\right)^{\frac{1}{4}}$

c) $(\sqrt{7})^{\frac{1}{5}}$

d) $0,2^{\frac{1}{7}}$

69. Berechne!

a) $64^{\frac{1}{2}}$

b) $0,0049^{\frac{1}{2}}$

c) $0,0001^{\frac{1}{4}}$

d) $81^{\frac{1}{4}}$

e) $\left(\frac{1}{8}\right)^{\frac{1}{3}}$

f) $\frac{1}{4^{\frac{1}{2}}}$

3.2 Potenzen mit rationalen Exponenten

Um das Potenzgesetz 5 auch anwenden zu können, wenn es sich bei einem der Exponenten um einen Stammbruch handelt, erweitert man den Potenzbegriff in nachfolgender Weise auf rationale Zahlen im Exponenten:

Für alle $n \in \mathbb{N} \setminus \{1\}$, $m \in \mathbb{Z}$ und $a \in \mathbb{R}^+$ gilt:

$a^{\frac{m}{n}} = (a^m)^{\frac{1}{n}}$; in Wurzelschreibweise: $a^{\frac{m}{n}} = \sqrt[n]{a^m}$

Beispiele:

1. Schreibe als Potenzen mit Primzahlen als Basis!

   a) $\sqrt[4]{3}$

   b) $\sqrt[5]{8}$

   c) $5 \cdot \sqrt[3]{25}$

   Lösung:

   a) $\sqrt[4]{3} = 3^{\frac{1}{4}}$

   b) $\sqrt[5]{8} = \sqrt[5]{2^3} = 2^{\frac{3}{5}}$

   c) $5 \cdot \sqrt[3]{25} = 5 \cdot \sqrt[3]{5^2} = 5^1 \cdot 5^{\frac{2}{3}} = 5^{1+\frac{2}{3}} = 5^{\frac{5}{3}}$

2. Schreibe als Wurzeln!

   a) $17^{\frac{2}{3}}$

   b) $6^{-\frac{3}{4}}$

   Lösung:

   a) $17^{\frac{2}{3}} = \sqrt[3]{17^2} = \sqrt[3]{289}$

   b) $6^{-\frac{3}{4}} = \sqrt[4]{6^{-3}} = \sqrt[4]{\frac{1}{216}}$

Aufgaben

70. Schreibe als Potenzen mit Primzahlen als Basis!

a) $\sqrt[5]{7}$

b) $\sqrt[7]{11}$

c) $\sqrt[3]{289}$

d) $\sqrt[4]{27}$

e) $3 \cdot \sqrt[5]{81}$

f) $4 \cdot \sqrt[6]{16}$

g) $8 \cdot \sqrt[3]{0,5}$

h) $125 \cdot \sqrt[8]{0,04}$

71. Schreibe als Wurzeln!

a) $10^{\frac{3}{4}}$

b) $\left(\frac{2}{3}\right)^{\frac{1}{4}}$

c) $(\sqrt{7})^{\frac{2}{5}}$

d) $5^{-\frac{3}{4}}$

e) $(2+2^{\frac{1}{2}})^{\frac{2}{3}}$

f) $(3^{-\frac{1}{2}}+2^{\frac{2}{3}})^{\frac{1}{2}}$

72. Berechne! $\left(\text{Beachte: } -\frac{s}{r} = \frac{-s}{r}\right)$

a) $64^{\frac{2}{3}}$
b) $64^{\frac{5}{6}}$
c) $64^{\frac{3}{2}}$
d) $64^{-\frac{2}{3}}$
e) $243^{-\frac{2}{5}}$
f) $81^{-\frac{3}{4}}$
g) $49^{-1,5}$
h) $81^{-2,25}$
i) $81^{1,75}$
j) $0,0625^{0,25}$
k) $0,0256^{0,75}$
l) $0,00032^{-0,6}$
m) $0,027^{-\frac{2}{3}}$
n) $0,00001^{-0,2}$

3.3 Rechenregeln für Potenzen mit rationalen Exponenten

Auch für die neu definierten Potenzen mit rationalen Hochzahlen gelten dieselben Potenzgesetze wie für Potenzen mit ganzzahligen Hochzahlen.

Potenzgesetze für Potenzen mit rationalen Hochzahlen

Für alle a, b $\in \mathbb{R}^+$ und alle u, v $\in \mathbb{Q}$ gilt:

1. $a^u \cdot a^v = a^{u+v}$
2. $\frac{a^u}{a^v} = a^{u-v}$
3. $(a \cdot b)^u = a^u \cdot b^u$
4. $\left(\frac{a}{b}\right)^u = \frac{a^u}{b^u}$
5. $(a^u)^v = a^{u \cdot v}$

Beispiele:

1. Fasse zu einer Potenz zusammen!

a) $\sqrt[3]{4}\cdot\sqrt[4]{2}$

b) $9:\sqrt[4]{27}$

c) $\sqrt[4]{4}\cdot\sqrt[5]{\sqrt{2}}$

d) $\left(\frac{1}{\sqrt[4]{5}}\right)^3 : 5^{-\frac{1}{2}}$

Lösung:

a) $\sqrt[3]{4}\cdot\sqrt[4]{2} = \sqrt[3]{2^2}\cdot\sqrt[4]{2} = 2^{\frac{2}{3}}\cdot 2^{\frac{1}{4}} = 2^{\frac{2}{3}+\frac{1}{4}} = 2^{\frac{11}{12}}$

b) $9:\sqrt[4]{27} = 3^2:\sqrt[4]{3^3} = 3^2 : 3^{\frac{3}{4}} = 3^2\cdot 3^{-\frac{3}{4}} = 3^{2+\left(-\frac{3}{4}\right)} = 3^{\frac{5}{4}}$

c) $\sqrt[4]{4}\cdot\sqrt[5]{\sqrt{2}} = \sqrt[4]{2^2}\cdot\sqrt[5]{2^{\frac{1}{2}}} = 2^{\frac{2}{4}}\cdot(2^{\frac{1}{2}})^{\frac{1}{5}}$

$= 2^{\frac{1}{2}}\cdot 2^{\frac{1}{10}} = 2^{\frac{5}{10}+\frac{1}{10}} = 2^{\frac{6}{10}} = 2^{\frac{3}{5}}$

d) $\left(\frac{1}{\sqrt[4]{5}}\right)^3 : 5^{-\frac{1}{2}} = \left(\frac{1}{5^{\frac{1}{4}}}\right)^3 : 5^{-\frac{1}{2}} = (5^{-\frac{1}{4}})^3 : 5^{-\frac{1}{2}} = 5^{-\frac{3}{4}} : 5^{-\frac{1}{2}}$

$= 5^{-\frac{3}{4}-\left(-\frac{1}{2}\right)} = 5^{-\frac{3}{4}+\frac{1}{2}} = 5^{-\frac{1}{4}}$

Aufgaben

73. Fasse zu einer Potenz zusammen!

a) $11^{\frac{1}{5}}\cdot 11^{\frac{3}{4}}$

b) $5^{1,2}\cdot\sqrt[4]{25}$

c) $\sqrt[5]{81} : 3^{0,2}$

d) $\sqrt{32}\cdot\sqrt[3]{\frac{1}{16}}$

e) $\sqrt[5]{144} : \sqrt[5]{12}$

f) $\frac{\sqrt[3]{4}}{0,25}$

g) $\frac{16\cdot\sqrt[4]{64}}{\sqrt[3]{\frac{1}{4}}}$

h) $\sqrt[4]{6^{\frac{3}{5}}}\cdot\sqrt[5]{\frac{1}{6^4}}$

74. Fasse so weit wie möglich als Potenzen zusammen!

a) $2^{\frac{3}{4}} a^{\frac{2}{5}} b^{\frac{1}{3}} \cdot 4a^{\frac{3}{5}} b^{\frac{4}{3}}$ b) $\sqrt[4]{9x^3y} \cdot \sqrt{3xy^5}$

c) $5^{\frac{2}{3}} c^{\frac{3}{4}} d^{\frac{1}{2}} : \frac{1}{5} c^{\frac{1}{4}} d^{\frac{1}{2}}$ d) $0{,}125e^2 f^{\frac{1}{2}} : \sqrt[5]{2e^3 f^2}$

75. Beseitige die Klammern bzw. Wurzeln und vereinfache!

a) $(2a^3 \cdot \sqrt{b})^{\frac{2}{3}}$ b) $\left[(8c^{-2} \cdot \sqrt[5]{b})^{\frac{5}{4}}\right]^{-\frac{4}{3}}$

c) $(\sqrt[4]{7x^3y^{-2}})^{\frac{4}{3}}$ d) $\sqrt[7]{8x^4 \cdot \sqrt[3]{2x^{-2}}}$

76. Schreibe sowohl ohne Wurzeln als auch ohne Klammern!

a) $\sqrt[4]{49a} \cdot (\sqrt[3]{7a^2} - a^2 \cdot \sqrt{7a^{-1}})$

b) $(\sqrt[4]{a^3} - \sqrt{0{,}5}) \cdot (2 \cdot \sqrt[4]{a^3} + \sqrt{2})$

c) $(\sqrt{3} + \sqrt[4]{2x}) \cdot (\sqrt{3} - \sqrt[4]{2x}) \cdot (3 + \sqrt{2x})$

77. Faktorisiere falls möglich Differenzen und Summen! Vereinfache dann!

a) $\sqrt[4]{9x^3 - x} : \sqrt[4]{6x - 2}$ b) $(\sqrt[3]{16} - \sqrt[3]{9}) : (\sqrt[3]{4} + \sqrt[3]{3})$

c) $\left(x^{\frac{5}{2}} - 6x^{\frac{3}{2}} + 9x^{\frac{1}{2}}\right) : (x-3)^{\frac{1}{2}}$ d) $\left(x + 4x^{\frac{2}{3}} + 4x^{\frac{1}{3}}\right) : \left(x^{\frac{5}{6}} - 4x^{\frac{1}{6}}\right)$

e) $\left(a^4 - 2a^{\frac{11}{3}} \cdot \sqrt[6]{b} + a^{\frac{10}{3}} \cdot \sqrt[3]{b}\right) : \left(a^{\frac{8}{3}} - a^2 \cdot \sqrt[3]{b}\right)$

f) $\dfrac{a^{\frac{3}{2}} x^{\frac{2}{3}} - y^{\frac{2}{3}} a^{\frac{3}{2}} + x^{\frac{2}{3}} a^{\frac{3}{2}} - a^{\frac{3}{2}} y^{\frac{2}{3}}}{4a^{\frac{1}{2}} x^{\frac{1}{3}} - 4y^{\frac{1}{3}} a^{\frac{1}{2}}}$

78. Vereinfache!

a) $(\sqrt{9x \cdot \sqrt[3]{x}} - \sqrt[3]{8x^2}) \cdot \sqrt[4]{\frac{1}{x}}$

b) $\left[\sqrt{\left(\frac{4a^{2n-2}}{b^{m-4}}\right)^3} \cdot \left(\frac{6b^{-m}}{a^{2n+1}}\right)^{-2}\right] : \left(\frac{2\sqrt{b^{3m}}}{5a^{n-1}b^{2m}}\right)^{-1}$; $a, b \in \mathbb{R}^+$ $m, n \in \mathbb{N}$

c) $\frac{1}{2x^{-1}} \cdot \left[\frac{3}{(-2x^2)^3} + (\sqrt[3]{x})^{-18}\right]$; $x \in \mathbb{R}^+$

3.4 Rechnen mit Wurzeln

Da man n-te Wurzeln auf Potenzen mit Hochzahlen der Form $\frac{1}{n}$ zurückführen kann, lassen sich aus den Potenzgesetzen 1 bis 5 Rechengesetze für die Wurzelrechnung ableiten.

Regeln für das Rechnen mit Wurzeln

Für alle a, b $\in \mathbb{R}^+$ und n, m $\in \mathbb{N}$ gilt:

$$\sqrt[n]{a} \cdot \sqrt[n]{b} = \sqrt[n]{a \cdot b}$$

$$\frac{\sqrt[n]{a}}{\sqrt[n]{b}} = \sqrt[n]{\frac{a}{b}}$$

$$\sqrt[m]{\sqrt[n]{a}} = \sqrt[m \cdot n]{a}\,; \quad (\sqrt[n]{a})^m = \sqrt[n]{a^m}$$

Beispiele:

1. Vereinfache den Radikanden durch teilweise Radizieren!

   a) $\sqrt[3]{24}$

   b) $\sqrt[4]{486}$

   Lösung:

   a) $\sqrt[3]{24} = \sqrt[3]{2^3 \cdot 3} = \sqrt[3]{2^3} \cdot \sqrt[3]{3} = 2 \cdot \sqrt[3]{3}$

   b) $\sqrt[4]{486} = \sqrt[4]{2 \cdot 3^5} = \sqrt[4]{2 \cdot 3 \cdot 3^4} = \sqrt[4]{3^4} \cdot \sqrt[4]{6} = 3 \cdot \sqrt[4]{6}$

2. Beseitige durch Erweitern unter der Wurzel und teilweise Radizieren den Nenner der Wurzel!

   a) $\sqrt[3]{\frac{7}{1\,200}}$

   b) $\sqrt[4]{\frac{625c^5}{12a^9b^7}}$; a, b $\in \mathbb{R}^+$, c $\in \mathbb{R}_0^+$

Lösung:

Will man den Nenner einer Wurzel beseitigen, so zerlegt man diesen zunächst in Faktoren und erweitert dann die einzelnen Faktoren bis zur nächstgrößeren Potenz, aus der man die entsprechende Wurzel ziehen kann.

a) $\sqrt[3]{\frac{7}{1200}} = \sqrt[3]{\frac{7}{2^4 \cdot 3 \cdot 5^2}} = \sqrt[3]{\frac{2^2 \cdot 3^2 \cdot 5 \cdot 7}{2^6 \cdot 3^3 \cdot 5^3}}$

$= \frac{1}{2^2 \cdot 3 \cdot 5} \cdot \sqrt[3]{2^2 \cdot 3^2 \cdot 5 \cdot 7} = \frac{1}{60} \cdot \sqrt[3]{1260}$

b) $\sqrt[4]{\frac{625c^5}{12a^9b^7}} = \sqrt[4]{\frac{5^4 c^5}{2^2 \cdot 3a^9b^7}} = \sqrt[4]{\frac{2^2 \cdot 3^3 \cdot 5^4 \cdot a^3 \cdot b \cdot c^4 \cdot c}{2^4 \cdot 3^4 \cdot a^{12} \cdot b^8}}$

$= \frac{5c}{2 \cdot 3a^3b^2} \cdot \sqrt[4]{2^2 \cdot 3^3 \cdot a^3bc} = \frac{5c}{6a^3b^2} \cdot \sqrt[4]{108a^3bc}$

3. Beseitige die Wurzel im Nenner!

a) $\frac{24}{\sqrt[3]{18}}$

b) $\frac{2}{2-\sqrt{a}}$

Lösung:

a) $\frac{24}{\sqrt[3]{18}} = \frac{24}{\sqrt[3]{2 \cdot 3^2}} = \frac{24}{\sqrt[3]{2 \cdot 3^2}} \cdot \frac{\sqrt[3]{2^2 \cdot 3}}{\sqrt[3]{2^2 \cdot 3}} = \frac{24\sqrt[3]{2^2 \cdot 3}}{\sqrt[3]{2^3 \cdot 3^3}}$

$= \frac{24\sqrt[3]{2^2 \cdot 3}}{2 \cdot 3} = 4 \cdot \sqrt[3]{12}$

b) Wir erweitern mit $(2 + \sqrt{a})$

$\frac{2}{2-\sqrt{a}} = \frac{2(2+\sqrt{a})}{(2-\sqrt{a})(2+\sqrt{a})}$

und benutzen die binomische Formel $(a - b)(a + b) = a^2 - b^2$:

$= \frac{2(2+\sqrt{a})}{2^2-(\sqrt{a})^2} = \frac{2(2+\sqrt{a})}{4-a}$

4. Schreibe als einen Wurzelterm!

   $3 \cdot \sqrt[4]{5}$

   Lösung:

   $3 \cdot \sqrt[4]{5} = \sqrt[4]{3^4} \cdot \sqrt[4]{5} = \sqrt[4]{3^4 \cdot 5} = \sqrt[4]{81 \cdot 5} = \sqrt[4]{405}$

5. Schreibe als eine Wurzel!

   a) $\sqrt[3]{\sqrt{15}}$

   b) $\sqrt[4]{\sqrt[3]{11}}$

   Lösung:

   a) $\sqrt[3]{\sqrt{15}} = \sqrt[6]{15}$

   b) $\sqrt[4]{\sqrt[3]{11}} = \sqrt[12]{11}$

Aufgaben

79. Vereinfache den Radikanden durch teilweises Radizieren!

a) $\sqrt[4]{512}$ b) $\sqrt[3]{189}$

c) $\sqrt[4]{1250}$ d) $\sqrt[5]{3072}$

80. Es sind a, b $\in \mathbb{R}_0^+$ und n $\in \mathbb{N}$. Vereinfache den Radikanden durch teilweises Radizieren!

a) $\sqrt[4]{a^9}$ b) $\sqrt[7]{a^{12}b^8}$

c) $\sqrt[3]{27a^9b^2}$ d) $\sqrt[n]{3^{2n} \cdot a^{n+3}}$

81. Beseitige durch Erweitern unter der Wurzel und teilweises Radizieren den Nenner der Wurzel!

a) $\sqrt[3]{\frac{5}{12}}$ b) $\sqrt[4]{\frac{3}{125}}$

c) $\sqrt[5]{\frac{105}{448}}$ d) $\sqrt[7]{1\frac{13}{243}}$

82. Es sind a, b, c $\in \mathbb{R}^+$ und x, y, z $\in \mathbb{R}_0^+$. Beseitige durch Erweitern unter der Wurzel und teilweises Radizieren den Nenner der Wurzel!

a) $\sqrt[3]{\frac{12x^4}{25a^2b}}$ b) $\sqrt[4]{\frac{5xy^8}{144a^8b^6}}$

c) $\sqrt[5]{\frac{7xy^2z^5}{567a^3b^{10}c}}$

83. Beseitige die Wurzel im Nenner!

a) $\frac{42}{\sqrt[3]{108}}$ b) $\frac{9}{\sqrt[4]{72}}$

c) $\frac{14}{\sqrt[5]{441}}$ d) $\frac{57}{\sqrt[3]{361}}$

e) $\frac{2}{1-2\sqrt{2}}$ f) $\frac{1}{\sqrt{x}-\sqrt{y}}$

g) $\frac{1}{1-\sqrt[4]{x}}$ h) $\frac{2}{\sqrt{a}+\sqrt[4]{a}}$

84. Schreibe als einen Wurzelterm!

a) $2\cdot\sqrt[3]{3}$ b) $0{,}1\cdot\sqrt[4]{100}$

c) $\frac{2}{3}\cdot\sqrt[5]{81}$ d) $\frac{2}{5}\cdot\sqrt[4]{\frac{125}{24}}$

85. Schreibe als eine Wurzel!

a) $\sqrt[4]{\sqrt{19}}$ b) $\sqrt[5]{\sqrt[3]{21}}$

c) $\sqrt[4]{\sqrt[4]{3}}$ d) $\sqrt[7]{\sqrt[3]{x+4}}$

86. Vereinfache!

a) $2{,}5^{-\frac{2}{9}}\cdot\sqrt[3]{2{,}5^{-2}}\cdot\left(\frac{5}{2}\right)^{\frac{8}{9}}$ b) $(\sqrt[3]{4}:2^{\frac{3}{4}})\cdot\sqrt[12]{2^{-1}}$

c) $\frac{\sqrt[3]{32}\cdot\sqrt[4]{0{,}5^{-3}}\cdot\sqrt[12]{2}}{\sqrt[4]{0{,}125^{-2}}}$

87. Vereinfache so weit wie möglich!

a) $\dfrac{\sqrt[5]{x^3}\,(\sqrt[3]{x^2})^2 \cdot x^{\frac{1}{6}}}{\sqrt[10]{x}}$

b) $\left(\sqrt[5]{c^4 \cdot \sqrt[3]{c^3}} \cdot \sqrt{c \cdot \sqrt[4]{c^3}}\right) : \sqrt[24]{c} - \sqrt[6]{c^{11}}$; $c \in \mathbb{R}^+$

c) $\dfrac{(x^{1,5} - \sqrt{x})^{-2}}{(x^{\frac{7}{3}} - 2x^{\frac{4}{3}} + x^{\frac{1}{3}})^{-1}} : x^{-\frac{2}{3}} - \dfrac{x^{-0,5} \cdot x^{\frac{2}{3}}}{\sqrt[6]{x}}$; $x \in \mathbb{R}^+$

3.5 Potenz- und Wurzelgleichungen

Die n-te Wurzel wird wie die Quadratwurzel zum Lösen von Potenzgleichungen benötigt. Es ist eine Fallunterscheidung erforderlich:

Potenzgleichungen der Form $x^n = a$

1. Die Gleichung $x^n = a$ mit $a > 0$ und $n \in \mathbb{N}$ besitzt

   für n gerade die Lösungen: $\sqrt[n]{a}$ und $-\sqrt[n]{a}$

   für n ungerade die Lösung: $\sqrt[n]{a}$
2. Die Gleichung $x^n = 0$, $n \in \mathbb{N}$ besitzt die Zahl 0 als Lösung.
3. Die Gleichung $x^n = a$ mit $a < 0$ und $n \in \mathbb{N}$ besitzt

   für n gerade: keine Lösung

   für n ungerade die Lösung: $-\sqrt[n]{|a|}$

Beispiele:

1. Löse die nachfolgenden Gleichungen mit $\mathbb{R}$ als Grundmenge!

   a) $x^3 = 12$

   b) $x^4 = 19$

   c) $x^{11} = 0$

   d) $x^7 = -5$

   e) $x^{10} = -2$

   Lösung

   a) $x^3 = 12$ besitzt die Zahl $\sqrt[3]{12}$ als Lösung.

   b) $x^4 = 19$ besitzt die Zahlen $\sqrt[4]{19}$ und $-\sqrt[4]{19}$ als Lösungen.

   c) $x^{11} = 0$ besitzt die Zahl 0 als Lösung.

   d) $x^7 = -5$ besitzt die Zahl $-\sqrt[7]{5}$ als Lösung.

   e) $x^{10} = -2$ ist unlösbar.

2. Bestimme die Lösungsmenge folgender Gleichungen bei maximaler Definitionsmenge!

   a) $\sqrt[4]{x-1} = 2$

   b) $(2x-3)^{\frac{3}{2}} = 8$

   c) $\sqrt[3]{x^3 + x^2 - x - 6} = x$

   Lösung:

   a) $\sqrt[4]{x-1} = 2 \Rightarrow (\sqrt[4]{x-1})^4 = 2^4 \Leftrightarrow x - 1 = 16 \Leftrightarrow x = 17$

   Probe: $\sqrt[4]{17-1} = 2$ ist eine wahre Aussage $\Rightarrow \mathbb{L} = \{17\}$

   Achtung: Potenziert man beide Seiten einer Gleichung mit demselben Exponenten, so handelt es sich dabei nicht um eine Äquivalenzumformung. Eine Probe ist deshalb erforderlich!

   b) $(2x-3)^{\frac{3}{2}} = 8 \Rightarrow \left[(2x-3)^{\frac{3}{2}}\right]^{\frac{2}{3}} = (2^3)^{\frac{2}{3}} \Leftrightarrow 2x - 3 = 4 \Leftrightarrow 2x = 7$

   $\Leftrightarrow x = 3{,}5$

   Probe: $(2 \cdot 3{,}5 - 3)^{\frac{3}{2}} = 8$ ist eine wahre Aussage $\Rightarrow \mathbb{L} = \{3{,}5\}$

c) $\sqrt[3]{x^3+x^2-x-6} = x \Rightarrow (\sqrt[3]{x^3+x^2-x-6})^3 = x^3$

$\Leftrightarrow x^3 + x^2 - x - 6 = x^3 \Leftrightarrow x^2 - x - 6 = 0$

$\Leftrightarrow (x-3)(x+2) = 0$, da $-3 \cdot 2 = -6$ und $-3 + 2 = -1$

$\Leftrightarrow x - 3 = 0 \vee x + 2 = 0$

$\Leftrightarrow x = 3 \vee x = -2$

Probe für $x = 3$: $\sqrt[3]{27+9-3-6} = 3$

Die Einsetzung liefert eine wahre Aussage.

Probe für $x = -2$: $\sqrt[3]{\underbrace{-8+4+2-6}_{<0}} = -2$

Da die dritte Wurzel aus einer negativen Zahl nicht definiert ist, gilt damit $\mathbb{L} = \{3\}$.

Aufgaben

88. Bestimme die Lösungsmenge zu den nachfolgenden Gleichungen.

a) $x^4 = 17$
b) $x^7 = 49$
c) $x^3 = 0$
d) $x^8 = 0$
e) $x^6 = -7$
f) $x^3 = -8$
g) $4x^3 = 12$
h) $-5x^8 = -1$
i) $\frac{3}{5}x^9 = -15$
j) $\frac{1}{2}x^4 + \frac{3}{4} = 0$
k) $(2x+3)^5 = 128$
l) $(1-x)^{11} = -0{,}5$

89. Bestimme die Lösungsmenge, wenn die Definitionsmenge maximal gewählt wird!

a) $\sqrt[3]{5x+2} = 3$
b) $\sqrt[4]{3x-1} = -1$
c) $(26x+1)^{\frac{3}{4}} = 125$
d) $(17x+3)^{\frac{2}{3}} = 49$
e) $\sqrt[3]{x^3+2x^2-1} = x$
f) $\sqrt[4]{x^4+x^2-2x-15} = -x$
g) $\sqrt[3]{x^3-3x^2+5} = x-1$
h) $\sqrt[3]{x^3+5x^2+21} = x+2$

3.6 Potenzen mit irrationalen Zahlen als Exponenten

Schrittweise haben wir den Potenzbegriff von Potenzen mit natürlichen Zahlen auf ganze Zahlen und schließlich auf rationale Zahlen im Exponenten erweitert. Wir wollen jetzt als letzten Schritt die Erweiterung auf reelle Zahlen im Exponenten vollziehen. Dazu muß festgelegt werden, was man unter einer Potenz mit einer irrationalen Zahl im Exponent verstehen will und wie diese berechnet werden soll.
Da irrationale Zahlen durch eine Intervallschachtelung eindeutig bestimmt werden können, verwendet man die Intervallgrenzen einer solchen Intervallschachtelung als Exponenten. Daß man auf diese Weise wiederum eine Intervallschachtelung für eine Potenz mit einem irrationalen Exponenten erhält, kann an dieser Stelle lediglich mitgeteilt, jedoch nicht bewiesen werden.
Die Vorgehensweise soll am Beispiel von $2^{\sqrt[3]{2}}$ aufgezeigt werden. Durch das nachfolgende Intervall-Zehnteilungsverfahren ist eine Intervallschachtelung für $\sqrt[3]{2}$ gegeben.

$$
\begin{array}{lllll}
1 \le x \le 2 & , \text{ da } 1^3 & = 1 & \le x \le 8 & = 2^3 \\
1{,}2 \le x \le 1{,}3 & , \text{ da } 1{,}2^3 & = 1{,}728 & \le x \le 2{,}197 & = 1{,}3^3 \\
1{,}25 \le x \le 1{,}26 & , \text{ da } 1{,}25^3 & = 1{,}953125 & \le x \le 2{,}000376 & = 1{,}26^3 \\
1{,}259 \le x \le 1{,}260 & , \text{ da } 1{,}259^3 & = 1{,}9561700 & \le x \le 2{,}000376 & = 1{,}260^3 \\
1{,}2599 \le x \le 1{,}2600 & , \text{ da } 1{,}2599^3 & = 1{,}9998998 & \le x \le 2{,}000376 & = 1{,}2600^3 \\
\vdots & \vdots & \vdots & \vdots & \vdots
\end{array}
$$

Somit erhält man

$$
\begin{array}{llll}
2^1 & = 2 & \le 2^{\sqrt[3]{2}} \le 4 & = 2^2 \\
2^{1,2} & = 2{,}2973967 & \le 2^{\sqrt[3]{2}} \le 2{,}4622888 & = 2^{1,3} \\
2^{1,25} & = 2{,}3784142 & \le 2^{\sqrt[3]{2}} \le 2{,}394957 & = 2^{1,26} \\
2^{1,259} & = 2{,}3932979 & \le 2^{\sqrt[3]{2}} \le 2{,}3949574 & = 2^{1,260} \\
2^{1,2599} & = 2{,}3947914 & \le 2^{\sqrt[3]{2}} \le 2{,}3949574 & = 2^{1,2600} \\
\vdots & \vdots & \vdots & \vdots
\end{array}
$$

Der Taschenrechner liefert für $2^{\sqrt[3]{2}}$ die Zahl 2,3948264 als Näherungswert.
Die Potenzgesetze 1 bis 5 behalten für positive Basen bei Erweiterung von rationalen auf reelle Exponenten in unveränderter Form ihre Gültigkeit.

Beispiele:

1. Berechne mit Hilfe des Taschenrechners!

   a) $3^{-\sqrt{2}}$

   b) $1{,}8^{5\cdot\sqrt[4]{2}}$

   c) $-0{,}7^{2-\sqrt{7}}$

   Lösung:
   Es ist zu beobachten, daß sowohl bei Summen als auch bei Produkten im Exponent diese bei der Eingabe in den Taschenrechner in Klammern gesetzt werden müssen.

   a) $3^{-\sqrt{2}}$

   Eingabe

3	x^y	2	√	+/–	=

   Ausgabe: 0,2114699

   b) $1{,}8^{5\cdot\sqrt[4]{2}}$

   Eingabe:

1,8	x^y	(	5	×	2	x^y	4	1/x	)	=

   Ausgabe: 32,950302

   c) $-0{,}7^{2-\sqrt{7}}$

   Eingabe:

–1	×	0,7	x^y	(	2	–	7	√	)	=

   Ausgabe: –1,259007

2. Vereinfache!

   $(a^3b)^{\sqrt{5}}\cdot(a^{-1}b^4)^{\sqrt{5}}$

   Lösung:

   $(a^3b)^{\sqrt{5}}\cdot(a^{-1}b^4)^{\sqrt{5}} = a^{3\sqrt{5}}b^{\sqrt{5}}\cdot a^{-\sqrt{5}}b^{4\sqrt{5}} = a^{2\sqrt{5}}b^{5\sqrt{5}}$

Aufgaben

90. Berechne mit dem Taschenrechner auf 2 D genau!

a) $21^{\sqrt{5}}$ b) $\left(\frac{7}{8}\right)^{\sqrt{3}}$

c) $-5^{\sqrt[3]{4}}$ d) $7^{-\sqrt[5]{2}}$

e) $1{,}2^{7\cdot\sqrt{5}}$ f) $(\sqrt{0{,}7})^{-6\cdot\sqrt{3}}$

g) $0{,}27^{1+\sqrt{5}}$ h) $(2+\sqrt{3})^{2+\sqrt{3}}$

91. Berechne (ohne Taschenrechner)!

a) $2^{1+\sqrt{2}}\cdot 2^{1-\sqrt{2}}$ b) $(5^{1+\sqrt{2}})^{1-\sqrt{2}}$

c) $9^{\sqrt[3]{\frac{1}{4}}}\cdot 9^{\frac{3-\sqrt[3]{2}}{2}}$ d) $(16^{\sqrt{3}}:4^{\sqrt{3}})^{\frac{1}{2}}+(\sqrt{2})^{2\sqrt{3}}-2\cdot 2^{\sqrt{3}}$

92. Beseitige die Klammern und vereinfache!

a) $\left[(\sqrt[4]{a})^{\sqrt{2}}\right]^{\sqrt{2}}-2a^{\frac{1}{2}}$ b) $\left[(\sqrt[3]{a}\cdot\sqrt[4]{b^{-1}})^{3+\sqrt{3}}\right]^{3-\sqrt{3}}$

93. Vereinfache!

a) $(a^{\sqrt[3]{3}})^{\sqrt[3]{9}}-(a^{\sqrt{5}})^{-\sqrt{5}}$; $a\in \mathbb{R}^+$

b) Schaffst du es, auch diesen Term zu vereinfachen?

$$\left[\frac{x^{\sqrt{2}}+1}{x^{\sqrt{2}}-1}\right]^{-\frac{3}{2}}\cdot\frac{(x^{2\sqrt{2}}-2x^{\sqrt{2}}+1)^{-\frac{1}{2}}}{(x^{\sqrt{2}}+1)^{-\frac{1}{2}}}\cdot\left[\frac{(x^{\sqrt{2}}+1)^{\frac{3}{2}\sqrt{2}}}{(x^{2\sqrt{2}}-1)^{-\frac{3}{2}\sqrt{2}}}\right]^{\frac{1}{2}\sqrt{2}}$$

Hinweis: Setze $x^{\sqrt{2}}=a$!

Funktionen

In einem Aufsatz aus dem Jahre 1967 heißt es: *"Täglich nimmt die Bevölkerung der Erde um nahezu 130 000 Menschen, das sind in jedem Jahr rund 50 Millionen, zu. Jahr für Jahr steigt zur Zeit die Zahl der Menschen auf der Erde etwa um die Einwohnerzahl Frankreichs. Und dabei wird es nicht bleiben, weil die jährliche Zuwachsrate steigt. 1960 lebten auf der Erde rund 3 Milliarden Menschen, in 35 Jahren werden es mindestens doppelt so viele sein."*
Die Voraussage des Verfassers hat sich bewahrheitet: heute leben auf der Erde rund 6 Milliarden Menschen. Die Probleme, die sich daraus ergeben, sind erkannt und werden diskutiert. Die Weltbevölkerungszahl Z kann im Zeitraum von 1975 bis 1990 angenähert durch die Beziehung beschrieben werden:

$$Z(t) = 4{,}0 \cdot 10^9 \cdot 2{,}7^{\frac{2{,}5 \cdot 10^{-2}}{a} t} \quad \text{mit} \quad 0a \le t \le 25a$$

Schätze damit die Weltbevölkerung im Jahre 2000 ab!

4 Potenzfunktionen

4.1 Funktionen vom Typ $x \mapsto c \cdot x^n$

Wir wollen jetzt Funktionen untersuchen, deren Variable die Basis einer Potenz ist. Ebenso interessieren wir uns für deren Graphen.

Funktionen vom Typ

f: $x \mapsto c \cdot x^n$ mit $x \in \mathbb{R}$, $n \in \mathbb{N} \setminus \{1\}$ und $c \in \mathbb{R} \setminus \{0\}$

bezeichnet man als **Potenzfunktionen**. Ihre Graphen heißen **Parabeln n-ter Ordnung**.

Zunächst sei c = 1.

4.1.1 Die Funktionen $x \mapsto x^n$

Nachfolgende Abbildungen zeigen die Graphen G_1 und G_2 der Funktionen f_1: $x \mapsto x^2$ mit $x \in \mathbb{R}$ und f_2: $\mapsto x^3$ mit $x \in \mathbb{R}$.

Der Graph der Funktion f_1 ist achsensymmetrisch zur y-Achse. Es gilt:
$f_1(-a) = f_1(a)$ für alle $a \in \mathbb{R}$

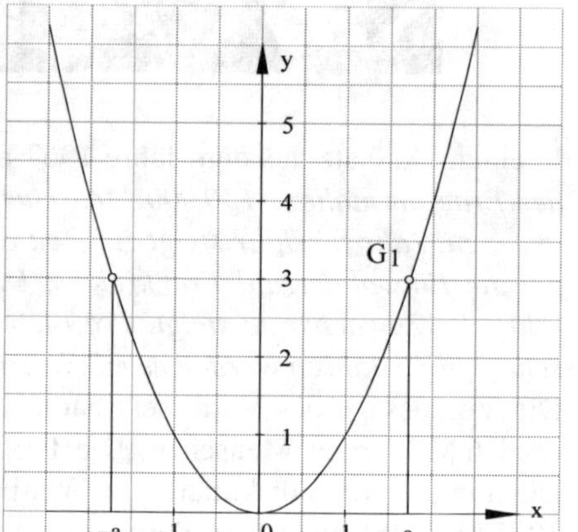

Der Graph der Funktion f_2 ist punktsymmetrisch zum Ursprung (0; 0).
Es gilt:
$f_2(-a) = -f_2(a)$ für alle $x \in \mathbb{R}$.

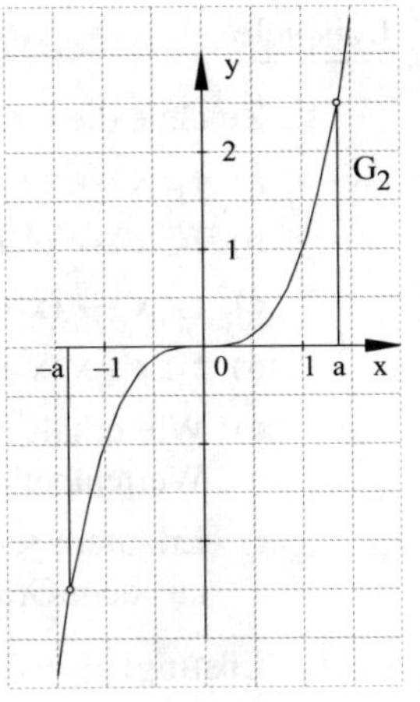

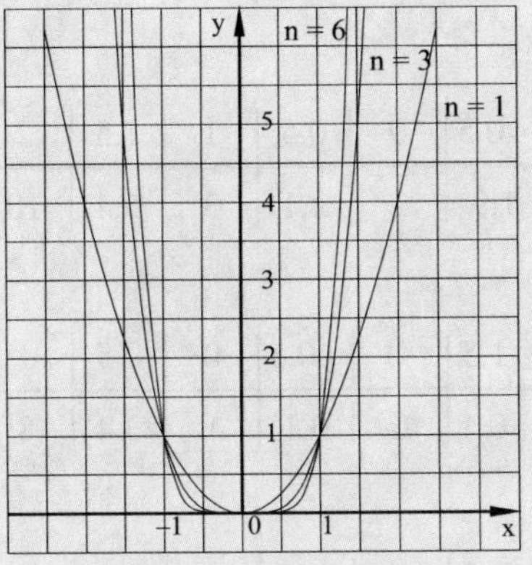

Die Graphen der Potenzfunktionen $x \mapsto x^n$, $x \in \mathbb{R}$ und **geraden** Exponenten n sind achsensymmetrisch zur y-Achse. Sie verlaufen durch (–1; 1), (0; 0) und (1; 1). Für $x \leq 0$ ($x \geq 0$) sind die Graphen streng monoton fallend (steigend).

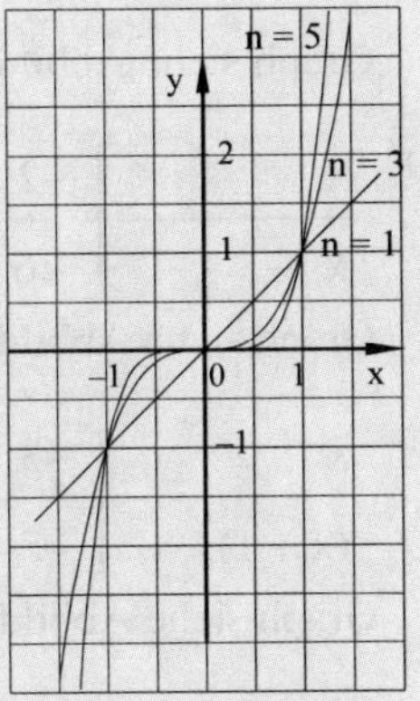

Die Graphen der Potenzfunktionen $x \mapsto x^n$, $x \in \mathbb{R}$ und **ungeraden** Exponenten n sind punktsymmetrisch zum Ursprung. Sie verlaufen durch (–1; –1), (0; 0) und (1; 1). Die Graphen sind streng monoton steigend.

Beispiele:

1. Zeichne die Graphen der folgenden in IR definierten Funktionen!
   a) $f_1: x \mapsto x^3$
   b) $f_2: x \mapsto x^3 + 2$
   c) $f_3: x \mapsto (x + 1)^3$
   d) $f_4: x \mapsto (x + 1)^3 + 2$
   e) Wie erhält man die Wertetabelle zu den Funktionen f_2 und f_3 aus der Wertetabelle der Funktion f_1?
   f) Erläutere jeweils, wie man die Graphen der Funktionen f_2, f_3 und f_4 aus dem Graph der Funktion f_1 erhält!

Lösung:

a)

x	–2	–1,5	–1	–0,5	0	0,5	1	1,5	2
x^3	–8	–3,4	–1	–0,1	0	0,1	1	3,4	8

Graph siehe Abbildung 1.

b)

x	–2	–1,5	–1	–0,5	0	0,5	1	1,5	2
$x^3 + 2$	–6	–1,4	1	1,9	2	2,1	3	5,4	10

Graph siehe Abbildung 2.

c)

x	–3	–2,5	–2	–1,5	–1	–0,5	0	0,5	1
$(x + 1)^3$	–8	–3,4	–1	–0,1	0	0,1	1	3,4	8

Graph siehe Abbildung 3.

d)

x	–3	–2,5	–2	–1,5	–1	–0,5	0	0,5	1
$(x + 1)^3 + 2$	–6	–1,4	1	1,9	2	2,1	3	5,4	10

Graph siehe Abbildung 4.

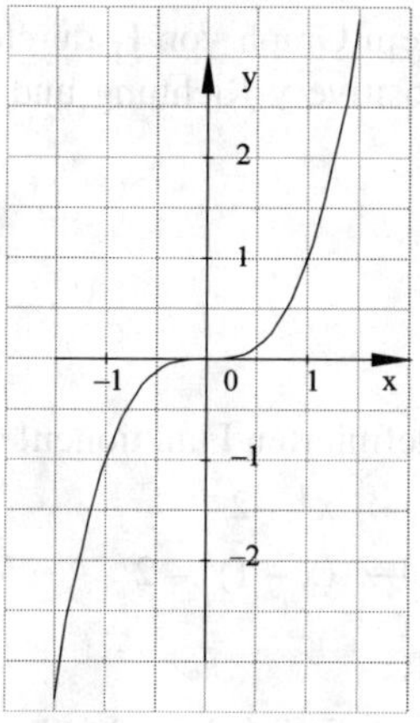

Abb. 1

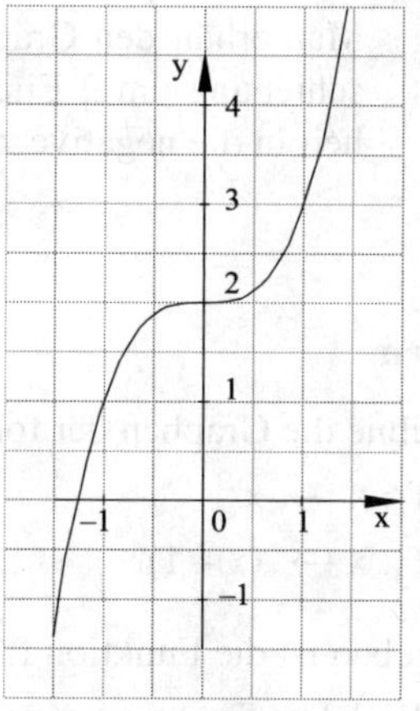

Abb. 2

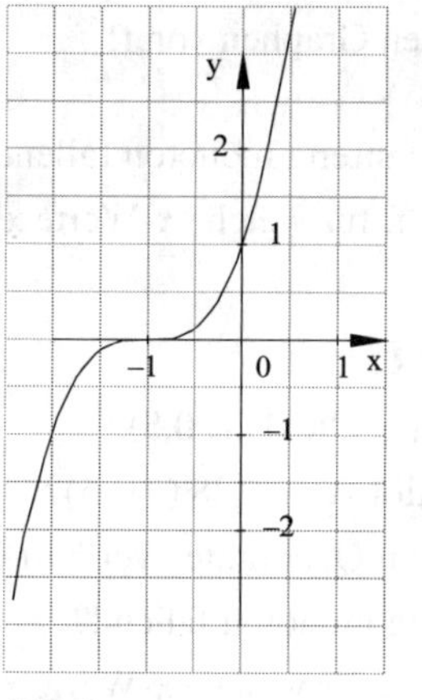

Abb. 3

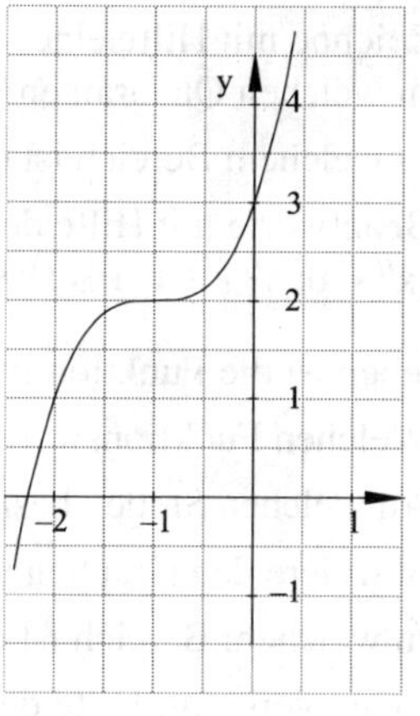

Abb. 4

e) Man erhält die Wertetabelle von f_2 aus der Wertetabelle von f_1, indem man zu den Funktionswerten von f_1 jeweils 2 addiert.
Die Funktion f_3 besitzt dieselben Funktionswerte wie f_1, nur jeweils an einer um 1 kleineren Stelle.

f) Man erhält den Graph von f_2 aus dem Graph von f_1 durch eine Verschiebung um 2 Einheiten in die positive y-Richtung.
Man erhält den Graph von f_3 aus dem Graph von f_1 durch eine Verschiebung um 1 Einheit in die negative x-Richtung.

Man erhält den Graph von f_4 aus dem Graph von f_1 durch eine Verschiebung um 2 Einheiten in die positive y-Richtung und um 1 Einheit in die negative x-Richtung.

Aufgaben

94. Zeichne die Graphen der folgenden in $\mathbb{R}$ definierten Funktionen!

a) $f_1\colon x \mapsto x^4$ b) $f_2\colon x \mapsto x^4 - 2$

c) $f_3\colon x \mapsto (x-1)^4$ d) $f_4\colon x \mapsto (x-1)^4 - 2$

95. Gegeben ist die Funktion $f\colon x \mapsto x^6,\ x \in \mathbb{R}$.

a) Welchen Funktionswert besitzt f an der Stelle 0 (–1; 2; 0,5)?

b) An welchen Stellen besitzt f den Funktionswert 729 (–1; 64)?

c) Zeichne mit Hilfe einer Wertetabelle den Graphen von f! In welchen Quadranten verläuft er?

d) In welchem Bereich ist der Graph von f streng monoton fallend?

e) Beantworte mit Hilfe des Graphen von f, für welche x-Werte $x^6 \le 1$ ($x^6 < 0$; $x^6 \ge 64$; $1 \le x^6 \le 8$) ist!

96. Gegeben ist die Funktion $f\colon x \mapsto x^7,\ x \in \mathbb{R}$.

a) Welchen Funktionswert besitzt f an der Stelle 0 (1; 0,5)?

b) An welchen Stellen besitzt f den Funktionswert 128 (–1; 5)?

c) Skizziere den Graphen von f! In welchen Quadranten verläuft er?

d) In welchem Bereich ist der Graph streng monoton fallend?

e) Beantworte mit Hilfe des Graphen von f, für welche x-Werte $x^7 \le 1$ ($x^7 < 0$; $x^7 \ge 128$; $-1 \le x^7 < 128$) ist!

97. Gegeben ist die Funktion $f\colon x \mapsto x^n,\ x \in \mathbb{R}$ und $n \in \mathbb{N}$.

a) Wie muß n gewählt werden, damit der Graph von f durch den Punkt (–1; –1) ((–4; –16); (–2; 64); (–0,5; –0,125)) verläuft?

b) Wie muß n gewählt werden, damit der Graph von f punktsymmetrisch zum Ursprung verläuft?

4.1.2 Die Funktionen $\mapsto c \cdot x^n$, $c \in \mathbb{R}\setminus\{0\}$

Wir untersuchen, welche Auswirkungen ein konstanter Faktor $c \in \mathbb{R}\setminus\{0\}$ in der Funktion

$$f: x \mapsto c \cdot x^n\,,\quad x \in \mathbb{R} \text{ und } n \in \mathbb{N}$$

auf den Graph besitzt.
Wir betrachten die Graphen für $n = 3$ und verschiedene Werte von c.

(1) $c = 4$, (2) $c = 1$, (3) $c = \frac{1}{4}$, (4) $c = -4$, (5) $c = -1$, (6) $c = -\frac{1}{4}$

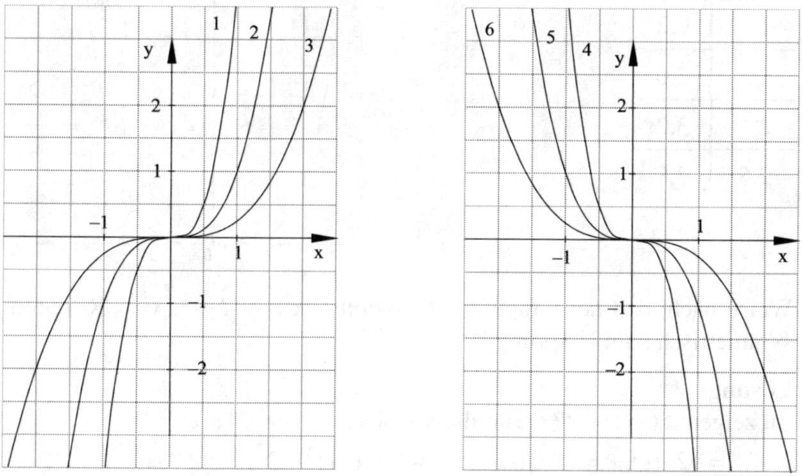

Die Beobachtungen entsprechen denjenigen, die wir bereits bei Parabeln 2. Ordnung gemacht haben:
Der konstante Faktor c bewirkt lediglich, daß alle Funktionswerte, neben der Berechnung von x^3, mit derselben Zahl vervielfacht werden.

Wie bei den Graphen von Quadratfunktionen sagt man:
Der Graph von $x \mapsto c \cdot x^3$ ist für $c > 1$ gegenüber dem von $x \mapsto x^3$ in y-Richtung gestreckt. Für $0 < c < 1$ ist der Graph in y-Richtung gestaucht. Ist $c < 0$, so erhält man den Graphen von $x \mapsto c \cdot x^3$ aus dem von $x \mapsto |c| \cdot x^3$ durch Spiegelung an der x-Achse.

Diese Aussagen lassen sich auf die Graphen aller Funktionen übertragen.

Beispiele:

1. Zeichne den Graph der Funktion f: $x \mapsto \frac{1}{5} \cdot x^4$, $x \in \mathbb{R}$!

Lösung:

Wertetabelle

x	f(x)
0,5	0,0
1	0,2
1,5	1,0
2	3,2
2,5	7,8

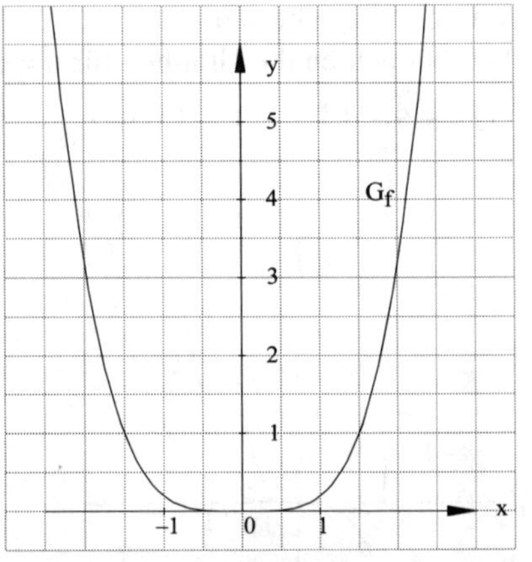

2. Weise nach, daß der Graph der Funktion f: $x \mapsto -2 \cdot x^3$, $x \in \mathbb{R}$ punktsymmetrisch zum Ursprung ist!

Lösung:

Zu zeigen: $f(-x) = -f(x)$ für alle $x \in \mathbb{D}_f$

$$f(-x) = -2 \cdot (-x)^3 = -2 \cdot [(-1) \cdot x]^3 = -2 \cdot (-1)^3 \cdot x^3$$
$$= -2 \cdot (-1) \cdot x^3 = 2x^3 = -f(x)$$

3. Der Graph einer Funktion f: $x \mapsto c \cdot x^n$ mit $x \in \mathbb{R}$, $n \in \mathbb{N} \setminus \{1\}$ und $c \in \mathbb{R} \setminus \{0\}$ verläuft durch die Punkte A (0,5; 0,5) und B (2; 32). Bestimme c und n und gib die zugehörige Funktion an!

Lösung:

Aus A (0,5; 0,5) $\in G_f$ folgt $c \cdot 0{,}5^n = 0{,}5$ (1)

Aus B (2; 32) $\in G_f$ folgt $c \cdot 2^n = 32$ (2)

Mit (2) : (1) erhält man

$$\frac{c \cdot 2^n}{c \cdot 0{,}5^n} = \frac{32}{0{,}5} \Leftrightarrow \frac{2^n}{0{,}5^n} = 64 \Leftrightarrow \left(\frac{2}{0{,}5}\right)^n = 64 \Leftrightarrow 4^n = 64 \Leftrightarrow n = 3$$

n = 3 in (2) $c \cdot 2^3 = 32 \Leftrightarrow c \cdot 8 = 32 \Leftrightarrow c = 4$

Damit lautet die gesuchte Funktion f: $x \mapsto 4 \cdot x^3$ mit $x \in \mathbb{R}$.

Aufgaben

98. Skizziere in einem Achsenkreuz die Graphen von $x \mapsto x^4$, $x \in \mathbb{R}$ und von $x \mapsto c \cdot x^4$, $x \in \mathbb{R}$ für c = 3, c = 0,5 und c = –1!

99. Die Abbildung zeigt die Graphen der in $\mathbb{R}$ definierten Funktionen

(1) $x \mapsto 0{,}1 \cdot x^3$

(2) $x \mapsto -2 \cdot x^3$

(3) $x \mapsto 0{,}5 \cdot x^4$

(4) $x \mapsto 2 \cdot x^5$

Ordne jeder Funktion das richtige Schaubild zu!

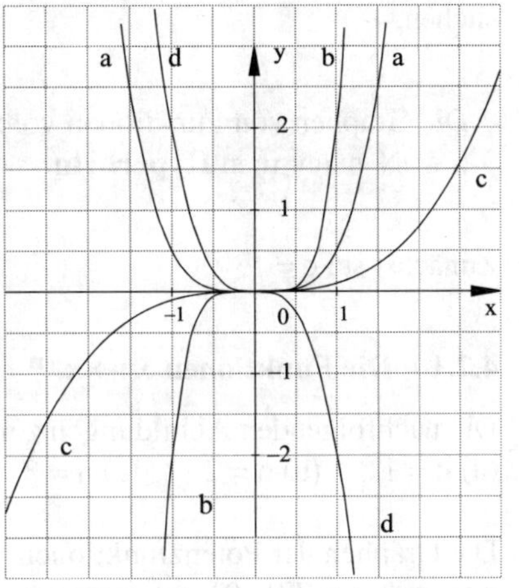

100. Gegeben ist die Funktion $f\colon\ x \mapsto 0{,}2 \cdot x^4$, $x \in \mathbb{R}$
a) Welchen Funktionswert besitzt f an der Stelle 2?
b) An welchen Stellen besitzt die Funktion den Funktionswert 51,2?

101. Gegeben ist die Funktion $f\colon\ x \mapsto c \cdot x^3$, $x \in \mathbb{R}$. Wie muß c gewählt werden, damit der Graph von f durch (–2; –6) verläuft?

102. Gegeben ist die Funktion $f\colon\ x \mapsto c \cdot x^4$, $x \in \mathbb{R}$. Wie muß c gewählt werden, damit der Graph von f durch (– 0,5; 1) verläuft?

103. Gegeben ist die Funktion $f\colon\ x \mapsto c \cdot x^n$, $x \in \mathbb{R}$, $n \in \mathbb{N}$ und $c \in \mathbb{R}$.
Wie müssen c und n gewählt werden, damit der zugehörige Graph durch die Punkte (1; 0,25) und (2; 4) ((–2; 4) und (3; –13,5)) verläuft?

104. Gegeben sind die Funktion $f\colon\ x \mapsto x^3$, $x \in \mathbb{R}$ und $g\colon\ \mapsto -x^3$, $x \in \mathbb{R}$ sowie $h\colon\ \mapsto -0{,}5x^2+2$, $x \in [0; 2]$.
a) Zeichne die Graphen G_f, G_g und G_h in ein und dasselbe Koordinatensystem!
b) Entnimm aus der Zeichnung die x-Koordinate des Schnittpunktes S der Graphen G_f und G_h!
c) Bestimme mit Hilfe des Taschenrechners die Grenzen eines Intervalls der Breite 0,1, in dem die x-Koordinate des Schnittpunktes S liegt!

4.2 Funktionen vom Typ $x \mapsto c \cdot x^{-n}$

Wir wollen jetzt Potenzfunktionen mit negativen ganzzahligen Exponenten untersuchen.

Die Graphen von Funktionen vom Typ $x \mapsto c \cdot x^{-n}$, $x \in \mathbb{R} \setminus \{0\}$ $n \in \mathbb{N}$ nennt man **Hyperbeln.**

Zunächst sei c = 1.

4.2.1 Die Funktionen $x \mapsto x^{-n}$

Die nachfolgenden Abbildungen zeigen die Graphen für
(a) n = 1 (b) n = 2 (c) n = 3 (d) n = 4

Die Graphen der Potenzfunktionen $x \mapsto x^{-n}$, $x \in \mathbb{R} \setminus \{0\}$ mit **geraden** Exponenten sind achsensymmetrisch zur y-Achse. Sie verlaufen durch die Punkte (1; 1) und (–1; 1). Für x > 0 sind die Graphen streng monoton fallend, für x < 0 streng monoton steigend.

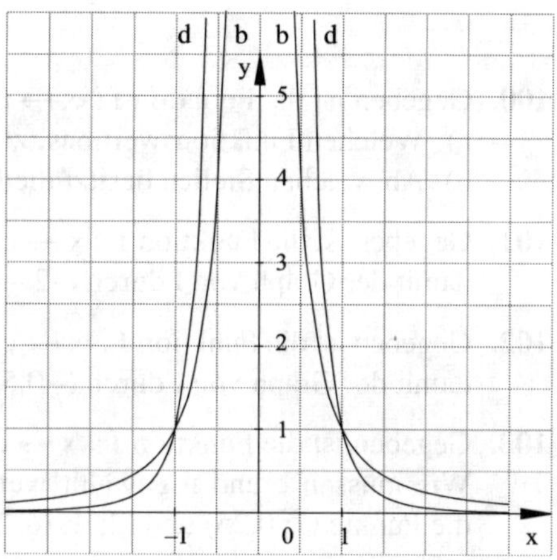

Die Graphen der Potenzfunktionen $x \mapsto x^{-n}$, $x \in \mathbb{R} \setminus \{0\}$ mit **ungeraden** Exponenten sind punktsymmetrisch zu (0; 0).
Sie verlaufen durch die Punkte (1; 1) und (–1; –1).
Für $x < 0$ und für $x > 0$ sind die Graphen jeweils streng monoton fallend.

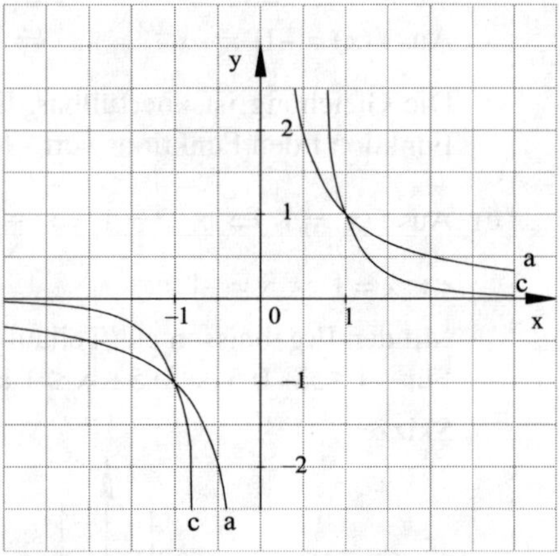

Die Graphen nähern sich sowohl der x-Achse, wie auch der y-Achse immer mehr an. Man bezeichnet die x- und y-Achse als **Asymptoten**.

Beispiel:

Gegeben ist die Funktion f: $x \mapsto x^{-4}$, $x \in \mathbb{R} \setminus \{0\}$.

a) Welchen Funktionswert besitzt f an der Stelle 1 (–1; 0,25)?
b) An welcher Stelle besitzt f den Funktionswert 16 (–1)?
c) Gib mit Hilfe des Graphen von f an, für welche x-Werte $1 \le x^{-4} \le 16$ gilt!

Lösung:

a) Da $f(1) = 1^{-4} = 1$, besitzt f an der Stelle 1 den Funktionswert 1.
Da $f(-1) = (-1)^{-4} = 1$, besitzt f an der Stelle –1 den Funktionswert 1.
Da $f(0{,}25) = f\left(\frac{1}{4}\right) = \left(\frac{1}{4}\right)^{-4} = 4^4 = 256$, besitzt f an der Stelle 0,25 den Funktionswert 256.

b) Aus $f(x) = 16 \Leftrightarrow x^{-4} = 16 \Leftrightarrow \frac{1}{x^4} = 16 \Leftrightarrow \frac{1}{16} = x^4$

$\Leftrightarrow \quad x = \sqrt[4]{\frac{1}{16}} \quad \vee \quad x = -\sqrt[4]{\frac{1}{16}}$

$\Leftrightarrow \quad x = \frac{1}{2} \quad \vee \quad x = -\frac{1}{2}$

f besitzt an den Stellen 0,5 und – 0,5 den Funktionswert 16.

Aus $f(x) = -1 \Leftrightarrow x^{-4} = -1 \Leftrightarrow \frac{1}{x^4} = -1 \Leftrightarrow -1 = x^4$

Die Gleichung ist unerfüllbar. Es gibt demnach keine Stelle, an der die Funktion f den Funktionswert –1 annimmt.

c) Aus $f(x) = 1 \Leftrightarrow x^{-4} = 1 \Leftrightarrow \frac{1}{x^4} = 1 \Leftrightarrow 1 = x^4$

$\Leftrightarrow x = 1 \vee x = -1$

Mit den Ergebnissen aus Teilaufgabe b und dem Graphen ergibt sich:
Für $-1 \leq x - 0{,}5 \vee 0{,}5 \leq x \leq 1$ ist $1 \leq x^{-4} \leq 16$.

Skizze:

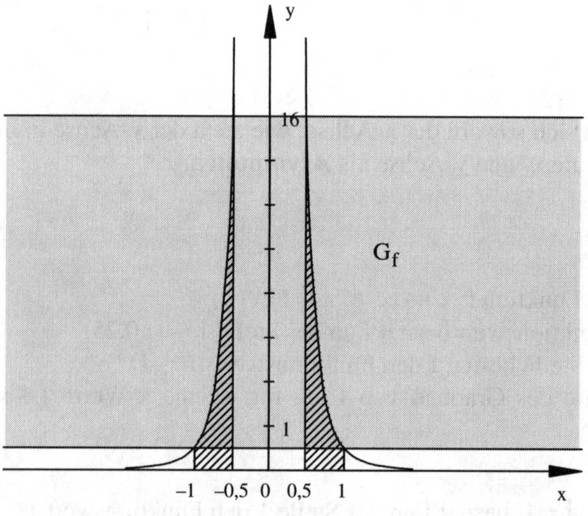

Aufgaben

105. Zeichne die Graphen der Funktionen

a) $f_1: x \mapsto x^{-1} + 1, x \in \mathbb{R} \setminus \{0\}$

b) $f_2: x \mapsto (x + 1)^{-1}, x \in \mathbb{R} \setminus \{-1\}$

c) $f_3: x \mapsto x^{-2} - 1, x \in \mathbb{R} \setminus \{0\}$

d) $f_4: x \mapsto (x - 1)^{-2}, x \in \mathbb{R} \setminus \{1\}$

106. Gegeben ist die Funktion f: $x \mapsto x^{-5}$, $x \in \mathbb{R} \setminus \{0\}$.

a) Welchen Funktionswert besitzt f an der Stelle 1 (–1; 0,25)?

b) An welcher Stelle besitzt f den Funktionswert –32 (0,00001)?

c) Skizziere das Schaubild der Funktion!

d) Gib mit Hilfe des Schaubildes der Funktion an, für welche x-Werte $-1 \leq x^{-5} \leq 1$ gilt!

107. Gegeben ist die Funktion f: $x \mapsto x^{-6}$, $x \in \mathbb{R} \setminus \{0\}$.

a) Welchen Funktionswert besitzt f an der Stelle 1 (–1; 0,5; –2)?

b) An welcher Stelle besitzt f den Funktionswert 64 (0,000729; 3)?

c) Skizziere das Schaubild der Funktion!

d) Für welche x-Werte ist $1 \leq x^{-6} < 64$?

108. Gegeben ist eine Funktion f: $\mapsto x^{-n}$, $x \in \mathbb{R} \setminus \{0\}$ und $n \in \mathbb{N}$.

a) Wie muß n gewählt werden damit der Graph von f für $x < 0$ streng monoton fällt?

b) Wie muß n gewählt werden, damit der Graph von f durch den Punkt (–1; 1) verläuft?

c) Wie muß n gewählt werden, damit der Graph von f durch den Punkt (–2,5; –0,4) verläuft?

d) Verläuft für $-1 < x < 0$ der Graph von $x \mapsto x^{-1}$ oder der von $x \mapsto x^{-3}$ dichter bei der x-Achse?

4.2.2 Die Funktionen $x \mapsto c \cdot x^{-n}$, $c \in \mathbb{R} \setminus \{0\}$

Der konstante Faktor c in der Funktion $x \mapsto c \cdot x^{-n}$, $x \in \mathbb{R} \setminus \{0\}$, $n \in \mathbb{N}$ bewirkt für $c > 1$, daß der Graph in y-Richtung gestreckt, für $0 < c < 1$ in y-Richtung gestaucht und für $c < 0$ zusätzlich noch an der x-Achse gespiegelt wird.

Beispiel:

Gegeben ist die Funktion f: $x \mapsto c \cdot x^{-n}$, $x \in \mathbb{R} \setminus \{0\}$, $n \in \mathbb{N}$ und $c \in \mathbb{R} \setminus \{0\}$.

Wie müssen c und n gewählt werden, damit der Graph durch die Punkte A (–1,5; 8) und B (3; –1) verläuft?

Lösung:

Aus A (–1,5; 8) $\in G_f$ folgt $\quad c \cdot (-1{,}5)^{-n} = 8. \quad (1)$

Aus B (3; –1) $\in G_f$ folgt $\quad c \cdot 3^{-n} = -1. \quad (2)$

Mit (1) : (2) folgt

$$\frac{c \cdot (-1{,}5)^{-n}}{c \cdot 3^{-n}} = \frac{8}{-1} \Leftrightarrow \frac{(-1{,}5)^{-n}}{3^{-n}} = -8 \Leftrightarrow \left(\frac{-1{,}5}{3}\right)^{-n} = -8$$

$$\Leftrightarrow \left(-\frac{1}{2}\right)^{-n} = -8 \Leftrightarrow (-2)^n = -8 \Leftrightarrow n = 3$$

n = 3 in (2) $c \cdot 3^{-3} = -1 \Leftrightarrow c \cdot \frac{1}{27} = -1 \Leftrightarrow c = -27$

Damit lautet die gesuchte Funktion f: $x \mapsto -27 \cdot x^{-3}$ mit $x \in \mathbb{R} \setminus \{0\}$.

Aufgaben

109. Die Abbildung 1 zeigt die in $\mathbb{R} \setminus \{0\}$ definierten Funktionen

(1) $x \mapsto -0{,}5 \cdot x^{-1}$

(2) $x \mapsto 2 \cdot x^{-2}$

(3) $x \mapsto 3 \cdot x^{-3}$

(4) $x \mapsto -x^{-4}$

Ordne jeder Funktion den richtigen Graphen zu!

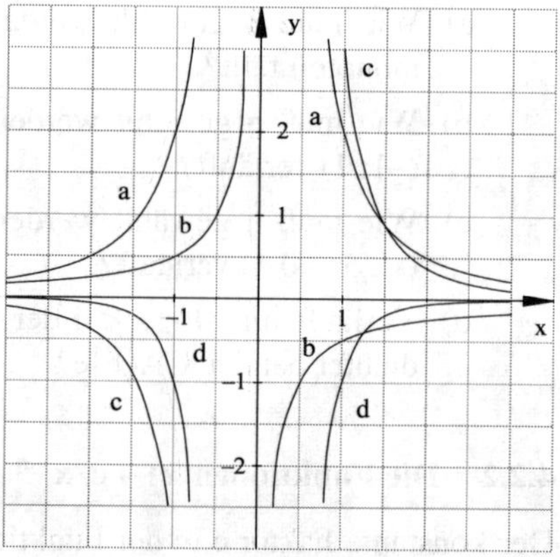

Abb. 1

110. Gegeben ist die Funktion
$f: x \mapsto c \cdot x^{-1}, x \in \mathbb{R} \setminus \{0\}$,
$c \in \mathbb{R} \setminus \{0\}$.

a) Wie muß man c in obiger Funktion jeweils wählen, damit man die Graphen (1) und (2) in Abbildung 2 erhält?

b) Wie muß c gewählt werden, damit der Graph von f durch den Punkt (2; –2) verläuft?

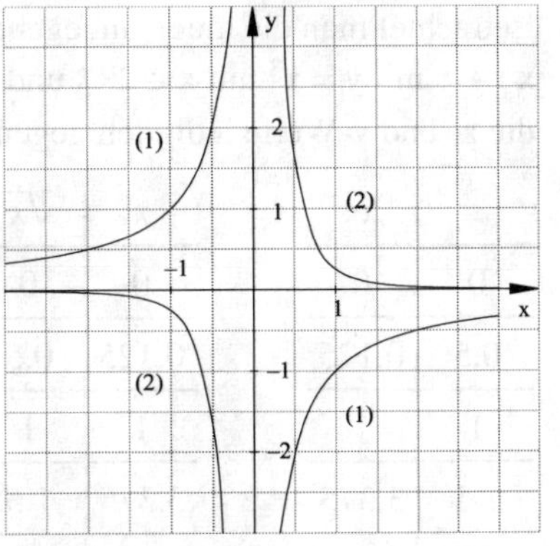

Abb. 2

111. Gegeben ist die Funktion $f: x \mapsto c \cdot x^{-n}, x \in \mathbb{R} \setminus \{0\}$, n ∈ in und $c \in \mathbb{R} \setminus \{0\}$. Wie müssen c und n gewählt werden, damit der Graph durch die Punkte (0,5; 2) und (–0,25; 8) verläuft?

112. Zeichne die Graphen der Funktionen

a) $f_1: x \mapsto 2 \cdot x^{-1}, x \in \mathbb{R} \setminus \{0\}$

b) $f_2: x \mapsto 2x^{-1} + 1, x \in \mathbb{R} \setminus \{0\}$

c) $f_3: x \mapsto 2 \cdot (x - 1)^{-1}, x \in \mathbb{R} \setminus \{1\}$

d) $f_4: x \mapsto 2 \cdot (x - 1)^{-1} + 1, x \in \mathbb{R} \setminus \{1\}$

4.3 Die Wurzelfunktion als Umkehrfunktion

Im Bereich der Funktionen stellt sich immer wieder das Problem, zu einem Funktionswert den zugehörigen x-Wert zu bestimmen.

Fährt man z. B. nach Frankreich, so gibt der Devisenkurs darüber Auskunft, wieviel Französische Francs (FF) man für eine DM erhält. Man hat damit eine Funktion, die jedem DM-Betrag x einen Betrag y in FF zuordnet. In Frankreich angekommen, stellt sich dann z. B. beim Betrachten der Schaufensterauslagen oder beim Einkauf immer wieder die Frage, welchem DM-Betrag der in FF angegebene Preis entspricht. Durch eine Umstellung der Funktionsgleichung erhält man schnell die gewünschte Zuordnung, die y FF den zugehörigen DM-Betrag x zuordnet.

Betrachtet man die unten angegebenen Wertetabellen der Funktionen $x \mapsto y$ mit $y = x^3$ mit $x \in \mathbb{R}_0^+$ und $x \mapsto y = \sqrt[3]{x}$ mit $x \in \mathbb{R}_0^+$, so erkennt man, daß die x- und y-Werte lediglich gegeneinander vertauscht sind.

x	x^3
0	0
0,5	0,125
1	1
1,5	3,375
2	8

x	$\sqrt[3]{x}$
0	0
0,125	0,5
1	1
3,375	1,5
8	2

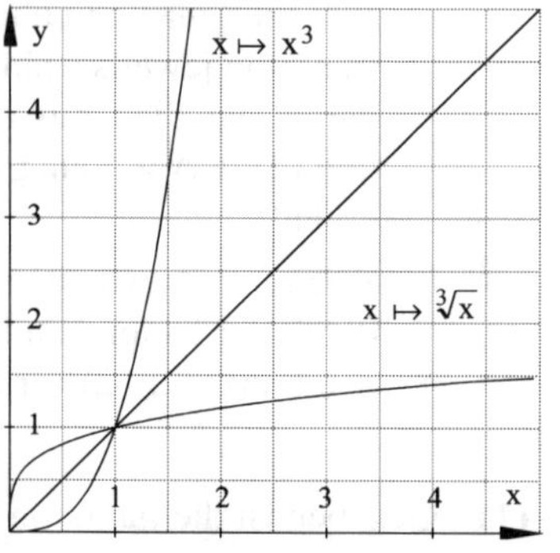

Man sagt deshalb, die Funktion $x \mapsto \sqrt[3]{x}$ mit $x \in \mathbb{R}_0^+$ ist die Umkehrfunktion zur Funktion $x \mapsto x^3$ mit $x \in \mathbb{R}_0^+$ und umgekehrt.

Da bei einer Funktion und ihrer zugehörigen Umkehrfunktion lediglich x- und y-Werte gegeneinander vertauscht sind, erhält man den Graphen der Umkehrfunktion aus dem Graphen der zugehörigen Funktion durch eine Spiegelung an der 1. Winkelhalbierenden.

Achtung: Nicht zu jeder Funktion existiert eine Umkehrfunktion.
Zur Funktion f: $\mapsto y$ mit $y = x^n$ und $x \in \mathbb{R}_0^+$, $n \in \mathbb{N} \setminus \{1\}$ läßt sich eine Umkehrfunktion bestimmen. Die **Bestimmung der Wertemenge** von f liefert $W_f = \mathbb{R}_0^+$. Durch **Auflösung der Funktionsgleichung nach x** erhält man $x = \sqrt[n]{y}$. Vollzieht man jetzt noch den **Variablentausch**, so erhält man die Umkehrfunktion
$f^{-1}: x \mapsto y$ mit $y = \sqrt[n]{x}$ und $x \in \mathbb{R}_0^+$, $n \in \mathbb{N} \setminus \{1\}$.

Die Umkehrfunktion $x \mapsto y$ mit $y = \sqrt[n]{x}$ und $x \in \mathbb{R}_0^+$, $n \in \mathbb{N} \setminus [1\}$ zur Funktion $x \mapsto y$ mit $y = x^n$ und $x \in \mathbb{R}_0^+$, $n \in \mathbb{N} \setminus \{1\}$ nennt man **Wurzelfunktion**.

Die Graphen der Wurzelfunktionen erhält man somit aus den Graphen der zugehörigen Potenzfunktionen durch eine Spiegelung an der 1. Winkelhalbierenden.

Die nebenstehende Abbildung zeigt die Graphen der folgenden Funktionen:

(1) $x \mapsto x^2$ mit $x \in \mathbb{R}_0^+$

(2) $x \mapsto x^3$ mit $x \in \mathbb{R}_0^+$

(3) $x \mapsto x^4$ mit $x \in \mathbb{R}_0^+$

(4) $x \mapsto \sqrt{x}$ mit $x \in \mathbb{R}_0^+$

(5) $x \mapsto \sqrt[3]{x}$ mit $x \in \mathbb{R}_0^+$

(6) $x \mapsto \sqrt[4]{x}$ mit $x \in \mathbb{R}_0^+$

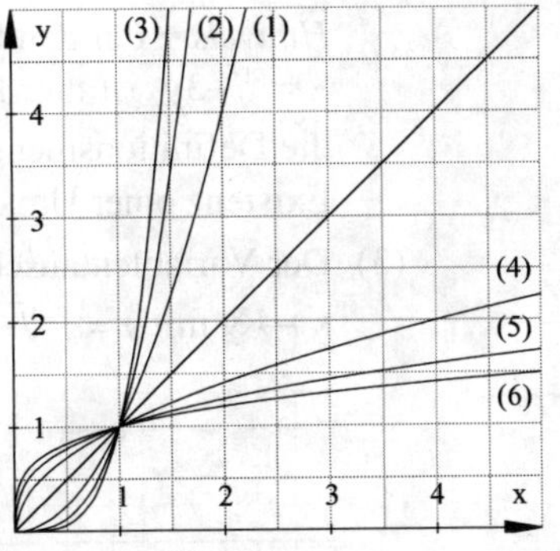

Beispiele:

1. Möchte man zum Quadrat mit der Seitenlänge x den zugehörigen Flächeninhalt y angeben, so liefert die Funktion $x \mapsto y$ mit $y = x^2$, $x \in \mathbb{R}_0^+$ die gewünschten Werte. Bestimme die Funktion, die zum Flächeninhalt y die zugehörige Seitenlänge x liefert!

   Lösung:
   Die Funktion $y \mapsto y$ mit $x = \sqrt{y}$, $y \in \mathbb{R}_0^+$ liefert die gesuchten Maße.

2. Bestimme die Umkehrfunktion
   f^{-1} zu $f: x \mapsto y$ mit $y = -\frac{1}{3}x^4$, $x \in [-2; 0]$
   und zeichne die zuhgehörigen Graphen G_f und $G_{f^{-1}}$ in ein und dasselbe Koordinatensystem!

   Lösung:
   (1) Wir bestimmen zunächst die Wertemenge.
   Die Funktion f ist auf $[-2; 0]$ streng monoton wachsend.
   Da $f(-2) = -\frac{1}{3} \cdot (-2)^4 = -\frac{1}{3} \cdot 16 = -\frac{16}{3} = -5\frac{1}{3}$ und
   $f(0) = -\frac{1}{3} \cdot 0^4 = 0$, folgt daraus $W_f = \left[-5\frac{1}{3}; 0\right]$

   (2) Wir lösen die Funktionsgleichung nach der Variablen x auf.
   $y = -\frac{1}{3}x^4 \Leftrightarrow -3y = x^4 \Leftrightarrow x = -\sqrt[4]{-3y}$

Hinweise: Für den Radikanden gilt: $-3y \geq 0$, da $y \in [-5\frac{1}{3}; 0]$.
$x = \sqrt[4]{-3y}$ ist hier keine weitere Lösung der Gleichung $-3y = x^4$, da die Definitionsmenge auf $x \in [-2; 0]$ eingeschränkt wurde, um so die Existenz einer Umkehrfunktion sicherzustellen.

(3) Der Variablentausch liefert die gesuchte Umkehrfunktion
$x \mapsto y$ mit $y = -\sqrt[4]{-3x}$, $x \in [-5\frac{1}{3}; 0]$.

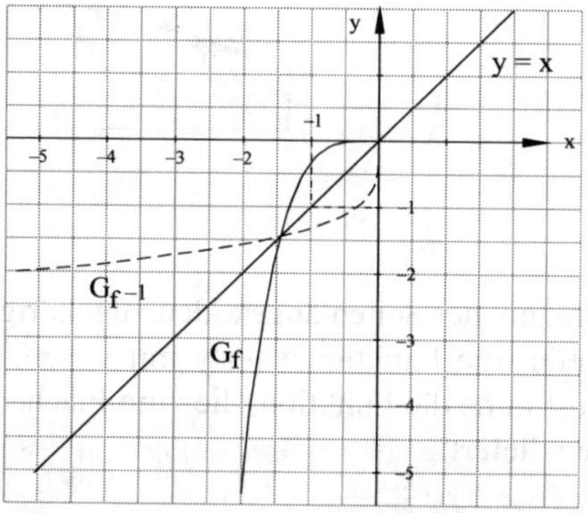

Aufgaben

113. Gegeben ist die Funktion f: $\mapsto$ y mit $y = \frac{1}{16}x^4$, $x \in \mathbb{R}_0^-$.

a) Bestimme die Umkehrfunktion zu f!

b) Skizziere den Graphen von f und den der Umkehrfunktion!

c) Begründe, warum zur Funktion f mit $x \in \mathbb{R}$ keine Umkehrfunktion existieren würde!

114. Gegeben ist die Funktion f: $x \mapsto y$ mit $y = -\frac{1}{9}x^3$, $x \in [1; 3]$.
Bestimme Die Umkehrfunktion zu f. Skizziere die Graphen!

4.4 Allgemeine Potenzfunktionen

Die unterschiedlichen Definitionsmengen für Potenzen mit reellen Exponenten machen bei Potenzfunktionen nachfolgende Fallunterscheidung erforderlich:

- Potenzfunktionen $x \mapsto x^r$, $x \in \mathbb{R}_0^+$ mit positivem Exponent
- Potenzfunktionen $x \mapsto x^r$, $x \in \mathbb{R}^+$ mit negativem Exponent

Wir zeichnen ohne Angabe der Wertetabelle die Graphen zu einigen Potenzfunktionen für verschiedene Werte von r.

(1) $r = \frac{5}{2}$ (2) $r = \sqrt{2}$ (3) $r = \frac{1}{\sqrt{2}}$ (4) $r = \frac{2}{5}$

(5) $r = -\frac{5}{2}$ (6) $r = -\sqrt{2}$ (7) $r = -\frac{1}{\sqrt{2}}$ (8) $r = -\frac{2}{5}$

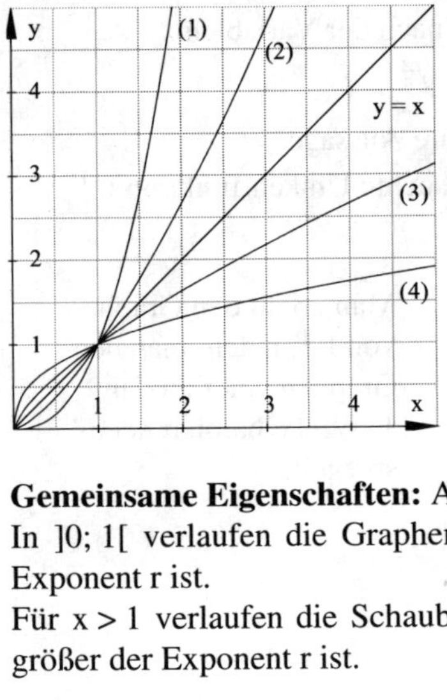

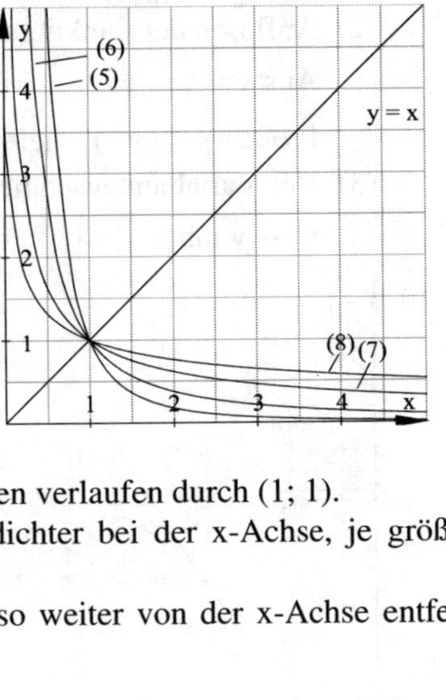

Gemeinsame Eigenschaften: Alle Graphen verlaufen durch (1; 1).
In]0; 1[verlaufen die Graphen um so dichter bei der x-Achse, je größer der Exponent r ist.
Für $x > 1$ verlaufen die Schaubilder um so weiter von der x-Achse entfernt, je größer der Exponent r ist.

Für positive Exponenten: Der Graph ist streng monoton steigend. Der Graph verläuft durch (0; 0).

Für negative Exponenten: Der Graph ist streng monoton fallend. Der Graph besitzt die x- und die y-Achse als Asymptoten.

Beispiele:

1. Gegeben ist die Funktion $f: x \mapsto x^{\frac{4}{5}}, x \in \mathbb{R}_0^+$.
   a) Begründe, daß zur Funktion f eine Umkehrfunktion existiert! Bestimme die Umkehrfunktion f^{-1} zu f!
   b) Zeichne den Graph von f! Wie erhält man den Graphen von f^{-1} aus dem Graphen von f? Skizziere den Graphen von f^{-1}!
   c) Welche gemeinsamen Eigenschaften besitzen die beiden Graphen?

Lösung:

a) Da die Funktion f streng monoton wachsend ist, existiert eine Umkehrfunktion.
   (1) Bestimmung der Wertemenge
   Da $D_f = \mathbb{R}_0^+$, ist $W_f = \mathbb{R}_0^+$.
   (2) Auflösen der Funktionsgleichung nach der Variablen x
   Aus $y = x^{\frac{4}{5}} \Rightarrow y^{\frac{5}{4}} = (x^{\frac{4}{5}})^{\frac{5}{4}} \Rightarrow y^{\frac{5}{4}} = x$
   Probe: $y = (y^{\frac{5}{4}})^{\frac{4}{5}}$ liefert eine wahre Aussage.
   (3) Der Variablentausch liefert die gesuchte Umkehrfunktion f^{-1}
   $x \mapsto y$ mit $y = x^{\frac{5}{4}}$, $x \in \mathbb{R}_0^+$.

b)

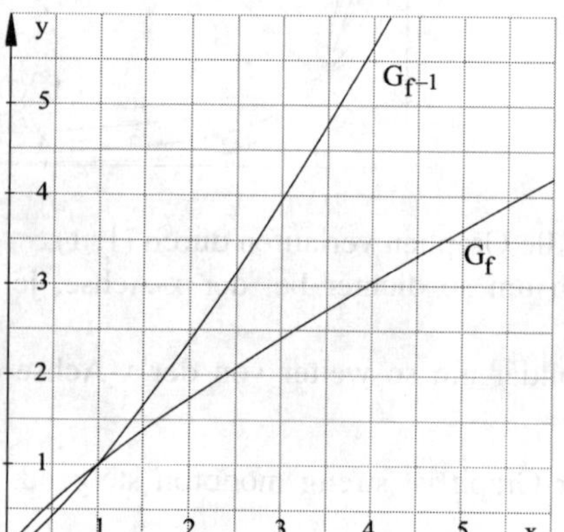

Man erhält den Graphen von f^{-1}, indem man den Graphen von f an der 1. Winkelhalbierenden spiegelt.

c) Gemeinsame Eigenschaften:
   Die Graphen verlaufen durch die Punkte (0; 0) und (1; 1).
   Beide Graphen sind streng monoton steigend.

2. a) Für welche Exponenten folgt aus $x_1 < x_2$, daß $x_1^r > x_2^r$?

   b) Für welche Basen $x \in \mathbb{R}^+$ folgt aus $r_1 < r_2$, daß $x^{r_1} > x^{r_2}$?
   Überprüfe die Aussage am Beispiel einer Basis, wenn beide Exponenten negativ sind (ein Exponent positiv, der andere negativ ist; beide Exponenten positiv sind)!

Lösung:

a) Folgt aus $x_1 < x_2$, daß $f(x_1) > f(x_2)$ bzw. $x_1^r > x_2^r$, so muß der Graph streng monoton fallend sein. Dies ist der Fall, wenn $r < 0$ gewählt wird.

b) Damit aus $r_1 < r_2$ folgt, daß $x^{r_1} > x^{r_2}$, muß die Basis x so gewählt werden, daß $0 < x < 1$ bzw. $x \in]0; 1[$.

Am Beispiel von der Basis 0,5:
Beide Exponenten sind negativ:
$-2 < -1 \Rightarrow 4 = 0{,}5^{-2} > 0{,}5^{-1} = 2$
Ein Exponent ist negativ, der andere positiv:
$-3 < 1 \Rightarrow 8 = 0{,}5^{-3} > 0{,}5^{1} = 0{,}5$
Beide Exponenten sind positiv:
$1 < 3 \Rightarrow 0{,}5 = 0{,}5^{1} > 0{,}5^{3} = 0{,}125$

Aufgaben

115. Gegeben sind die Funktionen $x \mapsto x^{\frac{2}{3}}$, $x \in \mathbb{R}_0^+$ und $x \mapsto x^{\frac{3}{2}}$, $x \in \mathbb{R}_0^+$.

a) Skizziere den Verlauf ihrer Graphen in einem gemeinsamen Achsenkreuz!

b) Welche gemeinsamen Eigenschaften besitzen die beiden Graphen?

116. Gegeben sind die Funktionen $x \mapsto x^{-\frac{2}{3}}$, $x \in \mathbb{R}^+$ und $x \mapsto x^{-\frac{3}{2}}$, $x \in \mathbb{R}^+$.

a) Zeichne mit Hilfe einer Wertetabelle die Graphen der beiden Funktionen in einem gemeinsamen Achsenkreuz!

b) Welche gemeinsamen Eigenschaften besitzen die beiden Graphen?

117. a) Für welche Exponenten folgt aus $x_1 < x_2$, daß $x_1^r < x_2^r$?

b) Für welche Basen $x \in \mathbb{R}^+$ folgt aus $r_1 < r_2$, daß $x^{r_1} < x^{r_2}$?
Überprüfe die Aussage am Beispiel einer Basis, wenn beide Exponenten negativ sind (ein Exponent positiv, der andere negativ ist; beide Exponenten positiv sind)!

5 Exponential- und Logarithmusfunktionen

5.1 Die Exponentialfunktion

Im Unterschied zu den Potenzfunktionen, bei denen die Basis die Variable und der Exponent fest war, wollen wir uns jetzt Funktionen zuwenden, deren Basis fest und deren Hochzahl variabel ist.

Eine Funktion $x \mapsto c \cdot a^x$ mit $x \in \mathbb{R}$, $a \in \mathbb{R}^+ \setminus \{1\}$ und $c \in \mathbb{R} \setminus \{0\}$ nennt man **Exponentialfunktion** zur Basis a.

Nachfolgende Abbildungen zeigen die Graphen von Exponentialfunktionen mit c = 1 für verschiedene Basen a.

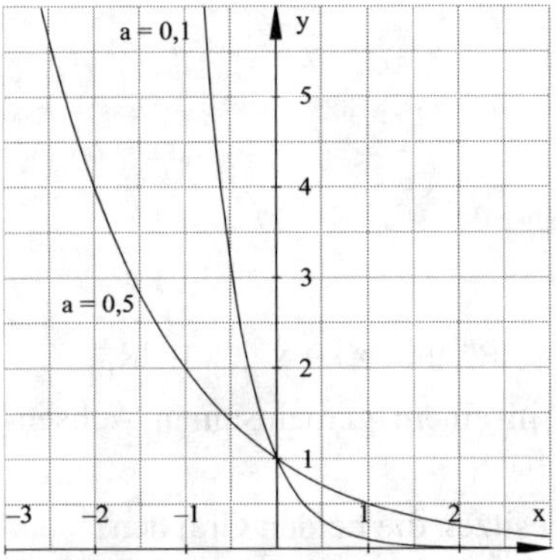

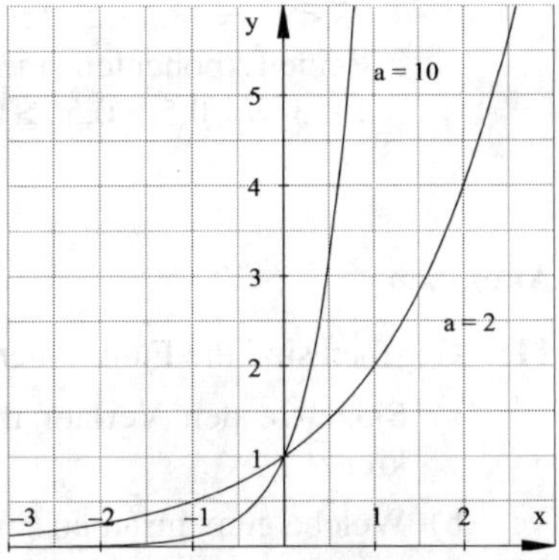

Die Graphen der Exponentialfunktionen $x \mapsto a^x$, $x \in \mathbb{R}$ verlaufen oberhalb der x-Achse.
Sie verlaufen alle durch den Punkt (0; 1). Sie besitzen die x-Achse als Asymptote.

Für $0 < a < 1$ Die Graphen sind streng monoton fallend.
Für $a > 1$ Die Graphen sind streng monoton steigend.

Ist $0 < a < 1$, so spricht man von **exponentiellem Zerfall**, bei $a > 1$ von **exponentiellem Wachstum**.

Wählt man in der Wertetabelle einer Exponentialfunktion eine konstante Schrittweite s, so gilt wegen $c \cdot a^{x+s} = c \cdot a^x \cdot a^s$, daß man den Funktionswert an der darauffolgenden Stelle durch Multiplikation mit a^s erhält.

So wie der jeweils konstante Zuwachs der Funktionswerte bei jeweils gleichbleibendem Zuwachs der x-Werte charakteristisch ist für lineare Funktionen, so ist die eben beschriebene Eigenschaft charakteristisch für Exponentialfunktionen.

Werden bei einer Exponentialfunktion zur Basis a die x-Werte jeweils um einen festen Zahlenwert $s \in \mathbb{R}$ vergrößert, so werden die Funktionswerte mit einem konstanten Faktor a^s vervielfacht.

Bei radioaktiven Elementen ist die Zeit, die vergeht, bis von einer ursprünglich vorhandenen Menge eines radioaktiven Elementes noch die Hälfte unzerfallen ist, konstant. Man bezeichnet sie als **Halbwertszeit**. Sie ist von Element zu Element verschieden und gleichzeitig charakteristisch für jedes radioaktive Element. Der Zerfall radioaktiver Elemente erfolgt nach obiger Gesetzmäßigkeit. Wir sprechen deshalb vom exponentiellen Zerfall eines radioaktiven Elements.

Altersbestimmung mit der Radiocarbon[1]-Methode

Beim radioaktiven Kohlenstoffisotop[2] C 14 beträgt die Halbwertszeit 5 736 Jahre. In der Luft findet man vorwiegend das nicht radioaktive Isotop C 12, und in geringer Konzentration das radioaktive Isotop C 14. Auf 6 radioaktive C 14-Atome in Luft kommen $5 \cdot 10^{12}$ nicht radioaktive C 12-Atome. Die Konzentration C 14 zu C 12 ist konstant. Bei jedem lebenden Organismus, ob Pflanze, Tier oder Mensch, der Kohlenstoff z. B. in Form von Kohlendioxid aufnimmt, findet man die angegebene Konzentration C 14 zu C 12. Stirbt der Organismus, so sinkt durch radioaktiven Zerfall von C 14 die Konzentration von C 14 zu C 12.
Die Aktivität einer radioaktiven Probe ist proportional zur Masse des darin enthaltenen radioaktiven Materials. Ein Gramm Kohlenstoff aus lebendem Material besitzt eine Aktivität von 0,285 Bq (1 Becquerel[3] = 1 Kernumwandlung pro Sekunde). Die Messung der Aktivität einer Probe bei toten Organismen ermög-

[1] radiation: engl. Strahlung; carbon: engl. Kohlenstoff
[2] Isotope: Atome, deren Kerne die gleiche Kernladungszahl, jedoch unterschiedliche Neutronenzahl (und damit Massenzahl) besitzen.
[3] Henri Becquerel: (1852–1908) französischer Physiker und Nobelpreisträger

licht somit Rückschlüsse auf deren Alter. Man nennt diese Art der Altersbestimmung *Radiocarbon-Methode*.

Sehr häufig wird exponentielles Wachstum und auch exponentieller Zerfall durch die prozentuale Zu- oder Abnahme angegeben. Beträgt der Zuwachs pro Einheit p %, so ist der Wachstumsfaktor $a = 1 + p\,\%$. Analog gilt bei einer Abnahme um p % pro Einheit, daß $a = 1 - p\,\%$.

Beispiele:

1. Überprüfe, welche der nachfolgenden Wertetabellen zu einer Exponentialfunktion von Typ $x \mapsto a^x$ mit $x \in \mathbb{R}$, $a \in \mathbb{R}^+ \setminus \{1\}$ gehören könnten! Beachte dabei, daß es sich bei den angegebenen Funktionswerten teilweise um gerundete Werte handelt!

a)

x	–3	–2	–1	0	1	2	3	4
y	0,29	0,52	0,76	1,00	1,24	1,48	1,72	1,96

b)

x	–3	–2	–1	0	1	2	3	4
y	0,00	0,03	0,17	1	6	36	216	1 296

Lösung:

a) Es handelt sich hier möglicherweise um die Wertetabelle einer linearen Funktion, da der Zuwachs pro Einheit 0,24 beträgt. Es kann sich keinesfalls um eine Exponentialfunktion angegebenen Typs handeln, da z. B.
$$\frac{1,24}{1} = 1,24 \neq \frac{1,48}{1,24} = 1,19 \neq \frac{1,96}{1,72} = 1,14.$$

b) Eine Möglichkeit besteht darin, die mögliche Funktion anhand eines Wertepaares mit $x \neq 0$ zu bestimmen und die y-Werte der Wertetabelle mit den jeweiligen Funktionswerten zu vergleichen.
In diesem Fall erkennt man leicht, daß man an den Stellen 1 bis 4 den Funktionswert aus dem jeweils vorangehenden Funktionswert durch Vervielfachung mit dem Faktor 6 erhält. Es könnte sich demnach um die Funktion $x \mapsto 6^x$ mit $x \in \mathbb{R}$ handeln. Berechnet man nach dieser Rechenvorschrift die Funktionswerte an den Stellen –3 bis –1, so stimmen diese innerhalb der Rundungsgenauigkeit mit den y-Werten der Wertetabelle überein.

Eine weitere Möglichkeit ist bei gleicher Schrittweite der Wertetabelle jeweils das Verhältnis aufeinanderfolgender Funktionswerte zu bestimmen:

$\frac{0,03}{0,00}$ = keine Berechnung möglich; $\frac{0,17}{0,03} = 4,57$; $\frac{1}{0,17} = 5,88$;

$\frac{6}{1} = 6$; $\frac{36}{6} = 6$; $\frac{216}{36} = 6$; $\frac{1\,296}{216} = 6$

Da das Verhältnis zweier aufeinanderfolgender y-Werte konstant ist (abgesehen von den ersten gerundeten y-Werten), handelt es sich möglicherweise um eine Exponentialfunktion.

2. Bakterien vermehren sich durch Zellteilung. Es entstehen auf diese Weise aus einer Zelle zwei Tochterzellen. Die durchschnittliche Zeit, die bis zur nächsten Zellteilung vergeht, nennt man Generationszeit.
Bei Escherchia coli-Bakterien beträgt die Generationszeit 20 Minuten. Auf wie viele Bakterien ist die Bakterienkultur in 24 Stunden angewachsen, wenn sie zu Beobachtungsbeginn aus 150 Bakterien bestand? Wie viele Bakterien waren es 1 Stunde vor Beobachtungsbeginn?

Lösung:
Die Funktion A: $x \mapsto A(x)$ mit $A(x) = c \cdot a^x$, $x \in \mathbb{R}$ liefert die Anzahl der Bakterien, wenn x Stunden seit Beobachtungsbeginn vergangen sind. Zu bestimmen sind noch die Konstanten c und a.

(1) Da $A(0) = 150 \Rightarrow c \cdot a^0 = 150 \Rightarrow c \cdot 1 = 150 \Rightarrow c = 150$.

(2) Da jeweils eine Verdoppelung des Bestandes nach 20 Minuten ($= \frac{1}{3}$h) erfolgt, ist $a^{\frac{1}{3}} = 2$ und somit $a = 2^3$ bzw. $a = 8$.

Damit ist A: $x \mapsto A(x)$ mit $A(x) = 150 \cdot 8^x$, $x \in \mathbb{R}$

Die Anzahl der Bakterien in der Kultur nach 24 Stunden beträgt
$A(24) = 150 \cdot 8^{24} \approx 7{,}08 \cdot 10^{23}$.

Die Anzahl der Bakterien in der Kultur 1 Stunde vor Beobachtungsbeginn betrug $A(-1) = 150 \cdot 8^{-1} \approx 19$.

Für negative x-Werte hat die Funktion nur einen eingeschränkten Gültigkeitsbereich, da es sich bei der Anzahl der Bakterien um natürliche Zahlen handeln muß.

Auch für positive x-Werte ist das exponentielle Wachstum begrenzt. Die Erschöpfung an Nährstoffen und die Anreicherung von toxischen[4] Stoffwechselprodukten führt zu einer stationären Phase, in der das zunehmende Absterben von Zellen gerade noch durch die Neubildung von Zellen ausgeglichen wird. Der stationären Phase folgt die Absterbephase, in der der Bestand der Bakterien exponentiell abnimmt. Am Ende der Absterbephase überlebt nur noch eine kleine Anzahl von Bakterien, die diejenigen Nährstoffe als Basis besitzen, die von Zellen, die absterben und sich auflösen, freigesetzt werden.

Aufgaben

118. Überprüfe, welche der nachfolgenden Wertetabellen zu einer Exponentialfunktion gehören könnten! Beachte dabei, daß es sich bei den angegebenen Funktionswerten teilweise um gerundete Werte handelt!

a)

x	–3	–2	–1	0	1	2	3	4
y	0,61	0,74	0,87	1,00	1,13	1,26	1,39	1,52

b)

x	–3	–2	–1	0	1	2	3	4
y	0,01	0,04	0,20	1,00	5	25	125	625

c)

x	0,25	0,5	1	2	3	4	5	6
y	4	2	1	0,50	0,33	0,25	0,2	0,17

119. Um die Infektion mit einer Krankheit im Frühstadium nachzuweisen, legt man häufig im medizinischen Labor mit Hilfe von Proben Kulturen auf speziell abgestimmte Nährböden an, die ein exponentielles Wachstum der nachzuweisenden Bakterien ermöglichen.
Beim Mycobacterium tuberculosis beträgt die Generationszeit 18 Stunden. Bis bei einer solchen Kultur Kolonienwachstum erkennbar wird, vergehen zwei bis drei Wochen. Auf wie viele Bakterien ist die Kultur in dieser Zeit angewachsen, wenn die ursprüngliche Probe 100 Bakterien enthielt?

---

[4] toxisch: medizinischer Ausdruck für giftig

120. Beim Brauen von Bier wird aus Wasser und Gerstenmalz durch Maischen[5], Läutern[6] und Kochen unter Beigabe von Hopfen die Bierwürze gewonnen. In Gärbottichen wird dann der Bierwürze Hefe zugesetzt, die den Malzzucker in Alkohol und Kohlensäure verwandelt. Die Gärung dauert im traditionellen Verfahren etwa acht Tage. In den ersten beiden Tagen der Gärung vermehren sich die Hefezellen exponentiell. Danach geht die Vermehrungsrate durch das Absinken des Sauerstoffgehalts drastisch zurück. Zu Beginn der Gärung sind in einem Milliliter Bierwürze etwa 15 Millionen Hefezellen. Nach 10 Stunden sind es etwa 20 Millionen Hefezellen.

a) Bestimme die Funktion, die die Anzahl der Hefezellen pro Milliliter Bierwürze angibt, wenn x Stunden seit Gärbeginn vergangen sind!

b) Wie viele Hefezellen pro Milliliter Bierwürze sind es nach zwei Tagen?

121. Ein Mittelklassewagen kostet neu 26 500 DM. Der Wertverlust im ersten Jahr beträgt 25 % des Neupreises. Danach beträgt der Wertverlust pro Jahr 10 % des Restwertes des Fahrzeugs im Jahr zuvor.

a) Gib eine Funktion, die für x Jahre ($x > 1$) nach Anschaffung des Fahrzeugs den Restwert des Fahrzeugs angibt!
Hinweis: Berechne zunächst den Restwert nach einem Jahr.

b) Welchen Restwert hat das Fahrzeug nach 3 (5; $7\frac{1}{2}$) Jahren?

122. Eine befruchtete menschliche Eizelle teilt sich in etwa alle 15 Stunden. Wie viele Zellen bilden sich durch Zellteilung aus der ersten Eizelle im Laufe einer Woche (eines Monats)?

123. Im Zuge der Einführung der Kapitalertragssteuer im Jahre 1993 wurden die Besitzer von Sparbüchern durch die Banken angeschrieben. Bei dieser Aktion tauchte manch vergessenes Sparbuch wieder auf.
Auf welchen Betrag beläuft sich ein Sparguthaben bei einem Zinssatz von 2,5 % pro Jahr, wenn für die letzten 2 Jahre (5 Jahre, 10 Jahre) bei einem Kontostand von 2 500 DM keine Zinsen mehr gutgeschrieben wurden? Beachte, daß die Zinsen aus dem Vorjahr gutgeschrieben und im darauffolgenden Jahr mitverzinst werden (Zinseszins)!

---

5 Maische: Malzschrot mit Wasser vermischt

6 Läutern: Vorgang, bei dem sich unlösliche Bestandteile absetzen und so einen natürlichen Filter bilden.

124. Als am 19. September 1991 südlich der Ötztaler Alpen beim Schnalzkamm im österreichisch-italienischen Grenzgebiet in 3 000 Metern Höhe in Schnee und Eis eine Leiche entdeckt wurde, wollten zunächst weder die Österreicher noch die Italiener für sie zuständig sein. Nach der Bergung durch die Österreicher und der Untersuchung der Leiche stellte sich schnell heraus, daß es sich bei ihr um einen historischen Fund handelte. Ötzi, wie die Leiche von da an aufgrund ihres Fundortes genannt wurde, war etwa 5 200 Jahre zuvor im Eis eingeschlossen und jetzt erst wieder vom ewigen Eis freigegeben worden.

Diese erste gezeichnete Darstellung von "Ötzi" wurde nach telefonischen Angaben Reinhold Messners entworfen und in der Sonntagsausgabe des *Alto Adige* vom 22. Semptember 1991 veröffentlicht.

a) Gib die Funktion an, die für x Jahre nach dem Absterben eines Organismus die Aktivität von 1 Gramm Kohlenstoff angibt?

b) Wie groß war die Aktivität einer Probe von Ötzi, hochgerechnet auf 1 Gramm Kohlenstoff?

c) Mit heutiger Technik sind verläßliche Messungen bis zu einer Aktivität von ca. 10^{-5} Bq pro Gramm Kohlenstoff möglich. Bestimme mit Hilfe einer Tabellenkalkulation oder durch gezieltes Probieren, wie weit man mit der Radiocarbon-Methode Funde zurückdatieren kann!

5.2 Geometrische Folgen

Bei den Funktionen, deren Definitionsmenge eingeschränkt und somit nicht die Menge der reellen Zahlen ist, haben diejenigen eine Sonderstellung, deren Definitionsmenge die Menge der natürlichen Zahlen ist.

Ist bei einer Funktion f die Definitionsmenge $D_f = \mathbb{N}$, so nennt man die Funktion eine **Zahlenfolge**. Die Funktionswerte einer Zahlenfolge bezeichnet man als **Folgeglieder** und schreibt anstelle von f (n) kurz z. B. a_n, b_n, … .

So wie es bei den Funktionen verschiedene Funktionstypen gibt, so unterscheidet man auch bei Zahlenfolgen verschiedene Typen. Wir interessieren uns für Exponentialfunktionen, deren Definitionsmenge auf $\mathbb{N}$ eingeschränkt ist.

Eine Zahlenfolge, bei der der Quotient q zweier aufeinanderfolgender Glieder konstant ist, nennt man eine **geometrische Zahlenfolge**.

Ist g_1 das erste Folgeglied einer geometrischen Zahlenfolge und q der Quotient zweier aufeinanderfolgender Glieder, so kann man jede geometrische Zahlenfolge in der Form $n \mapsto g_1 \cdot q^{n-1}$, $n \in \mathbb{N}$ angeben.

Den Wert der Summe s_n der ersten n Glieder g_1 bis g_n einer geometrischen Zahlenfolge erhält man wie folgt:

Es ist $s_n = g_1 + g_2 + g_3 + \ldots + g_n$
$= g_1 + g_1 \cdot q + g_1 \cdot q^2 + g_1 \cdot q^3 + g_1 \cdot q^{n-1}$

und $q \cdot s_n = g_1 \cdot q + g_1 \cdot q^2 + g_1 \cdot q^3 + g_1 \cdot q^{n-1} + g_1 \cdot q^n$

Bildet man die Differenz von s_n und $q \cdot s_n$, so erhält man lediglich

$s_n - q \cdot s_n = g_1 - g_1 \cdot q^n$ und durch Faktorisieren
$s_n (1 - q) = g_1 (1 - q^n)$

Das Auflösen der Gleichung nach s_n liefert für $q \neq 1$ die

Summenformel

für die ersten n Glieder einer geometrischen Zahlenfolge

$s_n = g_1 \cdot \frac{1 - q^n}{1 - q}$ für $n \in \mathbb{N}$ und $q \neq 1$.

Statt der hier verwendeten Abkürzung s_n ist auch die Schreibweise $\sum_{k=1}^{n} g_k$ (gelesen: Summe aller Folgeglieder g_k von k gleich 1 bis n) üblich.

Beispiele:

1. Bestimme die ersten Folgeglieder zu der Zahlenfolge!

   a) $n \mapsto n^2,\ n \in \mathbb{N}$

   b) $n \mapsto \frac{1}{n},\ n \in \mathbb{N}$

   Lösung:

   a) $n \mapsto n^2,\ n \in \mathbb{N}$ besitzt die Folgeglieder 1; 4; 9; 16; 25; ... .

   b) $n \mapsto \frac{1}{n},\ n \in \mathbb{N}$ besitzt die Folgeglieder $1; \frac{1}{2}; \frac{1}{3}; \frac{1}{4}; \frac{1}{5}; \frac{1}{6}; \ldots$.

2. Finde eine Zahlenfolge, die die nachfolgenden Zahlen als die ersten fünf Folgeglieder besitzt!

   a) 8; 11; 14; 17; 20.

   b) 2,5; 7,5; 22,5; 67,5; 202,5.

   Lösung:

   Soll man eine Zahlenfolge angeben, zu denen die angegebenen Folgeglieder gehören, so untersucht man, ob der Zuwachs oder aber das Verhältnis zweier aufeinanderfolgender Folgeglieder konstant ist. Im ersten Fall handelt es sich um eine lineare Funktion, deren Definitionsmenge auf $\mathbb{N}$ eingeschränkt ist. Man bezeichnet diese auch als **arithmetische Folge**. Im zweiten Fall handelt es sich um eine geometrische Zahlenfolge.

   a) Da der Zuwachs von Folgeglied zu Folgeglied konstant 3 beträgt, lautet eine mögliche Zahlenfolge:
   $n \mapsto 3n + 5,\ n \in \mathbb{N}$ oder auch $n \mapsto 3\,(n - 1) + 8,\ n \in \mathbb{N}$.

   b) Da das Verhältnis zweier aufeinanderfolgender Folgeglieder konstant 3 beträgt, lautet eine mögliche Zahlenfolge:
   $n \mapsto 5 \cdot 3^{n-1},\ n \in \mathbb{N}$ oder auch $n \mapsto \frac{5}{3} \cdot 3^n,\ n \in \mathbb{N}$.

3. Auf ein Konto werden zu Beginn eines Jahres jeweils 2 000 DM eingezahlt. Der Zinssatz beträgt 6 % pro Jahr. Bestimme den Kontostand K_{10} nach Ablauf von 10 Jahren!

Lösung:

Die 2 000 DM, die im ersten Jahr eingezahlt wurden, werden 10 Jahre lang verzinst. Die 2 000 DM, die zu Beginn des zweiten Jahres eingezahlt wurden, werden nur noch 9 Jahre lang verzinst usw. Der Kontostand nach 10 Jahre ist damit

$$K_{10} = 2\,000\text{ DM} \cdot 1{,}06^{10} + 2\,000\text{ DM} \cdot 1{,}06^{9} + \ldots + 2\,000\text{ DM} \cdot 1{,}06$$
$$= 2\,000\text{ DM} \cdot 1{,}06 \cdot (1{,}06^{9} + 1{,}06^{8} + \ldots + 1)$$
$$= 2\,000\text{ DM} \cdot 1{,}06 \cdot (1 + \ldots + 1{,}06^{8} + 1{,}06^{9})$$

In der Klammer steht die Summe der ersten 10 Folgeglieder einer geometrischen Zahlenfolge mit $g_1 = 1$ und $q = 1{,}06$. Damit erhält man

$$K_{10} = 2\,000\text{ DM} \cdot 1{,}06 \cdot \frac{1-1{,}06^{10}}{1-1{,}06} = 27\,943{,}28\text{ DM}.$$

Das Guthaben nach 10 Jahren beläuft sich damit auf 27 943,28 DM.

Aufgaben

125. Bestimme jeweils die ersten fünf Folgeglieder zu den nachfolgenden Zahlenfolgen!

a) $n \mapsto n-2\,,\ n \in \mathbb{N}$
b) $n \mapsto 3n-1\,,\ n \in \mathbb{N}$
c) $n \mapsto n^2+1\,,\ n \in \mathbb{N}$
d) $n \mapsto n^3\,,\ n \in \mathbb{N}$
e) $n \mapsto 2^n\,,\ n \in \mathbb{N}$
f) $n \mapsto 2 \cdot 3^n\,,\ n \in \mathbb{N}$

126. Finde eine Zahlenfolge, die die nachfolgenden Zahlen als die ersten fünf Folgeglieder besitzt!

a) 2; 3; 4; 5; 6
b) 3; 10; 17; 24; 31
c) 1; –1; –3; –5; –7
d) –1; 1; –1; 1; –1
e) 1; –1; 1; –1; 1
f) $\frac{1}{2}; \frac{1}{3}; \frac{1}{4}; \frac{1}{5}; \frac{1}{6}$
g) $\frac{1}{2}; \frac{1}{4}; \frac{1}{8}; \frac{1}{16}; \frac{1}{32}$
h) 6; 12; 24; 48; 96

127. Nachfolgende Zahlenwerte sind die ersten fünf Folgeglieder einer geometrischen Zahlenfolge. Gib diese in der Form $n \mapsto g_1 \cdot q^{n-1}$ mit $n \in \mathbb{N}$ an!

a) 1; 3; 9; 27; 81
b) 5; 10; 20; 40; 80

c) $54; 18; 6; 2; \frac{2}{3}$

d) $24; 6; \frac{3}{2}; \frac{3}{8}; \frac{3}{32}$

e) $-3; 3; -3; 3; -3$

f) 625; 250; 100; 40; 16

128. Das Guthaben bzw. Kapital K_0 bei einer Bank beläuft sich auf 10 000 DM. Es wird mit einem Zinssatz von 6,5 % pro Jahr bei einer Laufzeit von 8 Jahren verzinst.

a) Zeige, daß das Guthaben mit Zins und Zinseszins nach 1, 2, …, 8 Jahren eine geometrische Zahlenfolge darstellt!

b) Zeige, daß sich die Zahlenfolge sowohl in der Form $n \mapsto K_0 \cdot q^n$ mit $n \in \{1; 2; \ldots; 8\}$ als auch in der Form $n \mapsto g_1 \cdot q^{n-1}$ mit $n \in \{1; 2; \ldots; 8\}$ darstellen läßt! Zeige $g_1 = K_0 \cdot q$!

c) Berechne das Guthaben nach 8 Jahren!

d) Berechne das Guthaben nach 8 Jahren, wenn sich das Anfangsguthaben auf 20 000 DM beläuft!

129. a) Berechne das Guthaben nach Ablauf von 8 Jahren, wenn zu Beginn einen jeden Jahres 500 DM auf das Konto einbezahlt werden und der Zinssatz festbleibend 5,5 % pro Jahr beträgt!

b) Wie hoch ist ein Guthaben nach n Jahren bei einem Zinssatz von p %, wenn zu Beginn eines jeden Jahres ein Betrag B einbezahlt wird?

c) Welcher Betrag muß zu Beginn eines jeden Jahres eingezahlt werden, damit nach Ablauf von 12 Jahren und einem Zinssatz von festbleibend 6,5 % pro Jahr sich das Guthaben auf 25 000 DM beläuft?

130. Ein Bankdarlehen beläuft sich auf 30 000 DM bei einem Zinssatz von 8 % pro Jahr. Wie hoch ist der noch verbleibende Rückzahlungsbetrag nach 7 Jahren, wenn am Ende eines jeden Jahres eine Zahlung von 5 700 DM für Zinsen und Tilgung an die Bank erfolgt?
Anleitung: Berechne, auf welchen Betrag die Schulden ohne eine Rückzahlung nach 7 Jahren anwachsen und subtrahiere davon das Guthaben, das durch die jährliche Ansparung von 5 700 DM bei einem Zinssatz von 8 % pro Jahr in 6 Jahren erzielt wird.

5.3 Die Logarithmusfunktion als Umkehrfunktion

Beim Arbeiten mit Exponentialfunktionen taucht immer wieder das Problem auf, zu einem Funktionswert den zugehörigen x-Wert zu bestimmen. So möchte man z. B. bei einer Bakterienkultur wissen, welche Zeit vergeht, bis eine gewisse Bakterienzahl erreicht ist. Zeichnet man den zugehörigen Graphen, so kann man aus diesem einen Näherungswert ablesen. Ebenso läßt sich rechnerisch mit Hilfe einer Intervallschachtelung der gesuchte Exponent beliebig genau bestimmen. Ähnlich wie man bei der Lösung der Gleichung $x^3 = 2$ für die Lösung $x = \sqrt[3]{2}$ schreibt, so vereinbart man auch in diesem Fall eine Schreibweise, die die Information enthält, welche Basis zum Exponent x gehört und welchen Wert die Potenz haben soll.

Die Lösung der Gleichung $a^x = b$ mit $a \in \mathbb{R}^+ \setminus \{1\}$ und $b \in \mathbb{R}^+$ nennt man den **Logarithmus von b zur Basis a** und schreibt $x = \log_a b$.

Den Logarithmus verwendet man zur Angabe der Lösung bei Gleichungen, deren Unbekannte im Exponent einer Potenz steht.

Eine Gleichung, bei der die Unbekannte im Exponent einer Potenz steht, bezeichnet man als **Exponentialgleichung**.

Bestimmt man zur Exponentialfunktion $f: x \mapsto y$ mit $y = a^x$, $a \in \mathbb{R}^+ \setminus \{1\}$, $D_f = \mathbb{R}$ die Umkehrfunktion, so ist

(1) die zugehörige Wertemenge $W_f = \mathbb{R}^+$.

(2) Man erhält durch Auflösen der Gleichung $y = a^x$ nach x die Gleichung $x = \log_a y$.

(3) Vertauscht man die Variablen, so erhält man $y = \log_a x$.

Damit ist $x \mapsto y$ mit $y = \log_a x$, $x \in \mathbb{R}^+$ und $a \in \mathbb{R}^+ \setminus \{1\}$ die Umkehrfunktion zur Exponentialfunktion zur Basis a.

Die Umkehrfunktion zur Exponentialfunktion zur Basis a ist die Funktion $x \mapsto \log_a x$, $x \in \mathbb{R}^+$, $a \in \mathbb{R}^+ \setminus \{1\}$. Man nennt sie **Logarithmusfunktion zur Basis a**.

Da man den Graphen der Umkehrfunktion zu einer Funktion aus deren Graphen durch eine Spiegelung an der 1. Winkelhalbierenden erhält, ergibt sich der Graph der Logarithmusfunktion zur Basis a aus dem Graphen der Exponentialfunktion zur selben Basis a durch eine Spiegelung an der 1. Winkelhalbierenden.

Für die Logarithmusfunktion erhält man folgende Schaubilder für

(1) $a = 10$ (2) $a = 3$ (3) $a = 2$ (4) $a = \frac{1}{2}$ (5) $a = \frac{1}{3}$ (6) $a = \frac{1}{10}$

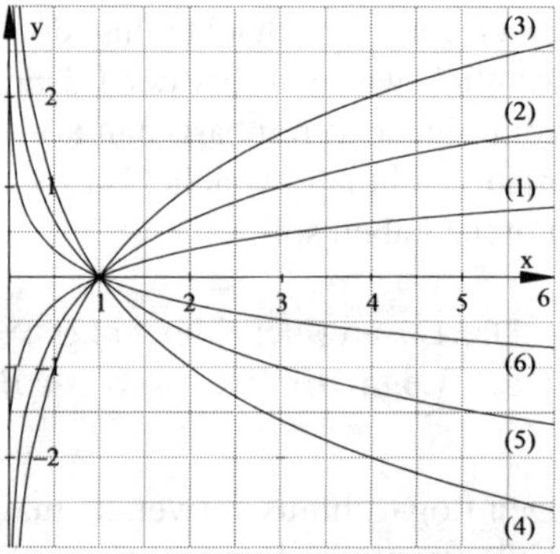

Gemeinsame Eigenschaften

Alle Graphen schneiden die x-Achse in (1; 0).

Alle Graphen der besitzen die y-Achse als Asymptote.

Für $0 < a < 1$

Der Graph ist streng monoton fallend.

Für $a > 1$

Der Graph ist streng monoton steigend.

Beispiele:

1. Berechne!

a) $\log_2 4$

b) $\log_3 \frac{1}{9}$

c) $\log_6 1$

d) $\log_{49} 7$

e) $\log_{32} \frac{1}{\sqrt[4]{8}}$

Lösung:

a) $\log_2 4 = \mathbf{2}$, da $2^{\mathbf{2}} = 4$

b) $\log_3 \frac{1}{9} = \mathbf{-2}$, da $3^{\mathbf{-2}} = \frac{1}{9}$

c) $\log_6 1 = \mathbf{0}$, da $6^{\mathbf{0}} = 1$

d) $\log_{49} 7 = \mathbf{\frac{1}{2}}$, da $49^{\frac{1}{2}} = 7$

Bei kniffligeren Logarithmenberechnungen hilft es oft, sowohl die Basis als auch das Argument des Logarithmus als Potenz bezüglich einer gemeinsamen Basis darzustellen. Als gemeinsame Basis wählt man, wenn möglich, eine Primzahl.

e) $\log_{32} \frac{1}{\sqrt[4]{8}} = \log_{2^5} \frac{1}{\sqrt[4]{2^3}} = \log_{2^5} 2^{-\frac{3}{4}} = -\mathbf{\frac{3}{20}}$, da $(2^5)^{-\frac{3}{20}} = 2^{-\frac{3}{4}}$.

2. Bestimme die Lösung der Gleichung!

a) $3^x = 81$

b) $5^x = 27$

Lösung:

a) $3^x = 81 \quad \Leftrightarrow \quad x = \log_3 81 \Rightarrow x = 4$

b) $5^x = 27 \quad \Leftrightarrow \quad x = \log_5 27$

Aufgaben

131. Bestimme mit Hilfe der Definition des Logarithmus!

a) $\log_2 16$ b) $\log_3 27$

c) $\log_{10} 1\,000$ d) $\log_{17} 289$

e) $\log_6 216$ f) $\log_{24} 576$

g) $\log_{0,2} 0{,}04$ h) $\log_{0,3} 0{,}0081$

i) $\log_{0,1} 1$ j) $\log_{\frac{2}{3}} \frac{4}{9}$

k) $\log_3 3^{11}$ l) $\log_7 7^4$

m) $\log_2 8^5$ n) $\log_3 \frac{1}{27}$

o) $\log_2 \frac{1}{64}$ p) $\log_{19} \frac{1}{361}$

q) $\log_{\frac{1}{2}} 2$ r) $\log_{\frac{1}{3}} 81$

s) $\log_{\frac{3}{5}} \frac{125}{27}$ t) $\log_{\frac{1}{9}} 3$

u) $\log_3 \sqrt[3]{9}$ v) $\log_{\frac{1}{8}} 2$

w) $\log_{\frac{1}{9}} 1$ x) $\log_{\sqrt{2}} 4$

132. Schreibe zunächst die Basis als auch das Argument des Logarithmus als Potenz bezüglich einer gemeinsamen Basis und berechne dann!

a) $\log_{625} 125$ b) $\log_{27} 243$

c) $\log_{\frac{1}{9}} 27$ d) $\log_{128} \frac{1}{32}$

e) $\log_{\frac{1}{8}} \frac{1}{512}$ f) $\log_{\sqrt[3]{4}} 8$

g) $\log_{\sqrt{7}} \sqrt[5]{49}$ h) $\log_{\sqrt[3]{25}} \sqrt[7]{\frac{1}{625}}$

133. Gib die Lösung der Exponentialgleichung zunächst als Logarithmus und dann auch, falls möglich, ohne Logarithmenschreibeweise an!

a) $13^x = 169$ b) $0{,}1^x = 0{,}0001$

c) $0{,}3^x = 0{,}081$ d) $1{,}2^x = 1{,}44$

e) $1{,}5^x = 3{,}375$ f) $4{,}1^x = 1$

g) $2^x = \frac{1}{8}$ h) $3^x = \sqrt[5]{81}$

i) $\left(\frac{9}{25}\right)^x = \frac{5}{3}$ j) $6^x = 0{,}1$

134. Gegeben sind die Funktionen $f\colon x \mapsto y$ mit $y = 1{,}5^x$, $x \in \mathbb{R}$ und $\overline{f}\colon x \mapsto y$ mit $y = \log_{1,5} x$, $x \in \mathbb{R}^+$.

a) Zeichne mit Hilfe einer Wertetabelle den Graphen von f für $-3 \leq x \leq 4$!

b) Wie kann man die Wertetabelle von f für den Graphen von $\overline{f}$ verwenden? Zeichne den Graphen von $\overline{f}$!

c) Für welche x-Werte ist $\log_{1,5} x \leq 0$?

d) Für welche x-Werte ist $-1 \leq \log_{1,5} x \leq 2$?

135. Gegeben sind die Funktionen f: $x \mapsto y$ mit $y = 0{,}7^x$, $x \in \mathbb{R}$ und $\overline{f}: x \mapsto y$ mit $y = \log_{0,7} x$, $x \in \mathbb{R}^+$.

a) Zeichne den Graphen von f für $-5 \leq x \leq 2$!

b) Durch welche Abbildung erhält man den Graphen von $\overline{f}$ aus dem Graphen von f? Zeichne den Graphen von $\overline{f}$!

c) für welche x-Werte ist $\log_{1,5} x \leq 0$?

136. a) Wie kann a gewählt werden, damit gilt $\log_a 3 \leq \log_a 5$?

b) Wie muß a gewählt werden, damit $\log_a 0{,}5 > 0$?

5.4 Rechnen mit Logarithmen

Einen Teil der Logarithmenberechnungen übernimmt unser Taschenrechner. Für den anderen Teil benötigen wir Rechengesetze.

Aus der Definition des Logarithmus folgt
$a^{\log_a x} = x$ und $\log_a a^x = x$ für alle $x \in \mathbb{R}^+$ und $x \in \mathbb{R}^+ \setminus \{1\}$.

Rechengesetze für Logarithmen

Sind $u, v \in \mathbb{R}^+$, $r \in \mathbb{R}$ und $a \in \mathbb{R}^+ \setminus \{1\}$, dann gilt

1. $\log_a (u \cdot v) = \log_a u + \log_a v$
2. $\log_a \frac{u}{v} = \log_a u - \log_a v$
3. $\log_a (u^r) = r \cdot \log_a u$

Der Taschenrechner bietet die Möglichkeit, die Werte bzw. Näherungswerte von Logarithmen abzurufen. Vorgesehen sind als Basen jedoch nur die Zahl 10 und die Eulersche Zahl e ($e \approx 2{,}718$). Logarithmen bezüglich der Basis 10 nennt man **Zehnerlogarithmen**. Man schreibt für $\log_{10} x$ kurz **lg x** oder auch **log x**. Logarithmen bezüglich der Zahl e nennt man **natürliche Logarithmen**. Man schreibt anstelle von $\log_e x$ auch **ln x**.

Um den Taschenrechner auch für Logarithmenberechnungen bezüglich einer beliebigen Basis einsetzen zu können, muß man diese auf Zehnerlogarithmen oder natürlichen Logarithmen zurückführen. Es gilt:

Basiswechsel bei Logarithmen

Für alle a, b $\in \mathbb{R}^+ \setminus \{1\}$ und x $\in \mathbb{R}^+$ gilt

$$\log_a x = \frac{\log_b x}{\log_b a} \text{ und speziell } \log_a x = \frac{\lg x}{\lg a} = \frac{\ln x}{\ln a}.$$

Beim Taschenrechner findet man für den Zehnerlogarithmus die Taste [log] oder [lg], für den natürlichen Logarithmus die Taste [ln].

Bei einigen Taschenrechnermodellen ist bei Berechnung von Logarithmen erst die Logarithmus-Taste zu drücken, worauf ein Logarithmus-Symbol im Display erscheint und danach das Argument des Logarithmus einzugeben. Andere Modelle verlangen zunächst die Eingabe des Arguments des Logarithmus und danach die Betätigung der Logarithmus-Taste.

Beispiele:

1. Fasse zu einem Logarithmus zusammen!

   a) $\log 2 + \log y - 2 \cdot \log z$

   b) $2 - \log_a\left(\frac{1}{2}\right)$

   Lösung:

   a) $\log 2 + \log y - 2 \cdot \log z = \log 2 + \log y - \log(z^2) = \log \frac{2y}{z^2}$

   b) $2 - \log_a\left(\frac{1}{2}\right) = 2 \cdot \log_a a - \log_a 2^{-1} = \log_a(a^2) + \log_a 2 = \log_a(2a^2)$

2. Zerlege so weit wie möglich. Es sind x, y $\in \mathbb{R}^+$!

   $\ln\left(\frac{9x^4}{\sqrt[3]{y}}\right)$

Lösung:

$$\ln\left(\frac{9x^4}{\sqrt[3]{y}}\right) = \ln 9 + \ln(x^4) - \ln\sqrt[3]{y} = \ln(3^2) + \ln(x^4) - \ln(y^{\frac{1}{3}})$$
$$= 2 \cdot \ln 3 + 4 \cdot \ln x - \frac{1}{3} \cdot \ln y$$

3. Es ist $\log_3 7 \approx 1{,}771$. Berechne damit $\log_3 1\frac{22}{27}$!

Lösung:

$$\log_3 1\frac{22}{27} = \log_3 \frac{49}{27} = \log_3 49 - \log_3 27 = \log_3 7^2 - \log_3 3^3$$
$$= 2 \cdot \log_3 7 - 3 = 2 \cdot 1{,}771 - 3 = 3{,}542 - 3 = 0{,}542$$

4. Berechne mit Hilfe des Taschenrechners! Runde auf 3 Dezimalen!

a) $\log_7 13$

b) $\lg 45\,387\,000\,000$

Lösung:

a) Es ist $\log_7 13 = \dfrac{\lg 13}{\lg 7}$

Eingabe:

log	13	÷	log	7	=	bzw.

13	log	÷	7	log	=

Ausgabe: 1,3181232 Also: $\log_7 13 = 1{,}318$

b) Bei sehr kleinen und sehr großen Zahlen, deren Anzeige in vorgegebener Form im Display nicht möglich ist, muß man die Normdarstellung zur Eingabe verwenden.

$$\lg 45\,387\,000\,000 = \lg(4{,}5387 \cdot 10^9) = \lg 4{,}5387 + \lg 10^9$$
$$= 0{,}657 + 9 = 9{,}657$$

Aufgaben

137. Fasse zu einem Logarithmus zusammen!

a) $\log_a 3 + \log_a 4 - \log_a 6$
b) $\log_a 5 - \log_a 8 + \log_a 12$

c) $3 \cdot \log_a 2 - 2 \cdot \log_a 3 + \log_a 15$
d) $4 \cdot \log_a 5 + \log_a\left(\frac{2}{125}\right) - \log_a 10$

e) $2 \cdot \log_a x - \log_a y - \log_a x$
f) $-\log_a x - \log_a\left(\frac{2}{y}\right) - \log_a z$

g) $\frac{1}{2} \cdot \log_a 9 - \frac{1}{3} \cdot \log_a x + 1$
h) $-2 + \log_a (x + y) - 2 \cdot \log_a \sqrt{2}$

i) $\log_a (x^2 - y^2) - 2 \cdot \log_a (x + y)$
j) $\log_a (x^3 - 2x^2) - 3 \log_a x$

138. Es sind $\log_5 2 \approx 0{,}431$ und $\log_5 3 \approx 0{,}683$. Berechne damit die nachfolgenden Logarithmen!

a) $\log_5 10$
b) $\log_5 27$

c) $\log_5 \frac{6}{125}$
d) $\log_5 \sqrt[3]{45}$

139. Zerlege so weit wie möglich. Es sind $x, y \in \mathbb{R}^+$!

a) $\log_a (175x)$
b) $\log_a (3a^5y^2)$

c) $\log_a (4 - x^2)$
d) $\log_a \frac{49x^7}{324}$

e) $\log_a \frac{361}{(x+y)^3}$
f) $\log_a\left(\frac{3}{4} \cdot \sqrt[5]{x^2y^3}\right)$

140. Berechne mit Hilfe des Taschenrechners! Runde auf 3 Dezimalen!

a) $\log_{451} 0{,}34$
b) $\log_{\frac{1}{7}} 245$

c) $\log_{\frac{1}{3}} \frac{4}{391}$
d) $\log_{\sqrt[3]{26}} \frac{5}{74}$

e) $\lg 351\,581\,000\,000$
f) $\log_6 0{,}000000097813$

g) $\log_{0{,}011} 0{,}00000001175$

5.5 Exponential- und Logarithmusgleichungen

Viele Probleme in der Wirtschaft als auch in den Naturwissenschaften führen auf Exponentialgleichungen und Gleichungen mit Logarithmen.

Beispiele:

1. Nach wie vielen Jahren hat sich ein Guthaben von 2 000 DM bei einem Zinssatz von 4,5 % verdoppelt?

   Lösung:
   Das Guthaben läßt sich durch die Funktion $G: x \mapsto 2\,000\text{ DM} \cdot 1{,}045^x$ beschreiben, wobei x die Anzahl der Jahre ist, die seit Einzahlung des Startguthabens vergangen sind.
   Gesucht ist x mit $G(x) = 4\,000$ DM.
   Aus $G(x) = 4\,000$ DM folgt $2\,000\text{ DM} \cdot 1{,}045^x = 4\,000$ DM

   $$\Leftrightarrow\ 1{,}045^x = 2 \ \Leftrightarrow\ x = \log_{1{,}045} 2 \ \Leftrightarrow\ x = \frac{\lg 2}{\lg 1{,}045} \ \Leftrightarrow\ x \approx 15{,}75..$$

   Nach $15\frac{3}{4}$ Jahren hat sich das Guthaben verdoppelt.

2. Löse die nachfolgenden Gleichungen!
   a) $3^{5x+2} = 7$
   b) $3^{x-2} = 5^{3x+4}$
   c) $4 \cdot \log_5(3x-1) = 6$
   d) $2 \cdot \log_x 3 = -1$

   Lösung:
   a) Befindet sich die Unbekannte im Exponent einer Potenz, so erhält man die Lösung durch Logarithmieren.
   $3^{5x+2} = 7 \Leftrightarrow 5x + 2 = \log_3 7 \ \Leftrightarrow\ 5x = -2 + \log_3 7$

   $$\Leftrightarrow\ x = \frac{-2 + \log_3 7}{5} \ \Leftrightarrow\ x \approx -0{,}0458$$

oder auch

$$
\begin{aligned}
3^{5x+2} = 7 \quad &\Leftrightarrow \quad \lg 3^{5x+2} = \lg 7 \\
&\Leftrightarrow \quad (5x+2)\cdot \lg 3 = \lg 7 \\
&\Leftrightarrow \quad 5x\cdot \lg 3 + 2\cdot \log 3 = \lg 7 \\
&\Leftrightarrow \quad 5x\cdot \lg 3 = \lg 7 - 2\cdot \lg 3 \\
&\Leftrightarrow \quad x = \frac{\lg 7 - 2\cdot \lg 3}{5\cdot \lg 3} \\
&\Leftrightarrow \quad x \approx -0{,}0458
\end{aligned}
$$

b)

$$
\begin{aligned}
3^{x-2} = 5^{3x+4} \quad &\Leftrightarrow \quad \lg 3^{x-2} = \lg 5^{3x+4} \\
&\Leftrightarrow \quad (x-2)\cdot \lg 3 = (3x+4)\cdot \lg 5 \\
&\Leftrightarrow \quad x\cdot \lg 3 - 2\cdot \lg 3 = 3x\cdot \lg 5 + 4\cdot \lg 5 \\
&\Leftrightarrow \quad x\cdot \lg 3 - 3x\cdot \lg 5 = 4\cdot \lg 5 + 2\cdot \lg 3 \\
&\Leftrightarrow \quad x\cdot(\lg 3 - 3\cdot \lg 5) = 4\cdot \lg 5 + 2\cdot \lg 3 \\
&\Leftrightarrow \quad x = \frac{4\cdot \lg 5 + 2\cdot \lg 3}{\lg 3 - 3\cdot \lg 5} \\
&\Leftrightarrow \quad x \approx -2{,}315
\end{aligned}
$$

Lassen sich beide Seiten einer solchen Gleichung als Potenzen bezüglich derselben Basis darstellen, so erhält man die Lösung auch durch Vergleich der Exponenten.

c) Steht die Unbekannte im Argument eines Logarithmus, so erhält man die Lösung durch Bestimmung der zugehörigen Exponentialgleichung oder durch Potenzieren.

$$4\cdot \log_5(3x-1) = 6 \Leftrightarrow \log_5(3x-1) = \frac{3}{2} \Leftrightarrow 5^{\log_5(3x-1)} = 5^{\frac{3}{2}}$$

$$\Leftrightarrow 3x-1 = 5^{\frac{3}{2}} \Leftrightarrow 3x = 1+5\sqrt{5} \Leftrightarrow x = \frac{1}{3}+\frac{5}{3}\sqrt{5} \Leftrightarrow x \approx 4{,}060$$

d) Ist die Unbekannte die Basis eines Logarithmus, so erhält man die Lösung, indem man die zugehörige Exponentialgleichung bestimmt.

$$2\cdot \log_x 3 = -1 \Leftrightarrow \log_x 3 = -\frac{1}{2} \Leftrightarrow x^{-\frac{1}{2}} = 3 \Leftrightarrow x = 3^{-2} \Leftrightarrow x = \frac{1}{9}$$

Aufgaben

141. a) Wie lange dauert es, bis sich ein Guthaben von 10 000 DM bei einem Zinssatz von 5 % (6,5 %, 8 %) verdoppelt?

b) Begründe, warum die Zeit für eine Verdoppelung des Guthabens nur vom Zinssatz, nicht aber vom Guthabenbetrag selbst abhängt!

142. a) Im Jahr 1995 betrug die Weltbevölkerung 5,76 Milliarden Menschen. Die jährliche Wachstumsrate beträgt derzeit 1,6 %. In wie vielen Jahren wird die Weltbevölkerung, gleichbleibende Wachstumsrate vorausgesetzt, 8 Milliarden Menschen betragen?

b) 1995 lebten in Afrika ca. 643 Millionen, in China 1,153 Milliarden Menschen. Die jährliche Wachstumsrate beläuft sich derzeit auf 2,9 % in Afrika und 1,4 % in China. In wie vielen Jahren leben bei gleichbleibenden Wachstumsraten in Afrika genauso viele Menschen wie in China?

143. Löse nachfolgende Gleichungen!

a) $3 \cdot 7^x = 1$

b) $5^{2x-3} = 3$

c) $8^{x+1} = 2^{x-2}$

d) $4^x = 7^{3x-4}$

e) $3 \cdot 10^{1-x} = 6^{x-1}$

f) $\log_3 x = 4$

g) $\lg(5x+1) = 1$

h) $\log_2(x-1) = 0$

i) $2 \cdot \lg x - \lg(x+6) = 0$

j) $\log_2 x + \log_2(x+2) = 3$

k) $\log_x 2 = \frac{1}{4}$

l) $\log_x 81 = -4$

144. Löse mit Hilfe einer geeigneten Substitution!

a) $3^{2x} - \frac{8}{3} \cdot 3^x - 1 = 0$

b) $4^x - 18 \cdot 2^x + 32 = 0$

c) $(\log_3 x)^2 - \log_3 x - 6 = 0$

d) $(\log_2 x)^2 - \frac{11}{4} \cdot \log_2 x - \frac{3}{4} = 0$

Lösungen

Er ist "gut drauf". Er ist nicht zuletzt ein As als Skatebordfahrer, weil er täglich trainiert.
Wahrscheinlich hast du dir dieses Buch gekauft, weil du in Algebra Lücken hast und weil du in Mathematik ganz einfach erfolgreicher sein willst. Wir helfen dir mit diesem Trainingsband.
Schau im Lösungsteil erst dann nach, wenn du dich nach besten Kräften bemüht hast, die gestellte Aufgabe zu lösen. Kontrolliere deine Lösung sorgfältig! Aufgaben mit denen du nicht gut zurecht gekommen bis, solltest du kennzeichnen und später noch einmal bearbeiten. In den seltenen Fällen, in denen weder die vorgerechneten Beispiele noch Lösungsteil helfen, solltest du dich vertrauensvoll an deine Mathematiklehrerin/deinen Mathematiklehrer wenden. Sie/er ist sicher gerne bereit, solche Fragen zu beantworten.

1. a) $1{,}5 \cdot 1{,}5 \cdot 1{,}5 \cdot \frac{3}{2} = 1{,}5^4$

b) $(-0{,}3) \cdot (-0{,}3) \cdot (-0{,}3) \cdot 5 \cdot 5 \cdot 5 = (-0{,}3)^3 \cdot 5^3$

c) $x \cdot b \cdot b \cdot x \cdot z = b^2x^2z$

d) $(3a) \cdot (3a) \cdot (3a) \cdot (3a) \cdot (3a) = (3a)^5$

e) $(x + 1)(x + 1)(x + 1)(1 + x) = (x + 1)(x + 1)(x + 1)(x + 1)$
$= (x + 1)^4$

f) $(2x + 1)(1 - 2x)(2x + 1) = (2x + 1)^2 \cdot (1 - 2x)$

g) $(1 - x)(1 - x)(x - 1) = (1 - x)(1 - x) \cdot [-(-x + 1)]$
$= -(1 - x)(1 - x)(1 - x) = -(1 - x)^3$

h) $a \cdot (b + 2) \cdot a \cdot a \cdot (2 - b) = a^3 \cdot (b + 2)(2 - b)$

2. a) $125 = 5 \cdot 5 \cdot 5 = 5^3$

b) $1\,000\,000 = 1\,000 \cdot 1\,000 = 1\,000^2$
oder
$1\,000\,000 = 100 \cdot 100 \cdot 100 = 100^3$
oder
$1\,000\,000 = 10 \cdot 10 \cdot 10 \cdot 10 \cdot 10 \cdot 10 = 10^6$

c) $81 = 9 \cdot 9 = 9^2$
oder
$81 = 3 \cdot 3 \cdot 3 \cdot 3 = 3^4$

d) $196 = 14 \cdot 14 = 14^2$

e) $0{,}0625 = 0{,}25 \cdot 0{,}25 = 0{,}25^2$
oder
$0{,}0625 = 0{,}5 \cdot 0{,}5 \cdot 0{,}5 \cdot 0{,}5 = 0{,}5^4$

f) $\frac{1}{3\,135} = \frac{1}{5} \cdot \frac{1}{5} \cdot \frac{1}{5} \cdot \frac{1}{5} \cdot \frac{1}{5} = \left(\frac{1}{5}\right)^5$

3. a) $-3^4 = -81$

Beachte, daß sich die Hochzahl nur auf die Zahl 3 bezieht.

b) $(-2)^5 = -32$

c) $(-5)^3 = -125$

d) $\left(-\frac{1}{7}\right)^2 = \frac{1}{49}$

e) $-0{,}1^2 = -0{,}01$

Beachte, daß sich die Hochzahl nur auf 0,1 bezieht.

f) $\left(-\frac{1}{10}\right)^2 = \frac{1}{100}$

g) $-(-2)^3 = -(-8) = 8$

h) $-(-3)^4 = -(+81) = -81$

4. a) $13{,}3^3 = 2\,352{,}64$

b) $(-2{,}13)^3 = -9{,}66$

c) $-4{,}01^4 = -258{,}57$

Achtung Eingabe: [1] [+/–] [×] [4,01] [x^y] [=]

und nicht: [4,01] [+/–] [x^y] [=]

d) $-(-6{,}1)^4 = -1\,384{,}58$

e) $(-1{,}01)^{111} = -3{,}02$

f) $(-0{,}997)^{200} = 0{,}55$

5. a) $\left(2\frac{6}{7}\right)^2 = \left(\frac{20}{7}\right)^2 = \frac{400}{49} = 8\frac{8}{49}$

Taschenrechner, die eine Bruchdarstellung einer Zahl anbieten, geben beim Potenzieren eines Bruches das Ergebnis meist als Dezimalzahl an. Möchte man das Ergebnis in Bruchdarstellung, so multipliziert man nach

Eingabe des Bruches diesen (unter Verwendung der Speichertasten [Min] bzw. [STO] und [MR] bzw. [RCL]) so oft mit sich selbst, wie die Hochzahl angibt.
Eingabe hier: [2] [a b/c] [6] [a b/c] [7] [Min] [×] [MR] [=]

b) $\left(-1\frac{2}{17}\right)^2=\left(-\frac{19}{17}\right)^2=\frac{361}{289}=1\frac{72}{289}$

c) $\left(3\frac{1}{8}\right)^2=\left(\frac{25}{8}\right)^2=\frac{625}{64}=9\frac{49}{64}$

d) $\left(-3\frac{1}{5}\right)^3=\left(-\frac{16}{5}\right)^3=-\frac{4\,096}{125}=-32\frac{96}{125}$

6. a) $5^3-3\cdot 2^4=125-3\cdot 16=125-48=77$

b) $(-6)^3\cdot 4+3\cdot 7^4=-216\cdot 4+3\cdot 2\,401=-864+7\,203=6\,339$

c) $\left[\frac{3}{4}-\left(\frac{1}{2}\right)^3\right]^2=\left(\frac{3}{4}-\frac{1}{8}\right)^2=\left(\frac{6}{8}-\frac{1}{8}\right)^2=\left(\frac{5}{8}\right)^2=\frac{25}{64}$

d) $8\cdot 0{,}5^4+25\cdot 1{,}4^3=8\cdot 0{,}0625+25\cdot 2{,}744=0{,}5+68{,}6=69{,}1$

e) $0{,}3^3+0{,}074-\left(\frac{1}{10}\right)^3=0{,}027+0{,}074-0{,}001=0{,}1$

f) $\left(1\frac{3}{4}\right)^2-6\cdot 1{,}5^3=\left(\frac{7}{4}\right)^2-6\cdot\left(\frac{3}{2}\right)^3=\frac{49}{16}-6\cdot\frac{27}{8}=\frac{49}{16}-\frac{324}{16}$
$=-\frac{275}{16}=-17\frac{3}{16}=-17{,}1875$

7. a) $5^8\cdot 5^7=5^{8+7}=5^{15}$

b) $6\cdot 6^9=6^1\cdot 6^9=6^{1+9}=6^{10}$

c) $(-2)^4\cdot(-2)^4=(-2)^{4+4}=(-2)^8$

d) $(-3{,}5)^{12} \cdot (-3{,}5)^{25} = (-3{,}5)^{12+25} = (-3{,}5)^{37}$

e) $\left(\frac{1}{5}\right)^4 \cdot \left(\frac{1}{5}\right)^6 = \left(\frac{1}{5}\right)^{4+6} = \left(\frac{1}{5}\right)^{10}$

f) $(-1{,}2)^8 \cdot \left(-\frac{6}{5}\right)^3 = (-1{,}2)^8 \cdot (-1{,}2)^3 = (-1{,}2)^{8+3} = (-1{,}2)^{11}$

g) $(a+1)^5 \cdot (1+a)^7 = (a+1)^5 \cdot (a+1)^7 = (a+1)^{5+7} = (a+1)^{12}$

h) $(x+2)^6 \cdot (4+4x+x^2) = (x+2)^6 \cdot (2+x)^2 = (x+2)^6 \cdot (x+2)^2$
$= (x+2)^{6+2} = (x+2)^8$

8. a) $a^n \cdot a \cdot a^3 = a^n \cdot a^1 \cdot a^3 = a^{n+1+3} = a^{n+4}$

b) $r^{2m-1} \cdot r^{m+1} = r^{2m-1+m+1} = r^{3m}$

c) $k^{2n} \cdot k^{3n} = k^{2n+3n} = k^{5n}$

d) $(-a)^{n+2} \cdot (-a)^{3n-2} = (-a)^{n+2+3n-2} = (-a)^{4n}$

e) $(-x)^{2+n} \cdot (-x)^{4n-2} = (-x)^{2+n+4n-2} = (-x)^{5n}$

f) $25 \cdot 5^n = 5^2 \cdot 5^n = 5^{2+n}$

g) $8 \cdot 2^{3n-2} = 2^3 \cdot 2^{3n-2} = 2^{3+3n-2} = 2^{3n+1}$

h) $343 \cdot 7^{2n-1} = 7^3 \cdot 7^{2n-1} = 7^{3+2n-1} = 7^{2n+2}$

i) $a^{5n-3} \cdot a^{4m-3} = a^{5n-3+4m-3} = a^{5n+4m-6}$

j) $-32 \cdot (-2)^n = (-2)^5 \cdot (-2)^n = (-2)^{5+n}$

k) $x^n \cdot (-x)^{2n} = x^n \cdot x^{2n} = x^{n+2n} = x^{3n}$
Es ist $(-x)^{2n} = x^{2n}$, da 2n für alle $n \in \mathbb{N}$ gerade ist.

l) $-z^{2n} \cdot (-z)^{4n+1} = -z^{2n} \cdot (-z^{4n+1}) = z^{2n} \cdot z^{4n+1} = z^{2n+4n+1} = z^{6n+1}$
Es ist $(-z)^{4n+1} = -z^{4n+1}$, da $4n + 1$ für alle $n \in \mathbb{N}$ ungerade ist.

m) $(x-4) \cdot (4-x)^{6n} = -(-x+4) \cdot (4-x)^{6n} = -(4-x)^1 \cdot (4-x)^{6n}$
$= -(4-x)^{1+6n}$

n) $(1-x)^{4n-2} \cdot (x^2-2x+1) = (1-x)^{4n-2} \cdot (1-2x+x^2)$
$= (1-x)^{4n-2} \cdot (1-x)^2 = (1-x)^{4n-2+2}$
$= (1-x)^{4n}$

9. a) $2a^3 \cdot 16a^2 = 2 \cdot 16 \cdot a^3 \cdot a^2 = 32a^{3+2} = 32a^5$

b) $-3x^4 \cdot y^7 \cdot 7x^5y^{11} = -3 \cdot 7 \cdot x^4 \cdot y^7 \cdot y^{11} = -21 \cdot x^{4+5} \cdot y^{7+11} = -21x^9y^{18}$

c) $(-p)^4q^5 \cdot p^3q^n = p^4 \cdot p^3 \cdot q^5 \cdot q^n = p^{4+3} \cdot q^{5+n} = p^7 \cdot q^{5+n}$

d) $8r^{n+1} \cdot 2r^{2n} = 8 \cdot 2 \cdot r^{n+1} \cdot r^{2n} = 16r^{n+1+2n} = 16r^{3n+1}$

e) $s^{2n-1} \cdot t^9 \cdot s^2 \cdot t^{4n-3} = s^{2n-1} \cdot s^2 \cdot t^9 \cdot t^{4n-3} = s^{2n-1+2} \cdot t^{9+4n-3}$
$= s^{2n+1} \cdot t^{4n+6}$

f) $(x+1)^n \cdot (x-1)^3 \cdot (x^2-1) = (x+1)^n \cdot (x-1)^3 \cdot (x+1)(x-1)$
$= (x+1)^n \cdot (x+1)^1 \cdot (x-1)^3 \cdot (x-1)^1$
$= (x+1)^{n+1} \cdot (x-1)^{3+1}$
$= (x+1)^{n+1} \cdot (x-1)^4$

g) $(-a+b)^5 \cdot (a-b)^{3n-1} = [-(a-b)]^5 \cdot (a-b)^{3n-1}$
$= -(a-b)^5 \cdot (a-b)^{3n-1}$
$= -(a-b)^{5+3n-1} = -(a-b)^{3n+4}$

10. a) $3^6 : 3^4 = 3^{6-4} = 3^2$

b) $10^8 : 10 = 10^8 : 10^1 = 10^{8-1} = 10^7$

c) $(-7)^8 : (-7)^7 = (-7)^{8-7} = (-7)^1 = -7$

d) $\left(\frac{5}{8}\right)^{11} : \left(\frac{5}{8}\right)^4 = \left(\frac{5}{8}\right)^{11-4} = \left(\frac{5}{8}\right)^7$

e) $0{,}25^7 : \left(\frac{1}{4}\right)^3 = \left(\frac{1}{4}\right)^7 : \left(\frac{1}{4}\right)^3 = \left(\frac{1}{4}\right)^{7-3} = \left(\frac{1}{4}\right)^4$

f) $x^{34} : x^{18} = x^{34-18} = x^{16}$

g) $(x+3)^9 : (x+3)^5 = (x+3)^{9-5} = (x+3)^4$

h) $(x-1)^8 : (x^2-2x+1) = (x-1)^8 : (x-1)^2 = (x-1)^{8-2} = (x-1)^6$

11. a) $5^{3n} : 5^n = 5^{3n-n} = 5^{2n}$

b) $y^{n+4} : y^n = y^{n+4-n} = y^4$

c) $z^{4n+5} : z^{3n+2} = z^{4n+5-(3n+2)} = z^{4n+5-3n-2} = z^{n+3}$

d) $p^{5n} : p^{3n-2} = p^{5n-(3n-2)} = p^{5n-3n+2} = p^{2n+2}$

e) $r^{7n-1} : r^{3n+2} = r^{7n-1-(3n+2)} = r^{7n-1-3n-2} = r^{4n-3}$

f) $(-x)^{2n+4} : x^{n+2} = x^{2n+4} : x^{n+2} = x^{2n+4-(n+2)} = x^{2n+4-n-2} = x^{n+2}$
Es ist $(-x)^{2n+4} = x^{2n+4}$, da $2n + 4$ für alle $n \in \mathbb{N}$ gerade ist.

12. a) $7^4 : 7^{10} = \frac{7^4}{7^{10}} = \frac{1}{7^{10-4}} = \frac{1}{7^6}$

b) $15^5 : 15^{14} = \frac{15^5}{15^{14}} = \frac{1}{15^{14-5}} = \frac{1}{15^9}$

c) $10 : 10^6 = \frac{10^1}{10^6} = \frac{1}{10^{6-1}} = \frac{1}{10^5}$

d) $x^{11} : x^{20} = \frac{x^{11}}{x^{20}} = \frac{1}{x^{20-11}} = \frac{1}{x^9}$

e) $\left(\frac{1}{2}\right)^3 : 0{,}5^{10} = \frac{\left(\frac{1}{2}\right)^3}{\left(\frac{1}{2}\right)^{10}} = \frac{1}{\left(\frac{1}{2}\right)^{10-3}} = \frac{1}{\left(\frac{1}{2}\right)^7} = 2^7$

f) $5^n : 5^{n+3} = \frac{5^n}{5^{n+3}} = \frac{1}{5^{n+3-n}} = \frac{1}{5^3}$

g) $x^{2n-1} : x^{2n} = \frac{x^{2n-1}}{x^{2n}} = \frac{1}{x^{2n-(2n-1)}} = \frac{1}{x^{2n-2n+1}} = \frac{1}{x^1} = \frac{1}{x}$

h) $y^{3n-1} : y^{6n+3} = \frac{y^{3n-1}}{y^{6n+3}} = \frac{1}{y^{6n+3-(3n-1)}} = \frac{1}{y^{6n+3-3n+1}} = \frac{1}{y^{3n+4}}$

13. a) $\frac{a^{4}\cdot b^{8}\cdot c^{6}}{a^{2}\cdot b^{7}\cdot c^{8}} = \frac{a^{4-2}\cdot b^{8-7}}{c^{8-6}} = \frac{a^{2}b^{1}}{c^{2}} = \frac{a^{2}b}{c^{2}}$

b) $\frac{x^{5n}\cdot x^{2}}{x^{2n}\cdot x^{4}} = \frac{x^{5n+2}}{x^{2n+4}} = x^{5n+2-(2n+4)} = x^{5n+2-2n-4} = x^{3n-2}$

c) $\frac{y^{2n+6}}{y^{2n-1}} = y^{2n+6-(2n-1)} = y^{2n+6-2n+1} = y^{7}$

d) $\frac{u^{2}v}{u^{n+4}\cdot v^{5}} = \frac{1}{u^{n+4-2}\cdot v^{5-1}} = \frac{1}{u^{n+2}v^{4}}$

e) $\frac{(-t)^{3}}{t^{4n}} = \frac{-t^{3}}{t^{4n}} = -\frac{1}{t^{4n-3}}$

f) $\frac{(ax)^{2n+1}}{(ax)^{6n-1}} = \frac{1}{(ax)^{6n-1-(2n+1)}} = \frac{1}{(ax)^{6n-1-2n-1}} = \frac{1}{(ax)^{4n-2}}$

g) $\left(\frac{1}{2}vw\right)^{2n} : \left(\frac{1}{2}vw\right) = \left(\frac{1}{2}vw\right)^{2n} : \left(\frac{1}{2}vw\right)^{1} = \left(\frac{1}{2}vw\right)^{2n-1}$

h) $\frac{2y-x}{(2y-x)^{3n-1}} = \frac{(2y-x)^{1}}{(2y-x)^{3n-1}} = \frac{1}{(2y-x)^{3n-1-1}} = \frac{1}{(2y-x)^{3n-2}}$

i) $(ab^{3})^{4} : (ab^{3})^{3(n+1)} = \frac{(ab^{3})^{4}}{(ab^{3})^{3n+3}} = \frac{1}{(ab^{3})^{3n+3-4}} = \frac{1}{(ab^{3})^{3n-1}}$

j) $(x-2)^{2n+1} : (x-2)^{(n+1)^{2}} = \frac{(x-2)^{2n+1}}{(x-2)^{n^{2}+2n+1}} = \frac{1}{(x-2)^{n^{2}+2n+1-(2n+1)}}$

$= \frac{1}{(x-2)^{n^{2}+2n+1-2n-1}} = \frac{1}{(x-2)^{n^{2}}}$

14. a) $51x^{5}y^{14} : 17x^{7}y^{9} = \frac{51x^{5}y^{14}}{17x^{7}\cdot y^{9}} = \frac{3\cdot y^{14-9}}{x^{7-5}} = \frac{3y^{5}}{x^{2}}$

b) $45cd^{n} : 54c^{4}d^{2n+3} = \frac{45c^{1}d^{n}}{54c^{4}d^{2n+3}} = \frac{5}{6c^{4-1}d^{2n+3-n}} = \frac{5}{6c^{3}d^{n+3}}$

c) $\dfrac{12x^6y^5z^{3n+4}}{96x^7y^2z^{3n-2}} = \dfrac{y^{5-2} \cdot z^{3n+4-(3n-2)}}{8x^{7-6}} = \dfrac{y^3z^{3n+4-3n+2}}{8x^1} = \dfrac{y^3z^6}{8x}$

d) $\dfrac{32xy^3}{35x^4y} \cdot \dfrac{7x^5y^2}{2^6x^{13}} = \dfrac{32 \cdot 7 \cdot x \cdot x^5 \cdot y^3 \cdot y^2}{35 \cdot 64 \cdot x^4 \cdot x^{13} \cdot y} = \dfrac{x^{1+5} \cdot y^{3+2}}{5 \cdot 2 \cdot x^{4+13} \cdot y} = \dfrac{x^6y^5}{10x^{17}y^1}$

$= \dfrac{y^{5-1}}{10x^{17-6}} = \dfrac{y^4}{10x^{11}}$

e) $\dfrac{3^4a^7}{b^{5n-2}} : \dfrac{3^{10} \cdot a^{10}}{27b^{6n+1}} = \dfrac{3^4 \cdot a^7}{b^{5n-2}} \cdot \dfrac{3^3b^{6n+1}}{3^{10} \cdot a^{10}} = \dfrac{3^4 \cdot 3^3 \cdot a^7 \cdot b^{6n+1}}{3^{10}a^{10}b^{5n-2}}$

$= \dfrac{3^{4+3}b^{6n+1-(5n-2)}}{3^{10}a^{10-7}} = \dfrac{3^7b^{6n+1-5n+2}}{3^{10}a^3}$

$= \dfrac{b^{n+3}}{3^{10-7}a^3} = \dfrac{b^{n+3}}{3^3a^3} = \dfrac{b^{n+3}}{27a^3}$

15. a) $(2 \cdot 3)^5 = 2^5 \cdot 3^5$

b) $39^8 = (3 \cdot 13)^8 = 3^8 \cdot 13^8$

c) $(-21)^9 = [(-1) \cdot 3 \cdot 7]^9 = (-1)^9 \cdot 3^9 \cdot 7^9 = -3^9 \cdot 7^9$

d) $(xy)^4 = x^4 \cdot y^4$

e) $\left(\dfrac{1}{5}xy\right)^3 = \left(\dfrac{1}{5}\right)^3 \cdot x^3 \cdot y^3$

f) $(2{,}5yz)^2 = 2{,}5^2 \cdot y^2 \cdot z^2$

g) $(7x \cdot 4y)^3 = (7x \cdot 2 \cdot 2y)^3 = 7^3 \cdot x^3 \cdot 2^3 \cdot 2^3 \cdot y^3 = 2^{3+3} \cdot 7^3 \cdot x^3 \cdot y^3$
$= 2^6 \cdot 7^3 \cdot x^3 \cdot y^3$

h) $\left(0{,}8x \cdot \dfrac{1}{2}y\right)^4 = (0{,}4xy)^4 = 0{,}4^4 \cdot x^4 \cdot y^4$

16. a) $(12x - 16)^3 = [4(3x - 4)]^3 = [2 \cdot 2 \cdot (3x - 4)]^3 = 2^3 \cdot 2^3 \cdot (3x - 4)^3$
$= 2^{3+3}(3x - 4)^3 = 2^6(3x - 4)^3$

b) $(-7a - 7b)^4 = [(-1) \cdot 7 \cdot (a + b)]^4 = (-1)^4 \cdot 7^4 \cdot (a + b)^4 = 7^4 \cdot (a + b)^4$

c) $(x^2-9)^2 = [(x-3)(x+3)]^2 = (x-3)^2 \cdot (x+3)^2$

d) $(x^3-5x^2)^2 = [x^2(x-5)]^2 = [x \cdot x \cdot (x-5)]^2 = x^2 \cdot x^2 \cdot (x-5)^2$
$= x^4 \cdot (x-5)^2$

e) $(a^4+a^2)^2 = [a^2(a^2+1)]^2 = [a \cdot a \cdot (a^2+1)]^2 = a^2 \cdot a^2 \cdot (a^2+1)^2$
$= a^4(a^2+1)^2$

f) $(x^3-x)^4 = [x(x^2-1)]^4 = [x \cdot (x-1) \cdot (x+1)]^4 = x^4 \cdot (x-1)^4 \cdot (x+1)^4$

g) $(x^2-14x+49)^5 = [(x-7) \cdot (x-7)]^5 = (x-7)^5 \cdot (x-7)^5 = (x-7)^{10}$

h) $(-1+2x-x^2)^4 = [(-1)(1-2x+x^2)]^4 = [(-1) \cdot (1-x) \cdot (1-x)]^4$
$= (-1)^4 \cdot (1-x)^4 \cdot (1-x)^4 = 1 \cdot (1-x)^{4+4} = (1-x)^8$

17. a) $4^4 \cdot \left(\frac{1}{2}\right)^4 = \left(4 \cdot \frac{1}{2}\right)^4 = 2^4 = 16$

b) $(-4)^3 \cdot 25^3 = -4^3 \cdot 25^3 = -(4 \cdot 25)^3 = -100^3 = -1\,000\,000$

c) $10^5 \cdot 0{,}2^5 = (10 \cdot 0{,}2)^5 = 2^5 = 32$

d) $0{,}125^9 \cdot 8^9 = (0{,}125 \cdot 8)^9 = 1^9 = 1$

e) $0{,}6^4 \cdot 5^4 = (0{,}6 \cdot 5)^4 = 3^4 = 81$

f) $\left(-\frac{3}{4}\right)^6 \cdot \left(\frac{2}{3}\right)^6 = \left(-\frac{3}{4} \cdot \frac{2}{3}\right)^6 = \left(-\frac{1}{2}\right)^6 = \frac{1}{64}$

18. a) $(-5)^6 \cdot 7^6 = [(-5) \cdot 7]^6 = (-35)^6 = 35^6$
Überlege, ob nach dem Zusammenfassen von Potenzen mit gleichem Exponenten die Basis in Klammern stehen muß oder die Klammern überflüssig sind.

b) $11^{n+1} \cdot x^{n+1} = (11x)^{n+1}$

c) $2^8 \cdot 3^8 \cdot y^8 = (2 \cdot 3 \cdot y)^8 = (6y)^8$

d) $32x^5y^5 = 2^5 \cdot x^5 \cdot y^5 = (2xy)^5$

e) $8 \cdot 5^3 = 2^3 \cdot 5^3 = (2 \cdot 5)^3 = 10^3$

f) $\frac{729}{64}x^3 = \left(\frac{9}{4}\right)^3 \cdot x^3 = \left(\frac{9}{4}x\right)^3$

g) $\left(-\frac{x}{2}\right)^3 \cdot \left(\frac{4z}{5}\right)^3 = \left(-\frac{x}{2} \cdot \frac{4z}{5}\right)^3 = \left(-\frac{2xz}{5}\right)^3$

h) $\left(\frac{u}{3}\right)^3 \cdot \left(-\frac{v}{u^2}\right)^3 = \left[\frac{u}{3} \cdot \left(-\frac{v}{u^2}\right)\right]^3 = \left(-\frac{u \cdot v}{3u^2}\right)^3 = \left(-\frac{v}{3u}\right)^3$

i) $\left(\frac{xy}{9}\right)^4 \cdot \left(\frac{6}{x^2y^3}\right)^4 = \left(\frac{xy}{9} \cdot \frac{6}{x^2y^3}\right)^4 = \left(\frac{2}{3xy^2}\right)^4$

j) $(a+b)^5 \cdot \left(\frac{2}{a^2-b^2}\right)^5 = \left[(a+b) \cdot \frac{2}{a^2-b^2}\right]^5 = \left[(a+b) \cdot \frac{2}{(a+b)(a-b)}\right]^5$

$= \left(\frac{2}{a-b}\right)^5$

19. a) $\left(\frac{4x}{5}\right)^3 = \frac{(4x)^3}{5^3}$ bzw. auch $\frac{4^3 \cdot x^3}{5^3}$

b) $\left(2\frac{1}{3}\right)^5 = \left(\frac{7}{3}\right)^5 = \frac{7^5}{3^5}$

c) $\left(-\frac{1}{2}\right)^{10} = \left(\frac{1}{2}\right)^{10} = \frac{1^{10}}{2^{10}} = \frac{1}{2^{10}}$

d) $\left(1\frac{1}{2}a\right)^2 = \left(\frac{3}{2}a\right)^2 = \left(\frac{3a}{2}\right)^2 = \frac{(3a)^2}{2^2}$ bzw. auch $\frac{3^2 \cdot a^2}{2^2}$

e) $[(x-1):x]^3 = \left(\frac{x-1}{x}\right)^3 = \frac{(x-1)^3}{x^3}$

f) $\left(1+\frac{2}{x}\right)^3 = \left(\frac{x}{x}+\frac{2}{x}\right)^3 = \left(\frac{x+2}{x}\right)^3 = \frac{(x+2)^3}{x^3}$

g) $\left(\frac{3-6x}{10x-5}\right)^3 = \left(\frac{-3\,(-1+2x)}{5\,(2x-1)}\right)^3 = \left(-\frac{3}{5}\right)^3 = -\left(\frac{3}{5}\right)^3 = -\frac{3^3}{5^3}$

h) $\left(\frac{8-8x+2x^2}{3x^2-12}\right)^4 = \left[\frac{2\,(4-4x+x^2)}{3\,(x^2-4)}\right]^4 = \left[\frac{2\,(x^2-4x+4)}{3\,(x-2)\,(x+2)}\right]^4$

$= \left[\frac{2\,(x-2)^2}{3\,(x-2)\,(x+2)}\right]^4 = \left[\frac{2\,(x-2)}{3\,(x+2)}\right]^4 = \frac{2^4\,(x-2)^4}{3^4\,(x+2)^4}$

20. a) $8^5 : 4^5 = (8 : 4)^5 = 2^5 = 32$

b) $10^3 : 0{,}1^3 = (10 : 0{,}1)^3 = 100^3 = 1\,000\,000$

c) $\frac{24^6}{12^6} = \left(\frac{24}{12}\right)^6 = 2^6 = 64$

d) $\frac{63^3}{9^3} = \left(\frac{63}{9}\right)^3 = 7^3 = 343$

21. a) $3^7 : 4^7 = \frac{3^7}{4^7} = \left(\frac{3}{4}\right)^7$

b) $\frac{12^5}{18^5} = \left(\frac{12}{18}\right)^5 = \left(\frac{2}{3}\right)^5$

c) $\frac{34^3}{51^3} = \left(\frac{34}{51}\right)^3 = \left(\frac{2}{3}\right)^3$

d) $\left(2\frac{1}{3}\right)^3 : \left(3\frac{1}{2}\right)^3 = \frac{\left(\frac{7}{3}\right)^3}{\left(\frac{7}{2}\right)^3} = \left(\frac{\frac{7}{3}}{\frac{7}{2}}\right)^3 = \left(\frac{7}{3}\cdot\frac{2}{7}\right)^3 = \left(\frac{2}{3}\right)^3$

e) $2{,}4^4 : 6^4 = \frac{2{,}4^4}{6^4} = \left(\frac{2{,}4}{6}\right)^4 = 0{,}4^4$ bzw. auch $\left(\frac{2}{5}\right)^4$

f) $1{,}5^8 : 22{,}5^8 = \frac{1{,}5^8}{22{,}5^8} = \left(\frac{1{,}5}{22{,}5}\right)^8 = \left(\frac{3}{45}\right)^8 = \left(\frac{1}{15}\right)^8$

g) $8 : x^3 = 2^3 : x^3 = \frac{2^3}{x^3} = \left(\frac{2}{x}\right)^3$

h) $12^2 : 256 = 12^2 : 16^2 = \frac{12^2}{16^2} = \left(\frac{12}{16}\right)^2 = \left(\frac{3}{4}\right)^2$

i) $\frac{(6x)^5}{(9x)^5} = \left(\frac{6x}{9x}\right)^5 = \left(\frac{2}{3}\right)^5$

j) $(xy)^4 : (y^2)^4 = \frac{(xy)^4}{(y^2)^4} = \left(\frac{xy}{y^2}\right)^4 = \left(\frac{x}{y}\right)^4$

k) $(-51x)^n : 289^n = \frac{(-51x)^n}{289^n} = \left(\frac{-51x}{289}\right)^n = \left(-\frac{3x}{17}\right)^n$

l) $(0,6a)^4 : 0,0016 = (0,6a)^4 : 0,2^4 = \frac{(0,6a)^4}{0,2^4} = \left(\frac{0,6a}{0,2}\right)^4 = (3a)^4$

m) $\frac{(8ab)^3}{(64a^2)^3} = \left(\frac{8ab}{64a^2}\right)^3 = \left(\frac{b}{8a}\right)^3$

n) $\frac{(-2,5r)^5}{(10r^2)^5} = \left(\frac{-2,5r}{10r^2}\right)^5 = \left(-\frac{1}{4r}\right)^5$

o) $\frac{(\sqrt{3}x)^3}{(-\sqrt{27}x^2)^3} = \left(-\frac{\sqrt{3}x}{3\sqrt{3}\cdot x^2}\right)^3 = \left(-\frac{1}{3x}\right)^3$

p) $\frac{(-0,8x^2y)^4}{(-3,2y^4x)^4} = \left(\frac{-0,8x^2y}{-3,2xy^4}\right)^4 = \left(\frac{x}{4y^3}\right)^4$

22. a) $\frac{(6x^2y)^{2n}}{(0,4xy^3)^{2n}} = \left(\frac{6x^2y}{0,4xy^3}\right)^{2n} = \left(\frac{60x}{4y^2}\right)^{2n} = \left(\frac{15x}{y^2}\right)^{2n}$

b) $\frac{(a^2-b^2)^{2n+1}}{(a+b)^{2n+1}} = \left(\frac{a^2-b^2}{a+b}\right)^{2n+1} = \left(\frac{(a+b)(a-b)}{a+b}\right)^{2n+1} = (a-b)^{2n+1}$

c) $$\frac{(3r^2t)^{3n}}{(-t)^{3n}\cdot\left(\frac{1}{6}r\cdot t\right)^{3n}} = \left(\frac{3r^2t}{-t\cdot\frac{1}{6}r\cdot t}\right)^{3n} = \left(-\frac{18r}{t}\right)^{3n}$$

d) $$\frac{(0{,}15u^3v)^n\cdot(0{,}1uv)^n}{\left(\frac{1}{10}u^4v\right)^n\cdot\left(-\frac{1}{uv^2}\right)^n} = \left(\frac{0{,}15u^3v\cdot 0{,}1uv}{\frac{1}{10}u^4v\cdot\frac{-1}{uv^2}}\right)^n = \left(\frac{0{,}15\cdot 0{,}1u^4v^2}{-\frac{u^3}{10v}}\right)^n$$

$$= \left(-0{,}15\cdot 0{,}1u^4v^2\cdot\frac{10v}{u^3}\right)^n = (-0{,}15uv^3)^n$$

23. a) $(5^3)^6 = 5^{3\cdot 6} = 5^{18}$

b) $[(-6)^2]^3 = (-6)^{2\cdot 3} = (-6)^6 = 6^6$

c) $(-6^2)^3 = -[(-1)\cdot 6^2]^3 = (-1)^3\cdot 6^{2\cdot 3} = -6^6$

d) $$\left(\left(1\frac{3}{4}\right)^5\right)^9 = \left(1\frac{3}{4}\right)^{5\cdot 9} = \left(1\frac{3}{4}\right)^{45} \quad \text{bzw. auch } \left(\frac{7}{4}\right)^{45}$$

e) $$\left(-\frac{3^2}{7}\right)^4 = \left[\frac{(-1)\cdot 3^2}{7}\right]^4 = \frac{(-1)^4\cdot(3^2)^4}{7^4} = \frac{3^{2\cdot 4}}{7^4} = \frac{3^8}{7^4}$$

f) $(3x^3)^5 = 3^5\cdot(x^3)^5 = 3^5\cdot x^{3\cdot 5} = 3^5\cdot x^{15}$

g) $(a^{3n-1})^4 = a^{(3n-1)\cdot 4} = a^{12n-4}$

h) $(b^{n+1})^n = b^{(n+1)\cdot n} = b^{n^2+n}$

24. a) $(-3^2)^3 - [-(-3)^2]^3 - [-(-3^2)]^2 = (-9)^3 - (-9)^3 - [-(-9)]^2 = -9^2 = -81$

b) $$\left(-\frac{1}{2}\right)^3 - (0{,}125)^2 - 3:2^5 = -\frac{1}{8} - \left(\frac{1}{8}\right)^2 - \frac{3}{32} = -\frac{1}{8} - \frac{1}{64} - \frac{3}{32}$$

$$= -\frac{8}{64} - \frac{1}{64} - \frac{6}{64} = -\frac{15}{64}$$

25. a) $\left(-\frac{1}{2}a^2\right)^3 = \left[(-1)\cdot\frac{1}{2}\cdot a^2\right]^3 = (-1)^3\left(\frac{1}{2}\right)^3\cdot(a^2)^3 = -\frac{1}{2^3}a^{2\cdot 3} = -\frac{a^6}{2^3}$

b) $\left[-\frac{1}{2}\cdot(-a)^2\right]^3 = \left(-\frac{1}{2}a^2\right)^3 = -\frac{a^6}{2^3}$ (vgl. Teilaufgabe a)

c) $-\left[-\frac{1}{2}\cdot(-a^2)\right]^3 = -\left(\frac{1}{2}\cdot a^2\right)^3 = -\left(\frac{1}{2}\right)^3\cdot(a^2)^3 = -\frac{1}{2^3}\cdot a^{2\cdot 3} = -\frac{a^6}{2^3}$

26. a) $(3x^2y)^4 = 3^4\cdot(x^2)^4\cdot y^4 = 3^4\cdot x^{2\cdot 4}\cdot y^4 = 3^4\cdot x^8y^4$

b) $(-2^7x^4yz^8)^5 = [(-1)\cdot 2^7\cdot x^4\cdot y\cdot z^8]^5 = (-1)^5\cdot(2^7)^5\cdot(x^4)^5\cdot y^5\cdot(z^8)^5$
$= -2^{7\cdot 5}\cdot x^{4\cdot 5}y^5z^{8\cdot 5} = -2^{35}x^{20}y^5z^{40}$

c) $\left(\frac{5a^3b}{c^4}\right)^6 = \frac{5^6\cdot(a^3)^6b^6}{(c^4)^6} = \frac{5^6\cdot a^{3\cdot 6}\cdot b^6}{c^{4\cdot 6}} = \frac{5^6\cdot a^{18}b^6}{c^{24}}$

d) $\frac{(24a)^3}{8^3} = \left(\frac{24a}{8}\right)^3 = (3a)^3 = 3^3\cdot a^3$

e) $\frac{6u^3v}{(2uv^2)^3} = \frac{2\cdot 3\cdot u^3\cdot v}{2^3\cdot u^3\cdot v^{2\cdot 3}} = \frac{3v}{2^2\cdot v^6} = \frac{3}{2^2v^5}$

f) $\left[\frac{-3(2x)^3}{(4y)^6}\right]^2 = \left[\frac{-3\cdot 2^3\cdot x^3}{(2^2y)^6}\right]^2 = \left[\frac{-3\cdot 2^3x^3}{2^{2\cdot 6}y^6}\right]^2 = \left[\frac{-3\cdot 2^3\cdot x^3}{2^{12}\cdot y^6}\right]^2$
$= \left[\frac{(-1)\cdot 3\cdot x^3}{2^{12-3}y^6}\right]^2 = \left[\frac{(-1)\cdot 3\cdot x^3}{2^9y^6}\right]^2 = \frac{(-1)^2\cdot 3^2\cdot x^{3\cdot 2}}{2^{9\cdot 2}y^{6\cdot 2}}$
$= \frac{3^2x^6}{2^{18}y^{12}}$

g) $(36v^8w^3)^7 : (9vw^2)^5 = \frac{(2^2\cdot 3^2v^8w^3)^7}{(3^2vw^2)^5} = \frac{2^{2\cdot 7}\cdot 3^{2\cdot 7}v^{8\cdot 7}w^{3\cdot 7}}{3^{2\cdot 5}v^5w^{2\cdot 5}}$
$= \frac{2^{14}\cdot 3^{14}\cdot v^{56}w^{21}}{3^{10}v^5w^{10}} = 2^{14}\cdot 3^{14-10}\cdot v^{56-5}\cdot w^{21-10}$
$= 2^{14}\cdot 3^4\cdot v^{51}\cdot w^{11}$

h) $$(4g^3h)^7 \cdot \left(\frac{1}{2}g^2h^4\right)^5 = (2^2 \cdot g^3h)^7 \cdot \left(\frac{1}{2}g^2h^4\right)^5$$
$$= 2^{2\cdot 7} \cdot g^{3\cdot 7}h^7 \cdot \frac{1}{2^5}g^{2\cdot 5}h^{4\cdot 5}$$
$$= 2^{14}g^{21}h^7 \cdot \frac{1}{2^5}g^{10} \cdot h^{20}$$
$$= 2^{14-5}g^{21+10}h^{7+20} = 2^9 \cdot g^{31}h^{27}$$

i) $$\frac{(5x)^2}{(7y)^2} : \left(\frac{10x}{7y}\right)^3 = \frac{5^2 \cdot x^2}{7^2y^2} : \frac{2^3 \cdot 5^3x^3}{7^3y^3} = \frac{5^2x^2}{7^2y^2} \cdot \frac{7^3y^3}{2^3 \cdot 5^3x^3}$$
$$= \frac{7^{3-2}y^{3-2}}{2^3 \cdot 5^{3-2}x^{3-2}} = \frac{7y}{2^3 \cdot 5 \cdot x}$$

j) $$\frac{(4d^2e)^3}{(6f^4g)^4} : \frac{(8de^3)^3}{(9f^2g^3)^8} = \frac{(2^2d^2e)^3}{(2 \cdot 3 \cdot f^4g)^4} \cdot \frac{(3^2f^2g^3)^8}{(2^3de^3)^3}$$
$$= \frac{2^{2\cdot 3} \cdot d^{2\cdot 3}e^3}{2^4 \cdot 3^4f^{4\cdot 4}g^4} \cdot \frac{3^{2\cdot 8} \cdot f^{2\cdot 8}g^{3\cdot 8}}{2^{3\cdot 3}d^3e^{3\cdot 3}}$$
$$= \frac{2^6 \cdot 3^{16} \cdot d^6e^3f^{16}g^{24}}{2^{4+9} \cdot 3^4d^3e^9f^{16}g^4}$$
$$= \frac{3^{16-4}d^{6-3}g^{24-4}}{2^{13-6}e^{9-3}} = \frac{3^{12}d^3g^{20}}{2^7e^6}$$

k) $$\left[-(-2a^2)^3+(-a^3)^2\right] : \frac{a^5}{0,3} = \left[-((-1) \cdot 2a^2)^3+\left[(-1) \cdot a^3\right]^2\right] : \frac{10a^5}{3}$$
$$= \left[-(-1)^3 \cdot 2^3 \cdot a^{2\cdot 3}+(-1)^2a^{3\cdot 2}\right] : \frac{10a^5}{3}$$
$$= \left[-(-1) \cdot 2^3 \cdot a^6+a^6\right] \cdot \frac{3}{10a^5}$$
$$= (8a^6+a^6) \cdot \frac{3}{10a^5} = 9a^6 \cdot \frac{3}{10a^5}$$
$$= \frac{27}{10}a$$

l) $\left[\left(\frac{2r^2}{3u^4v}\right):\left(\frac{-5r^2}{3uv^2}\right)^3\right]:\left(\frac{2v^2}{-5ru}\right)^2$

$$=\left[\frac{2r^2}{3u^4v}:\frac{(-1)^3\cdot 5^3\,r^{2\cdot 3}}{3^3\cdot u^3\cdot v^{2\cdot 3}}\right]:\frac{2^2\cdot v^{2\cdot 2}}{(-1)^2\cdot 5^2\cdot r^2u^2}$$

$$=\frac{2r^2}{3u^4v^1}\cdot\frac{3^3u^3v^6}{(-1)\cdot 5^3\cdot r^6}\cdot\frac{5^2r^2u^2}{2^2v^4}=-\frac{2^1\cdot 3^3\cdot 5^2\,r^{2+2}u^{3+2}v^6}{2^2\cdot 3^1\cdot 5^3\,r^6u^4v^{1+4}}$$

$$=-\frac{3^{3-1}r^4u^5v^6}{2^{2-1}\cdot 5^{3-2}\,r^6u^4v^5}=-\frac{3^2u^{5-4}v^{6-5}}{2\cdot 5r^{6-4}}=-\frac{3^2uv}{10r^2}=-\frac{9uv}{10r^2}$$

27. a) $(3^2\cdot a^n\cdot b^{3n})^4\cdot(9a^5b)^n = 3^{2\cdot 4}\cdot a^{n\cdot 4}\cdot b^{3n\cdot 4}\cdot(3^2)^n\cdot a^{5n}\cdot b^n$

$$= 3^8\cdot a^{4n}\cdot b^{12n}\cdot 3^{2n}\cdot a^{5n}\cdot b^n$$

$$= 3^{8+2n}\cdot a^{4n+5n}\cdot b^{12n+n} = 3^{2n+8}\cdot a^{9n}\cdot b^{13n}$$

b) $(-5x^4y)^{2n+1}:(625xy^5)^n = \frac{(-1)^{2n+1}\cdot 5^{2n+1}\cdot x^{4(2n+1)}\cdot y^{2n+1}}{(5^4)^n\,x^n y^{5n}}$

$$=-\frac{5^{2n+1}x^{8n+4}y^{2n+1}}{5^{4n}x^ny^{5n}}$$

$$=-\frac{x^{8n+4-n}}{5^{4n-(2n+1)}\,y^{5n-(2n+1)}}$$

$$=-\frac{x^{7n+4}}{5^{4n-2n-1}\,y^{5n-2n-1}}=-\frac{x^{7n+4}}{5^{2n-1}\,y^{3n-1}}$$

c) $\left(\frac{4c^nd^{m+1}}{16^3}\right)^3\cdot\left(\frac{d^{2m-1}}{8c^{3n+1}}\right)^2=\left(\frac{2^2c^nd^{m+1}}{(2^4)^3}\right)^3\cdot\left(\frac{d^{2m-1}}{2^3\cdot c^{3n+1}}\right)^2$

$$=\frac{2^{2\cdot 3}\cdot c^{n\cdot 3}d^{(m+1)\cdot 3}}{2^{4\cdot 3\cdot 3}}\cdot\frac{d^{(2m-1)\cdot 2}}{2^{3\cdot 2}\,c^{(3n+1)\cdot 2}}$$

$$=\frac{2^6\,c^{3n}d^{3m+3}\cdot d^{4m-2}}{2^{36}\cdot 2^6\cdot c^{6n+2}}$$

$$=\frac{d^{3m+3+4m-2}}{2^{36}\cdot c^{6n+2-3n}}=\frac{d^{7m+1}}{2^{36}\,c^{3n+2}}$$

d) $\left(\frac{12^2 \cdot x^{3n+1}}{y^{4n-1}}\right)^3 : \left(\frac{x^{2n-1}}{0{,}25y^n}\right)^4$

$= \frac{(2^2 \cdot 3)^{2\cdot 3} \cdot x^{(3n+1)\cdot 3}}{y^{(4n-1)\cdot 3}} : \frac{x^{(2n-1)\cdot 4}}{\left(\frac{1}{2^2}\right)^4 y^{n\cdot 4}}$

$= \frac{2^{2\cdot 6} \cdot 3^6 \cdot x^{9n+3}}{y^{12n-3}} \cdot \frac{\frac{1}{2^{2\cdot 4}} \cdot y^{4n}}{x^{8n-4}} = \frac{2^{12} \cdot 3^6 \cdot x^{9n+3}}{y^{12n-3}} \cdot \frac{y^{4n}}{2^8 x^{8n-4}}$

$= \frac{2^{12-8} \cdot 3^6 \cdot x^{9n+3-(8n-4)}}{y^{12n-3-4n}} = \frac{2^4 \cdot 3^6 \cdot x^{9n+3-8n+4}}{y^{8n-3}} = \frac{2^4 \cdot 3^6\, x^{n+7}}{y^{8n-3}}$

28. a) $75^3 = (3 \cdot 5^2)^3 = 3^3 \cdot 5^{2\cdot 3} = 3^3 \cdot 5^6$

b) $324^5 = (2^2 \cdot 3^4)^5 = 2^{2\cdot 5} \cdot 3^{4\cdot 5} = 2^{10} \cdot 3^{20}$

c) $0{,}8^6 = \left(\frac{4}{5}\right)^6 = \left(\frac{2^2}{5}\right)^6 = \frac{2^{2\cdot 6}}{5^6} = \frac{2^{12}}{5^6}$

d) $0{,}375^4 = \left(\frac{3}{8}\right)^4 = \left(\frac{3}{2^3}\right)^4 = \frac{3^4}{2^{3\cdot 4}} = \frac{3^4}{2^{12}}$

e) $\left(\frac{39}{243}\right)^6 = \left(\frac{13}{81}\right)^6 = \left(\frac{13}{3^4}\right)^6 = \frac{13^6}{3^{4\cdot 6}} = \frac{13^6}{3^{24}}$

f) $\left(2\frac{46}{121}\right)^2 = \left(\frac{288}{121}\right)^2 = \left(\frac{2^5 \cdot 3^2}{11^2}\right)^2 = \frac{2^{5\cdot 2} \cdot 3^{2\cdot 2}}{11^{2\cdot 2}} = \frac{2^{10} \cdot 3^4}{11^4}$

29. a) $5 \cdot 3^n - 16 \cdot 3^n + 11 \cdot 3^n = (5 - 16 + 11) \cdot 3^n = 0$

b) $(5 \cdot 2^n)^2 - 17 \cdot 2^{2n} - 9 \cdot 4^n = 5^2 \cdot 2^{n\cdot 2} - 17 \cdot 2^{2n} - 9 \cdot (2^2)^n$

$= 25 \cdot 2^{2n} - 17 \cdot 2^{2n} - 9 \cdot 2^{2n}$

$= (25 - 17 - 9) \cdot 2^{2n} = -2^{2n}$

c) $1{,}5a^3 + b^2 - 2{,}1a^3 + 0{,}17b^2 = (1{,}5 - 2{,}1)\, a^3 + (1 + 0{,}17)\, b^2$

$= -0{,}6a^3 + 1{,}17\, b^2$

d) $(-4z)^3 - 12z \cdot (-5z^2) = (-4)^3 z^3 + 60z^{1+2} = -64z^3 + 60z^3 = -4z^3$

e) $(6c)^2 + c\,(c-7) + 13c = 36c^2 + c^2 - 7c + 13c = 37c^2 + 6c$

f) $5d^3 + (-3d^2)^2 - d^3\,(d-1) = 5d^3 + (-3)^2 d^{2\cdot 2} - d^4 + d^3$
$= 6d^3 + 9d^4 - d^4 = 6d^3 + 8d^4$

g) $3xy\,(2x - 6y) + 7x^2y - xy^2 = 6x^2y - 18xy^2 + 7x^2y - xy^2$
$= (6+7)\,x^2y + (-18-1)\,xy^2$
$= 13x^2y - 19xy^2$

h) $-(-5e^2 + 3)^2 + 2e^2\,(4e^2 - e - 1)$
$= -[(-5e^2)^2 + 2\cdot(-5e^2)\cdot 3 + 3^2] + 2e^2 \cdot 4e^2 + 2e^2 \cdot (-e) + 2e^2 \cdot (-1)$
$= -(25e^4 - 30e^2 + 9) + 8e^4 - 2e^3 - 2e^2$
$= -25e^4 + 30e^2 - 9 + 8e^4 - 2e^3 - 2e^2 = -17e^4 - 2e^3 + 28e^2 - 9$

30. a) $48x^7y^3 + 24x^4y^4 + 3xy^5 = 3xy^3\,(16x^6 + 8x^3y + y^2) = 3xy^3\,(4x^3 + y)^2$

b) $-80a^2b^9 + 360a^6b^7 - 405a^{10}b^5 = -5a^2b^5\,(16b^4 - 72a^4b^2 + 81a^8)$
$= -5a^2b^5\,(4b^2 - 9a^4)^2$
$= -5a^2b^5\,[(2b - 3a^2)\,(2b + 3a^2)]^2$
$= -5a^2b^5\,(2b - 3a^2)^2 \cdot (2b + 3a^2)^2$

c) $32x^{2n+1} + 32x^{2n} + 8x^{2n-1} = 8x^{2n-1}\,(4x^2 + 4x + 1) = 8x^{2n-1}\,(2x+1)^2$

d) $x^{2n+2} - x^{n+2} + \frac{1}{4}x^2 = \frac{1}{4}x^2\,(4x^{2n} - 4x^n + 1) = \frac{1}{4}x^2\,(2x^n - 1)^2$

31. a) $\dfrac{x^6y^3 - x^4y^5}{x^5y + x^4y^2} = \dfrac{x^4y^3\,(x^2 - y^2)}{x^4y\,(x+y)} = \dfrac{y^2\,(x+y)\,(x-y)}{(x+y)} = y^2\,(x-y)$

b) $\dfrac{18a^5b^4 - 24a^3b^7}{8a^6b^4 - 6a^8b} = \dfrac{6a^3b^4\,(3a^2 - 4b^3)}{2a^6b\,(4b^3 - 3a^2)} = \dfrac{3b^{4-1}\left[(-1)\,(-3a^2 + 4b^3)\right]}{a^{6-3}\,(4b^3 - 3a^2)}$
$= \dfrac{3b^3 \cdot (-1) \cdot (4b^3 - 3a^2)}{a^3\,(4b^3 - 3a^2)} = -\dfrac{3b^3}{a^3}$

c) $$\frac{s^{n+2}-9s^{3n}}{2s^{n+1}+6s^{2n}}=\frac{s^n(s^2-9s^{2n})}{2s^n(s+3s^n)}=\frac{(s-3s^n)(s+3s^n)}{2(s+3s^n)}=\frac{s-3s^n}{2}$$

d) $$\frac{1}{x^{2n}+1}+\frac{2}{x^{4n}-1}=\frac{1}{x^{2n}+1}+\frac{2}{(x^{2n}-1)(x^{2n+1})}$$
$$=\frac{x^{2n}-1}{(x^{2n}+1)(x^{2n}-1)}+\frac{2}{(x^{2n}+1)(x^{2n}-1)}$$
$$=\frac{x^{2n}-1+2}{(x^{2n}+1)(x^{2n}-1)}=\frac{x^{2n}+1}{(x^{2n}+1)(x^{2n}-1)}=\frac{1}{x^{2n}-1}$$

32. a) $$\frac{1}{x^3}+\frac{1}{x^2}+\frac{1}{4x}=\frac{4}{4x^3}+\frac{4x}{4x^3}+\frac{x^2}{4x^3}=\frac{4+4x+x^2}{4x^3}$$

b) $$\frac{1}{2x^4}-\frac{2}{x}-\frac{1}{6x^3}=\frac{3}{6x^4}-\frac{12x^3}{6x^4}-\frac{x}{6x^4}=\frac{3-12x^3-x}{6x^4}=\frac{-12x^3-x+3}{6x^4}$$

33. $(x+1)\cdot(x^2+2x-3)=0$

$\Leftrightarrow\quad x+1=0 \quad\vee\quad x^2+2x-3=0$, da $-1\cdot 3=-3$ und $-1+3=+2$

$\Leftrightarrow\quad x=-1 \quad\Leftrightarrow\quad (x-1)(x+3)=0$

$\Leftrightarrow\quad x=1 \vee x=-3$

$\Rightarrow \mathbb{L}=\{-3; -1; 1\}$

34. a) $$\begin{array}{l}(6x^3+4x^2-24x-16):(3x+2)=2x^2-8\\ \underline{-(6x^3+4x^2)}\\ \qquad\quad -24x-16\\ \qquad\quad \underline{-(-24x-16)}\\ \qquad\qquad\qquad 0\end{array}$$

b) $$\begin{array}{l}(2x^4-3x^3-x^2+3x-1):(x^2-1)=2x^2-3x+1\\ \underline{-(2x^4\quad\; -2x^2)}\\ \quad -3x^3+x^2+3x-1\\ \quad \underline{-(-3x^3\quad\; +3x)}\\ \qquad\quad x^2\quad -1\\ \qquad\quad \underline{-(x^2\quad -1)}\\ \qquad\qquad\qquad 0\end{array}$$

c) $(4x^3+6x^2 \quad -2):(2x-1)=2x^2+4x+2$
$$\begin{array}{l}
\underline{-(4x^3-2x^2)} \\
\quad 8x^2 \quad -2 \\
\quad \underline{-(8x^2-4x)} \\
\qquad 4x-2 \\
\qquad \underline{-(4x-2)} \\
\qquad\quad 0
\end{array}$$

d) $(x^3-9x^2+27x-27):(9+x^2-6x)=$

$(x^3-9x^2+27x-27):(x^2-6x+9)=x-3$
$$\begin{array}{l}
\underline{-(x^3-6x^2+\ 9x)} \\
\quad -3x^2+18x-27 \\
\underline{-(-3x^2+18x-27)} \\
\qquad 0
\end{array}$$

e) $(3x^2-3):(x+1)-(x^3-x^2):\frac{1}{2}x^2$

$=3x-3-(2x-2)=3x-3-2x+2=x-1$

da $(3x^2 \quad -3):(x+1)=3x-3$
$$\begin{array}{l}
\underline{-(3x^2+3x)} \\
\quad -3x-3 \\
\quad \underline{-(-3x-3)} \\
\qquad 0
\end{array}$$

und $(x^3-x^2):\frac{1}{2}x^2=2x-2$
$$\begin{array}{l}
\underline{-x^3} \\
\quad -x^2 \\
\underline{-(-x^2)} \\
\quad 0
\end{array}$$

35. a) $(2x^3-5x^2-4x+3):(x-3)=2x^2+x-1$
$$\begin{array}{l}
\underline{-(2x^3-6x^2)} \\
\quad x^2-4x+3 \\
\quad \underline{-(x^2-3x)} \\
\qquad -x+3 \\
\qquad \underline{-(-x+3)} \\
\qquad\quad 0
\end{array}$$

Damit gilt:

$$
\begin{aligned}
& 2x^3 - 5x^2 - 4x + 3 = 0 \\
\Leftrightarrow\ & (x-3)\cdot(2x^2 + x - 1) = 0 \\
\Leftrightarrow\ & x - 3 = 0 \ \vee \ 2x^2 + x - 1 = 0 \\
\Leftrightarrow\ & x = 3 \ \vee \ x^2 + \frac{1}{2}x - \frac{1}{2} = 0
\end{aligned}
$$

$$
\begin{aligned}
\Leftrightarrow\ & x = -\frac{1}{4} + \sqrt{\frac{1}{16} + \frac{1}{2}} \ \vee \ x = -\frac{1}{4} - \sqrt{\frac{1}{16} + \frac{1}{2}} \\
\Leftrightarrow\ & x = -\frac{1}{4} + \sqrt{\frac{9}{16}} \ \vee \ x = -\frac{1}{4} - \sqrt{\frac{9}{16}} \\
\Leftrightarrow\ & x = -\frac{1}{4} + \frac{3}{4} \ \vee \ x = -\frac{1}{4} - \frac{3}{4} \\
\Leftrightarrow\ & x = \frac{1}{2} \ \vee \ x = -1
\end{aligned}
$$

$$\Rightarrow \mathbb{L} = \left\{-1; \frac{1}{2}; 3\right\}$$

b) $(4x^3 + 32x^2 - x - 8) : (x+8) = 4x^2 - 1$

$$
\begin{array}{r}
-(4x^3 + 32x^2) \\
\hline
-x - 8 \\
-(-x - 8) \\
\hline
0
\end{array}
$$

Damit gilt:

$$
\begin{aligned}
& 4x^3 + 32x^2 - x - 8 = 0 \\
\Leftrightarrow\ & (x+8)(4x^2 - 1) = 0 \\
\Leftrightarrow\ & (x+8)(2x-1)(2x+1) = 0 \\
\Leftrightarrow\ & x + 8 = 0 \ \vee \ 2x - 1 = 0 \ \vee \ 2x + 1 = 0 \\
\Leftrightarrow\ & x = -8 \ \vee \ 2x = 1 \ \vee \ 2x = -1 \\
& \Leftrightarrow x = \frac{1}{2} \ \vee \ x = -\frac{1}{2}
\end{aligned}
$$

$$\mathbb{L} = \left\{-8;\ -\frac{1}{2};\ \frac{1}{2}\right\}$$

c) $$\begin{array}{l}(6x^3-11x^2-19x-6):(x+0{,}5)=6x^2-14x-12\\ \underline{-(6x^3+\ 3x^2)}\\ \quad -14x^2-19x-6\\ \quad \underline{-(-14x^2-\ 7x)}\\ \qquad -12x-6\\ \qquad \underline{-(-12x-6)}\\ \qquad\qquad 0\end{array}$$

Damit gilt:

$$\begin{aligned} & 6x^3-11x^2-19x-6=0\\ \Leftrightarrow\ & (x+0{,}5)(6x^2-14x-12)=0\\ \Leftrightarrow\ & x=-0{,}5 \quad\vee\quad 6x^2-14x-12=0\\ \Leftrightarrow\ & x^2-\frac{7}{3}x-2=0\\ \Leftrightarrow\ & x=\frac{7}{6}+\sqrt{\frac{49}{36}+2} \quad\vee\quad x=\frac{7}{6}-\sqrt{\frac{49}{36}+2}\\ \Leftrightarrow\ & x=\frac{7}{6}+\sqrt{\frac{121}{36}} \quad\vee\quad x=\frac{7}{6}-\sqrt{\frac{121}{36}}\\ \Leftrightarrow\ & x=\frac{7}{6}+\frac{11}{6} \quad\vee\quad x=\frac{7}{6}-\frac{11}{6}\\ \Leftrightarrow\ & x=3 \quad\vee\quad x=-\frac{2}{3}\end{aligned}$$

$$\Rightarrow \mathbb{L}=\left\{-\frac{2}{3};\ -\frac{1}{2};\ 3\right\}$$

d) $$\begin{array}{l}\left(6x^3+\frac{19}{2}x^2+\frac{19}{4}x+\frac{3}{4}\right):\left(x+\frac{1}{3}\right)=6x^2+\frac{15}{2}x+\frac{9}{4}\\ \underline{-(6x^3+\ 2x^2)}\\ \quad \frac{15}{2}x^2+\frac{19}{4}x+\frac{3}{4}\\ \quad \underline{-\left(\frac{15}{2}x^2+\ \frac{5}{2}x\right)}\\ \qquad \frac{9}{4}x+\frac{3}{4}\\ \qquad \underline{-\left(\frac{9}{4}x+\frac{3}{4}\right)}\\ \qquad\qquad 0\end{array}$$

Damit gilt:

$$6x^3+\frac{19}{2}x^2+\frac{19}{4}x+\frac{3}{4}=0$$

$$\Leftrightarrow \left(x+\frac{1}{3}\right)\left(6x^2+\frac{15}{2}x+\frac{9}{4}\right)=0$$

$$\Leftrightarrow x=-\frac{1}{3} \quad \vee \quad 6x^2+\frac{15}{2}x+\frac{9}{4}=0$$

$$\Leftrightarrow \quad x^2+\frac{5}{4}x+\frac{3}{8}=0$$

$$\Leftrightarrow \quad x=-\frac{5}{8}+\sqrt{\frac{25}{64}-\frac{3}{8}} \quad \vee \quad x=-\frac{5}{8}-\sqrt{\frac{25}{64}-\frac{3}{8}}$$

$$\Leftrightarrow \quad x=-\frac{5}{8}+\sqrt{\frac{1}{64}} \quad \vee \quad x=-\frac{5}{8}-\sqrt{\frac{1}{64}}$$

$$\Leftrightarrow \quad x=-\frac{5}{8}+\frac{1}{8} \quad \vee \quad x=-\frac{5}{8}-\frac{1}{8}$$

$$\Leftrightarrow \quad x=-\frac{1}{2} \quad \vee \quad x=-\frac{3}{4}$$

$$\Rightarrow \mathbb{L}=\left\{-\frac{3}{4};\ -\frac{1}{2};\ -\frac{1}{3}\right\}$$

e)

$$\begin{array}{l}
(x^4+x^3-7x^2-13x-6):(x+1)=x^3-7x-6 \\
\underline{-(x^4+x^3)} \\
\qquad -7x^2-13x-6 \\
\qquad \underline{-(-7x^2-\ 7x)} \\
\qquad\qquad -6x-6 \\
\qquad\qquad \underline{-(-6x-6)} \\
\qquad\qquad\qquad 0
\end{array}$$

Damit gilt:

$$x^4+x^3-7x^2-13x-6=0$$

$$\Leftrightarrow \quad (x+1)(x^3-7x-6)=0$$

$$\Leftrightarrow x=-1 \vee x^3-7x-6=0$$

Für diese Gleichung gibt es keine Lösungsformel.

Durch Probieren findet man:

$(-1)^3-7\cdot(-1)-6=0$

–1 ist also eine Lösung der Gleichung.

Der Term x^3-7x-6 kann damit als Produkt dargestellt werden:

$x^3-7x-6=(x+1)\cdot(ax^2+bx+c)$

Wir finden den Term $ax^2 + bx + c$, indem wir $(x^3 - 7x - 6)$ durch $(x + 1)$ teilen. Also:

$$
\begin{array}{l}
(x^3 \qquad - 7x - 6) : (x+1) = x^2 - x - 6 \\
\underline{-(x^3 + x^2)} \\
\quad - x^2 - 7x - 6 \\
\quad \underline{-(-x^2 - \ x)} \\
\qquad\quad - 6x - 6 \\
\qquad\quad \underline{-(-6x - 6)} \\
\qquad\qquad\quad 0
\end{array}
$$

Damit gilt:

$$
\begin{array}{l}
\qquad x^3 - 7x - 6 = 0 \\
\Leftrightarrow (x+1)(x^2 - x - 6) = 0 \\
\Leftrightarrow \quad x = -1 \quad \vee \quad x^2 - x - 6 = 0, \text{ da } -3 \cdot 2 = -6 \text{ und } -3 + 2 = -1 \\
\qquad\qquad \Leftrightarrow \quad (x-3)(x+2) = 0 \\
\qquad\qquad \Leftrightarrow \quad x = 3 \vee x = -2
\end{array}
$$

$\Rightarrow \mathbb{L} = \{-2; -1; 3\}$

36. a) $x^3 - x^2 - 4x + 4 = 0$

Durch Probieren findet man sin $x = 1$:

$1^3 - 1^2 - 4 \cdot 1 + 4 = 0$ (w)

Analog zur Aufgabe 35 e gilt der Ansatz

$x^3 - x^2 - 4x + 4 = (x - 1)(ax^2 + bx + c)$.

Wir finden den Term $ax^2 + bx + c$, indem wir $(x^3 - x^2 - 4x + 4)$ durch $(x - 1)$ teilen. Also:

$$
\begin{array}{l}
(x^3 - x^2 - 4x + 4) : (x - 1) = x^2 - 4 \\
\underline{-(x^3 - x^2)} \\
\qquad\quad -4x + 4 \\
\qquad \underline{-(-4x + 4)} \\
\qquad\qquad\quad 0
\end{array}
$$

Damit gilt:

$$
\begin{array}{l}
\qquad x^3 - x^2 - 4x + 4 = 0 \\
\Leftrightarrow \qquad (x-1)(x^2 - 4) = 0 \\
\Leftrightarrow (x-1)(x-2)(x+2) = 0 \\
\Leftrightarrow x = 1 \vee x = 2 \vee x = -2
\end{array}
$$

$\Rightarrow \mathbb{L} = \{-2; 1; 2\}$

b) $x^3 - 6x^2 + 12x - 8 = 0$

Durch Probieren findet man

für $x = 1$: $\quad 1 - 6 + 12 - 8 = 0 \quad$ (f)

für $x = -1$: $\quad -1 - 6 - 12 - 8 = 0 \quad$ (f)

für $x = 2$: $\quad 8 - 24 + 24 - 8 = 0 \quad$ (w)

$$
\begin{array}{l}
(x^3 - 6x^2 + 12x - 8) : (x - 2) = x^2 - 4x + 4 \\
\underline{-(x^3 - 2x^2)} \\
\quad -4x^2 + 12x - 8 \\
\quad \underline{-(-4x^2 + 8x)} \\
\qquad\qquad 4x - 8 \\
\qquad\quad \underline{-(4x - 8)} \\
\qquad\qquad\qquad 0
\end{array}
$$

Damit gilt:

$$
\begin{aligned}
& x^3 - 6x^2 + 12x - 8 = 0 \\
\Leftrightarrow\quad & (x - 2)(x^2 - 4x + 4) = 0 \\
\Leftrightarrow\quad & (x - 2)(x - 2)^2 = 0 \\
\Leftrightarrow\quad & (x - 2)^3 = 0 \\
\Leftrightarrow\quad & x = 2
\end{aligned}
$$

$\Rightarrow \mathbb{L} = \{2\}$

c) $2x^3 + 3x^2 - 8x + 3 = 0$

Durch Probieren findet man

für $x = 1$: $\quad 2 + 3 - 8 + 3 = 0 \quad$ (w)

$$
\begin{array}{l}
(2x^3 + 3x^2 - 8x + 3) : (x - 1) = 2x^2 + 5x - 3 \\
\underline{-(2x^3 - 2x^2)} \\
\qquad 5x^2 - 8x + 3 \\
\quad \underline{-(5x^2 - 5x)} \\
\qquad\qquad -3x + 3 \\
\qquad\quad \underline{-(-3x + 3)} \\
\qquad\qquad\qquad 0
\end{array}
$$

Damit gilt:

$$
\begin{aligned}
& 2x^3+3x^2-8x+3=0 \\
\Leftrightarrow\ & (x-1)(2x^2+5x-3)=0 \\
\Leftrightarrow\ & x=1 \quad \vee \quad 2x^2+5x-3=0 \\
& \qquad \Leftrightarrow \quad x^2+\frac{5}{2}x-\frac{3}{2}=0 \\
& \qquad \Leftrightarrow \quad x=-\frac{5}{4}+\sqrt{\frac{25}{16}+\frac{3}{2}} \quad \vee \quad x=-\frac{5}{4}-\sqrt{\frac{25}{16}+\frac{3}{2}} \\
& \qquad \Leftrightarrow \quad x=-\frac{5}{4}+\sqrt{\frac{49}{16}} \quad \vee \quad x=-\frac{5}{4}-\sqrt{\frac{49}{16}} \\
& \qquad \Leftrightarrow \quad x=-\frac{5}{4}+\frac{7}{4} \quad \vee \quad x=-\frac{5}{4}-\frac{7}{4} \\
& \qquad \Leftrightarrow \quad x=\frac{1}{2} \quad \vee \quad x=-3
\end{aligned}
$$

$$\Rightarrow \mathbb{L}=\left\{-3;\frac{1}{2};1\right\}$$

d) $3x^3 - 14x^2 + 13x + 6 = 0$

Durch Probieren findet man

für $x = 1$: $\quad 3 - 14 + 13 + 6 = 0 \quad$ (f)

für $x = -1$: $\quad -3 - 14 - 13 + 6 = 0 \quad$ (f)

für $x = 2$: $\quad 24 - 56 + 26 + 6 = 0 \quad$ (w)

$$
\begin{aligned}
& (3x^3-14x^2+13x+6):(x-2)=3x^2-8x-3 \\
& \underline{-(3x^3-\ 6x^2)} \\
& \qquad -8x^2+13x+6 \\
& \qquad \underline{-(-8x^2+16x)} \\
& \qquad\qquad -3x+6 \\
& \qquad\qquad \underline{-(-3x+6)} \\
& \qquad\qquad\qquad 0
\end{aligned}
$$

Damit gilt:

$$3x^3 - 14x^2 + 13x + 6 = 0$$

$$\Leftrightarrow (x-2)(3x^2 - 8x - 3) = 0$$

$$\Leftrightarrow x = 2 \quad \vee \quad 3x^2 - 8x - 3 = 0$$

$$\Leftrightarrow \quad x^2 - \frac{8}{3}x - 1 = 0$$

$$\Leftrightarrow \quad x = \frac{4}{3} + \sqrt{\frac{16}{9} + 1} \quad \vee \quad x = \frac{4}{3} - \sqrt{\frac{16}{9} + 1}$$

$$\Leftrightarrow \quad x = \frac{4}{3} + \sqrt{\frac{25}{9}} \quad \vee \quad x = \frac{4}{3} - \sqrt{\frac{25}{9}}$$

$$\Leftrightarrow \quad x = \frac{4}{3} + \frac{5}{3} \quad \vee \quad x = \frac{4}{3} - \frac{5}{3}$$

$$\Leftrightarrow \quad x = 3 \quad \vee \quad x = -\frac{1}{3}$$

$$\Rightarrow \mathbb{L} = \left\{-\frac{1}{3}; 2; 3\right\}$$

e) $3x^3 - 3x^2 + 4x - 4 = 0$

Durch Probieren findet man
für x = 1: $3 - 3 + 4 - 4 = 0$ (w)

$$\begin{array}{l} (3x^3 - 3x^2 + 4x - 4) : (x-1) = 3x^2 + 4 \\ \underline{-(3x^3 - 3x^2)} \\ \qquad\qquad 4x - 4 \\ \qquad\quad \underline{-(4x - 4)} \\ \qquad\qquad\quad 0 \end{array}$$

Damit gilt:

$$3x^3 - 3x^2 + 4x - 4 = 0$$

$$\Leftrightarrow \quad (x-1)(3x^2 + 4) = 0$$

$$\Leftrightarrow x = 1 \quad \vee \quad 3x^2 + 4 = 0$$

$$3x^2 = -4$$

unerfüllbar

$$\Rightarrow \mathbb{L} = \{1\}$$

f) $x^4 + 2x^3 - 2x^2 - 4x = 0$

$x(x^3 + 2x^2 - 2x - 4) = 0$

$x = 0 \vee x^3 + 2x^2 - 2x - 4 = 0$

Durch Probieren findet man

für x = 2: $8 + 8 - 4 - 4 = 0$ (f)

für x = –2: $-8 + 8 + 4 - 4 = 0$ (w)

$$\begin{array}{l} (x^3+2x^2-2x-4):(x+2) = x^2-2 \\ \underline{-(x^3+2x^2)} \\ \qquad\quad -2x-4 \\ \qquad\quad \underline{-(-2x-4)} \\ \qquad\qquad\quad 0 \end{array}$$

Damit folgt aus

$$\begin{aligned} x = 0 \;\vee\; & x^3+2x^2-2x-4 = 0 \\ & \Leftrightarrow (x+2)(x^2-2) = 0 \\ & \Leftrightarrow x = -2 \;\vee\; x^2-2 = 0 \\ & \Leftrightarrow \quad x^2 = 2 \\ & \Leftrightarrow \quad x = \sqrt{2} \;\vee\; x = -\sqrt{2} \end{aligned}$$

$\Rightarrow \mathbb{L} = \{-2; -\sqrt{2}; 0; \sqrt{2}\}$

37. a)

$$\begin{array}{l} (x^3+2x^2-9x-18):(x^2-9) = x+2 \\ \underline{-(x^3 \qquad -9x)} \\ \qquad 2x^2 \qquad -18 \\ \quad \underline{-(2x^2 \qquad -18)} \\ \qquad\qquad\qquad 0 \end{array}$$

Damit

$$\frac{4x+12}{x^3+2x^2-9x-18} = \frac{4(x+3)}{(x+2)(x^2-9)} = \frac{4(x+3)}{(x+2)(x+3)(x-3)}$$

$$= \frac{4}{(x+2)(x-3)}$$

b)

$$\begin{array}{l} (4x^3-x^2+4x-1):(x^2+1) = 4x-1 \\ \underline{-(4x^3 \qquad +4x)} \\ \qquad -x^2 \qquad -1 \\ \quad \underline{-(-x^2 \qquad -1)} \\ \qquad\qquad 0 \end{array}$$

Damit

$$\frac{4x^3-x^2+4x-1}{x^4-1} = \frac{(x^2+1)(4x-1)}{(x^2-1)(x^2+1)} = \frac{4x-1}{(x-1)(x+1)}$$

c) $$\begin{array}{l}(x^3+x^2-x-1):(x+1)=x^2-1\\ \underline{-(x^3+x^2)}\\ \qquad\quad -x-1\\ \qquad\quad \underline{-(-x-1)}\\ \qquad\qquad 0\end{array}$$

Damit

$$\frac{x^2-x-2}{x^3+x^2-x-1}-\frac{3}{x^2-1}=\frac{x^2-x-2-3(x+1)}{(x+1)(x^2-1)}=\frac{x^2-x-2-3x-3}{(x+1)(x+1)(x-1)}$$

$$=\frac{x^2-4x-5}{(x+1)^2(x-1)}=\frac{(x-5)(x+1)}{(x+1)^2(x-1)}=\frac{x-5}{(x+1)(x-1)}$$

Hinweis: Sind Nullstellen des Nenners auch gleichzeitig Nullstellen des Zählers, so kann man Zähler und Nenner so faktorisieren, daß man den Bruchterm vereinfachen kann.

d) $$\begin{array}{l}(x^3 \qquad\quad -3x-2):(x^2+2x+1)=x-2\\ \underline{-(x^3+2x^2+\ x)}\\ \qquad -2x^2-4x-2\\ \quad \underline{-(-2x^2-4x-2)}\\ \qquad\qquad\qquad 0\end{array}$$

Damit

$$\frac{2x-1}{x^3-3x-2}+\frac{x}{(x+1)^2}=\frac{2x-1}{(x-2)(x^2+2x+1)}+\frac{x}{(x+1)^2}$$

$$=\frac{2x-1}{(x-2)(x+1)^2}+\frac{x}{(x+1)^2}=\frac{2x-1+x(x-2)}{(x-2)(x+1)^2}$$

$$=\frac{2x-1+x^2-2x}{(x-2)(x+1)^2}=\frac{x^2-1}{(x-2)(x+1)^2}=\frac{(x+1)(x-1)}{(x-2)(x+1)^2}$$

$$=\frac{x-1}{(x-2)(x+1)}$$

38. a) $$\frac{x-2}{5x^3+3x^2-19x-14}$$

Der Term läßt sich nur dann vereinfachen, wenn sich der Nenner so faktorisieren läßt, daß $(x-2)$ einer der Faktoren ist.

Probe für $x = 2$ im Nenner: $40 + 12 - 38 - 14 = 0$ (w)

Damit läßt sich der Nenner so faktorisieren, daß (x – 2) einer der Faktoren ist.

$$
\begin{array}{l}
(5x^3 + 3x^2 - 19x - 14) : (x-2) = 5x^2 + 13x + 7 \\
\underline{-(5x^3 - 10x^2)} \\
\quad 13x^2 - 19x - 14 \\
\quad \underline{-(13x^2 - 26x)} \\
\qquad 7x - 14 \\
\qquad \underline{-(7x - 14)} \\
\qquad\quad 0
\end{array}
$$

Damit $\frac{x-2}{5x^3+3x^2-19x-14} = \frac{x-2}{(x-2)(5x^2+13x+7)} = \frac{1}{5x^2+13x+7}$

b) $\frac{2x^3-4x^2-10x+12}{x^2-x-6}$

Zunächst faktorisieren wir den Nenner, da sich dieser einfacher als der Zähler faktorisieren läßt. Dazu bestimmen wir die Nullstellen des Nenners.

$x^2 - x - 6 = 0$

$\Leftrightarrow x = \frac{1}{2} + \sqrt{\frac{1}{4}+6} \quad \vee \quad x = \frac{1}{2} - \sqrt{\frac{1}{4}+6}$

$\Leftrightarrow x = \frac{1}{2} + \sqrt{\frac{25}{4}} \quad \vee \quad x = \frac{1}{2} - \sqrt{\frac{25}{4}}$

$\Leftrightarrow x = \frac{1}{2} + \frac{5}{2} \quad \vee \quad x = \frac{1}{2} - \frac{5}{2}$

$\Leftrightarrow x = 3 \quad \vee \quad x = -2$

Damit ist $x^2 - x - 6 = (x-3)(x+2)$

Probe für $x = -2$ im Zähler: $-16 - 16 + 20 + 12 = 0$ (w)

Damit läßt sich der Zähler so faktorisieren, daß (x + 2) einer der Faktoren ist.

$$
\begin{array}{l}
(2x^3 - 4x^2 - 10x + 12) : (x+2) = 2x^2 - 8x + 6 \\
\underline{-(2x^3 + 4x^2)} \\
\quad -8x^2 - 10x + 12 \\
\quad \underline{-(-8x^2 - 16x)} \\
\qquad 6x + 12 \\
\qquad \underline{-(6x + 12)} \\
\qquad\quad 0
\end{array}
$$

Damit $\dfrac{2x^3-4x^2-10x+12}{x^2-x-6} = \dfrac{(x+2)(2x^2-8x+6)}{(x-3)(x+2)} = \dfrac{2x^2-8x+6}{x-3}$

Probe für x = 3 im Zähler: 18 – 24 + 6 = 0 (w)

Damit läßt sich der Zähler so faktorisieren, daß (x – 3) einer der Faktoren ist.

$$\begin{array}{l}
(2x^2-8x+6):(x-3)=2x-2 \\
\underline{-(2x^2-6x)} \\
\quad -2x+6 \\
\quad \underline{-(-2x+6)} \\
\qquad 0
\end{array}$$

Damit $\dfrac{2x^2-8x+6}{x-3} = 2x-2$

39. a) $4^{-1} = \dfrac{1}{4}$

b) $2^{-5} = \dfrac{1}{2^5} = \dfrac{1}{32}$

c) $(-1)^{-49} = \dfrac{1}{(-1)^{49}} = \dfrac{1}{-1} = -1$

d) $\left(\dfrac{2}{3}\right)^{-1} = \dfrac{1}{\frac{2}{3}} = \dfrac{3}{2}$

e) $\left(-\dfrac{4}{5}\right)^{-2} = \dfrac{1}{\left(-\frac{4}{5}\right)^2} = \dfrac{1}{\frac{16}{25}} = \dfrac{25}{16}$

f) $(\sqrt{3})^{-6} = \dfrac{1}{(\sqrt{3})^6} = \dfrac{1}{3^3} = \dfrac{1}{27}$

g) $125 \cdot 5^{-4} = 125 \cdot \dfrac{1}{5^4} = \dfrac{5^3}{5^4} = \dfrac{1}{5}$

h) $0{,}5^{-2} \cdot 4^{-1} = \left(\dfrac{1}{2}\right)^{-2} \cdot \dfrac{1}{4} = \dfrac{1}{\left(\frac{1}{2}\right)^2} \cdot \dfrac{1}{4} = \dfrac{1}{\frac{1}{4}} \cdot \dfrac{1}{4} = 1$

40. a) $0{,}05^{-3} = 8\,000$

b) $-1{,}2^{-4} = -0{,}48$

Achtung Tastaturfolge:

1	+/–	×	1,2	x^y	4	+/–	=

oder

(	1,2	x^y	4	+/–	)	+/–	=

da sich der Exponent nur auf die Zahl 1,2 und nicht auf (–1,2) bezieht.

c) $\left(\frac{2}{7}\right)^{-5} = 525{,}22$

d) $1{,}3^{-2} + 2{,}2^{-1} = 1{,}05$

41. a) $7^{-9} = \frac{1}{7^9}$

b) $(-3)^{-11} = \frac{1}{(-3)^{11}} = -\frac{1}{3^{11}}$

c) $-\left(\frac{2}{3}\right)^{-5} = -\frac{1}{\left(\frac{2}{3}\right)^5} = -\left(\frac{3}{2}\right)^5$

d) $\frac{4^{-2}}{5} = \frac{1}{4^2 \cdot 5} = \frac{1}{16 \cdot 5} = \frac{1}{80}$

e) $(-2{,}5)^{-5} = \frac{1}{(-2{,}5)^5} = -\frac{1}{\left(\frac{5}{2}\right)^5} = -\left(\frac{2}{5}\right)^5$

f) $(0{,}125)^{-3} = \frac{1}{0{,}125^3} = \frac{1}{\left(\frac{1}{8}\right)^3} = 8^3$

g) $(-0{,}75)^{-1} = \frac{1}{-0{,}75} = -\frac{1}{\frac{3}{4}} = -\frac{4}{3}$

h) $(\sqrt{6})^{-3} = \frac{1}{(\sqrt{6})^3} = \frac{1}{6\sqrt{6}}$

i) $(3\sqrt{5})^{-4} = \frac{1}{(3\sqrt{5})^4} = \frac{1}{3^4 \cdot 5^2} = \frac{1}{81 \cdot 25} = \frac{1}{2\,025}$

j) $\frac{3}{0{,}5^{-3}} = \frac{3}{\frac{1}{0{,}5^3}} = 3 \cdot 0{,}5^3 = 3 \cdot \left(\frac{1}{2}\right)^3 = \frac{3}{8}$

k) $(x+1)^{-7} = \frac{1}{(x+1)^7}$ jedoch nicht $\frac{1}{x^7+1^7}$!

l) $\frac{3^{-2}}{(a+b)^{-1}} = \frac{\frac{1}{3^2}}{\frac{1}{(a+b)}} = \frac{a+b}{3^2}$

Beachte: Nur jeweils die erste Umformung war gefordert.

42. a) $\frac{1}{9} = \frac{1}{3^2} = 3^{-2}$

b) $\frac{1}{16} = \frac{1}{2^4} = 2^{-4}$

c) $\frac{1}{361} = \frac{1}{19^2} = 19^{-2}$

d) $\frac{1}{625} = \frac{1}{5^4} = 5^{-4}$

e) $\frac{1}{1\,024} = \frac{1}{2^{10}} = 2^{-10}$

f) $\frac{1}{9\sqrt{3}} = \frac{1}{(\sqrt{3})^4 \cdot \sqrt{3}} = \frac{1}{(\sqrt{3})^5} = (\sqrt{3})^{-5}$

g) $\frac{1}{a^5} = a^{-5}$

h) $\frac{1}{(a-b)^{-3}} = \frac{1}{\frac{1}{(a-b)^3}} = (a-b)^3$

43. a) $3^2 \cdot 2^{-3} - \left(-\frac{1}{3}\right)^{-3} \cdot 5^{-1} - \left(\frac{2}{7}\right)^{-2} \cdot 10^{-1}$

$= \frac{3^2}{2^3} - \frac{1}{\left(-\frac{1}{3}\right)^3} \cdot \frac{1}{5} - \frac{1}{\left(\frac{2}{7}\right)^2} \cdot \frac{1}{10} = \frac{9}{8} - \frac{1}{-\frac{1}{27}} \cdot \frac{1}{5} - \frac{1}{\frac{4}{49}} \cdot \frac{1}{10}$

$= \frac{9}{8} + 27 \cdot \frac{1}{5} - \frac{49}{4} \cdot \frac{1}{10} = \frac{9}{8} + \frac{27}{5} - \frac{49}{40} = \frac{45}{40} + \frac{216}{40} - \frac{49}{40}$

$= \frac{212}{40} = \frac{53}{10} = 5{,}3$

b) $\left(-\frac{2}{3}\right)^{-2} \cdot \left(5\frac{2}{5}\right)^{-1} + 3^{-4} \cdot 1{,}5^2 - 4{,}5^{-2} : 3^{-2}$

$= \frac{1}{\left(-\frac{2}{3}\right)^2} \cdot \frac{1}{\frac{27}{5}} + \frac{1}{3^4} \cdot \left(\frac{3}{2}\right)^2 - \frac{1}{\left(\frac{9}{2}\right)^2} : \frac{1}{3^2}$

$= \frac{1}{\frac{4}{9}} \cdot \frac{5}{27} + \frac{1}{81} \cdot \frac{9}{4} - \frac{1}{\frac{81}{4}} \cdot 3^2 = \frac{9}{4} \cdot \frac{5}{27} + \frac{1}{9} \cdot \frac{1}{4} - \frac{4}{81} \cdot 9$

$= \frac{1}{4} \cdot \frac{5}{3} + \frac{1}{36} - \frac{4}{9} = \frac{5}{12} + \frac{1}{36} - \frac{4}{9} = \frac{15}{36} + \frac{1}{36} - \frac{16}{36} = 0$

c) $0{,}1^{-3} : \left(-\frac{1}{20}\right)^{-2} + \left(\frac{1}{3}\right)^{-3} \cdot 6^{-2} + (-1{,}5)^2 \cdot 3^{-1}$

$= \frac{1}{\left(\frac{1}{10}\right)^3} : \frac{1}{\left(-\frac{1}{20}\right)^2} + \frac{1}{\left(\frac{1}{3}\right)^3} \cdot \frac{1}{6^2} + \left(-\frac{3}{2}\right)^2 \cdot \frac{1}{3}$

$= \frac{1}{\frac{1}{1\,000}} \cdot \left(-\frac{1}{20}\right)^2 + \frac{1}{\frac{1}{27}} \cdot \frac{1}{36} + \frac{9}{4} \cdot \frac{1}{3} = 1\,000 \cdot \frac{1}{400} + 27 \cdot \frac{1}{36} + \frac{3}{4}$

$= \frac{5}{2} + \frac{3}{4} + \frac{3}{4} = \frac{5}{2} + \frac{3}{2} = 4$

44. a) $125 \cdot 5^{-4} = 5^3 \cdot 5^{-4} = 5^{3+(-4)} = 5^{-1} = \frac{1}{5}$

b) $2^{-6} \cdot 64 = 2^{-6} \cdot 2^6 = 2^{-6+6} = 2^0 = 1$

c) $0{,}2^{-3} \cdot 5^2 = \left(\frac{1}{5}\right)^{-3} \cdot 5^2 = \frac{1}{\left(\frac{1}{5}\right)^3} \cdot 5^2 = \frac{1}{\frac{1}{5^3}} \cdot 5^2 = 5^3 \cdot 5^2 = 5^{3+2} = 5^5$

d) $0{,}1^3 \cdot 10^{-7} = \left(\frac{1}{10}\right)^3 \cdot 10^{-7} = \frac{1}{10^3} \cdot 10^{-7} = 10^{-3} \cdot 10^{-7} = 10^{-3+(-7)}$
$= 10^{-10}$

e) $-1{,}5^4 \cdot \left(\frac{2}{3}\right)^8 = -\left(\frac{3}{2}\right)^4 \cdot \left(\frac{2}{3}\right)^8 = -\left(\frac{3}{2}\right)^4 \cdot \left(\frac{3}{2}\right)^{-8} = -\left(\frac{3}{2}\right)^{4+(-8)}$
$= -\left(\frac{3}{2}\right)^{-4} = -\left(\frac{2}{3}\right)^4$

f) $-3a^{-6} \cdot 81a^4 = -3 \cdot 3^4 \cdot a^{-6} \cdot a^4 = -3^{1+4} \cdot a^{-6+4} = -3^5 a^{-2}$

g) $3^{r-5} \cdot 243 = 3^{r-5} \cdot 3^5 = 3^{r-5+5} = 3^r$

h) $343 \cdot 7^{3n-1} = 7^3 \cdot 7^{3n-1} = 7^{3+(3n-1)} = 7^{3n+2}$

i) $25\sqrt{5} \cdot (\sqrt{5})^{-6} = (\sqrt{5})^4 \cdot \sqrt{5} \cdot (\sqrt{5})^{-6} = (\sqrt{5})^{4+1+(-6)} = (\sqrt{5})^{-1}$

j) $(-\sqrt{7})^{-4} \cdot 49 = (\sqrt{7})^{-4} \cdot (\sqrt{7})^4 = (\sqrt{7})^{-4+4} = (\sqrt{7})^0 = 1$

k) $x^{2-m} \cdot x^{2m} = x^{2-m+2m} = x^{m+2}$

l) $y^{-k+1} \cdot y^{3k+5} = y^{-k+1+3k+5} = y^{2k+6}$

m) $(a-b)^{2n} \cdot (a-b)^{m-n} = (a-b)^{2n+m-n} = (a-b)^{n+m}$

n) $a^5b^p \cdot a^{n-1}b^{-3} = a^{5+n-1} \cdot b^{p+(-3)} = a^{n+4}b^{p-3}$

o) $x^{-n}y^{-1} \cdot y^{2m}x^n = x^{-n+n} \cdot y^{-1+2m} = x^0y^{2m-1} = y^{2m-1}$

p) $(2pq^2)^{-k} \cdot (2pq^2)^{k+1} = (2pq^2)^{-k+k+1} = (2pq^2)^1 = 2pq^2$

45. a) $625 : 5^{-3} = 5^4 : 5^{-3} = 5^{4-(-3)} = 5^{4+3} = 5^7$

b) $2^{-7} : 64 = 2^{-7} : 2^6 = 2^{-7-6} = 2^{-13}$

c) $(-3)^4 : 3^{11} = 3^4 : 3^{11} = 3^{4-11} = 3^{-7}$

d) $\frac{6}{6^n} = 6^{1-n} = 6^{-n+1}$

e) $\frac{1}{4} : \left(\frac{1}{2}\right)^3 = \left(\frac{1}{2}\right)^2 : \left(\frac{1}{2}\right)^3 = \left(\frac{1}{2}\right)^{2-3} = \left(\frac{1}{2}\right)^{-1} = 2$

f) $\left(\frac{1}{3}\right)^{-4} : \frac{1}{81} = \left(\frac{1}{3}\right)^{-4} : \left(\frac{1}{3}\right)^4 = \left(\frac{1}{3}\right)^{-4-4} = \left(\frac{1}{3}\right)^{-8} = 3^8$

g) $a^{n-1} : a^n = a^{n-1-n} = a^{-1}$

h) $b^{-2k} : b^{k-2} = b^{-2k-(k-2)} = b^{-2k-k+2} = b^{-3k+2}$

i) $(c^2d)^{2r-1} : (c^2d)^{r+2} = (c^2d)^{2r-1-(r+2)} = (c^2d)^{2r-1-r-2} = (c^2d)^{r-3}$

j) $(3a+2) : (3a+2)^{-s} = (3a+2)^{1-(-s)} = (3a+2)^{1+s} = (3a+2)^{s+1}$

k) $\frac{(x-y^2)^7}{(x-y^2)^{-k+1}} = (x-y^2)^{7-(-k+1)} = (x-y^2)^{7+k-1} = (x-y^2)^{k+6}$

l) $\frac{(a+b)^{2k-r}}{(a+b)^{r-3k}} = (a+b)^{2k-r-(r-3k)} = (a+b)^{2k-r-r+3k} = (a+b)^{5k-2r}$

46. a) $(3^{-4}a^5b^{-2}) \cdot (9^2 \cdot a^{-7}b^4) = 3^{-4}a^5b^{-2} \cdot (3^2)^2 \cdot a^{-7}b^4$

$= 3^{-4} \cdot 3^4 \cdot a^5 \cdot a^{-7} \cdot b^{-2} \cdot b^4$

$= 3^{-4+4} \cdot a^{5+(-7)} \cdot b^{-2+4} = 3^0 \cdot a^{5-7}b^2$

$= a^{-2}b^2 = \frac{b^2}{a^2}$

b) $(4xy)^3 \cdot (32^{-2}x^{-6}y^{-4}) = (2^2xy)^3 \cdot (2^5)^{-2}x^{-6}y^{-4}$

$= 2^{2\cdot 3} \cdot x^3y^3 \cdot 2^{5\cdot(-2)} \cdot x^{-6}y^{-4}$

$= 2^6 \cdot 2^{-10} \cdot x^3 \cdot x^{-6} \cdot y^3 \cdot y^{-4}$

$= 2^{6+(-10)} \cdot x^{3+(-6)} \cdot y^{3+(-4)}$

$= 2^{-4}x^{-3}y^{-1} = \frac{1}{2^4x^3y}$

c) $(24c^{-1}d):(0{,}5^2 c^5 d^{-3}) = 2^3 \cdot 3 \cdot c^{-1} \cdot d : \left[\left(\frac{1}{2}\right)^2 c^5 d^{-3}\right]$

$= 2^3 \cdot 3 \cdot c^{-1} d : \left(\frac{c^5}{2^2 \cdot d^3}\right) = 2^3 \cdot 3 \cdot c^{-1} d \cdot \frac{2^2 \cdot d^3}{c^5}$

$= 2^3 \cdot 2^2 \cdot 3 \cdot \frac{c^{-1}}{c^5} \cdot d \cdot d^3 = 2^{3+2} \cdot 3 \cdot c^{-1-5} \cdot d^{1+3}$

$= 2^5 \cdot 3 \cdot c^{-6} \cdot d^4 = \frac{2^5 \cdot 3 \cdot d^4}{c^6}$

d) $(9^2 e^2 f^{12}) : (27 e^0 f^2) = [(3^2)^2 \cdot e^2 f^{12}] : (3^3 \cdot f^2) = \frac{3^{2 \cdot 2} \cdot e^2 f^{12}}{3^3 \cdot f^2}$

$= 3^{4-3} \cdot e^2 \cdot f^{12-2} = 3^1 \cdot e^2 f^{10} = 3e^2 f^{10}$

47. a) $\frac{15^7 \cdot 18^6}{10^8 \cdot 81^4} = \frac{(3 \cdot 5)^7 \cdot (2 \cdot 3^2)^6}{(2 \cdot 5)^8 \cdot (3^4)^4} = \frac{3^7 \cdot 5^7 \cdot 2^6 \cdot 3^{2 \cdot 6}}{2^8 \cdot 5^8 \cdot 3^{4 \cdot 4}} = \frac{2^6 \cdot 3^7 \cdot 3^{12} \cdot 5^7}{2^8 \cdot 3^{16} \cdot 5^8}$

$= 2^{6-8} \cdot 3^{7+12-16} \cdot 5^{7-8} = 2^{-2} \cdot 3^3 \cdot 5^{-1}$

b) $\frac{144 x^6 y^3}{96 x^8 yz} = \frac{3x^{6-8} y^{3-1}}{2z} = \frac{3x^{-2} y^2}{2z} = 2^{-1} \cdot 3 \cdot x^{-2} y^2 z^{-1}$

c) $\frac{45a^{-7}}{32b^3c^{-9}} \cdot \frac{8a^8b^{-6}}{27c^4} = \frac{5a^{-7}}{4b^3c^{-9}} \cdot \frac{a^8b^{-6}}{3c^4} = \frac{5a^{-7+8}b^{-6}}{2^2 \cdot 3 \cdot b^3 c^{-9+4}}$

$= \frac{5a^1 b^{-6-3}}{2^2 \cdot 3 \cdot c^{-5}} = 3^{-1} \cdot 2^{-2} \cdot 5ab^{-9}c^5$

48. a) $(3a)^{-3} : a^{-4} - \left(\frac{a}{3}\right)^2 \cdot a^{-1} = \frac{3^{-3} a^{-3}}{a^{-4}} - \frac{a^2}{9} \cdot a^{-1} = \frac{a^{-3-(-4)}}{3^3} - \frac{a^{2+(-1)}}{9}$

$= \frac{a^{-3+4}}{27} - \frac{a^1}{9} = \frac{a^1}{27} - \frac{a}{9} = \frac{a}{27} - \frac{3a}{27} = -\frac{2}{27}a$

b) $\left(\frac{3x^2}{4y^{-4}} : \frac{4x^3}{27y^{-5}}\right) : 81x = \frac{3x^2}{4y^{-4}} \cdot \frac{27y^{-5}}{4x^3} \cdot \frac{1}{81x} = \frac{27x^2y^{-5}}{4 \cdot 4 \cdot 27x^3 \cdot x \cdot y^{-4}}$

$= \frac{x^2y^{-5}}{16x^{3+1}y^{-4}} = \frac{x^{2-4}y^{-5-(-4)}}{16} = \frac{x^{-2}y^{-5+4}}{16}$

$= \frac{x^{-2}y^{-1}}{16} = \frac{1}{16x^2y}$ bzw. $\frac{1}{2^4x^2y}$

49. a) $7^{-9} \cdot 2^{-9} = (7 \cdot 2)^{-9} = 14^{-9}$

b) $\left(2\frac{2}{3}\right)^{-6} \cdot (-0,75)^{-6} = \left(\frac{8}{3}\right)^{-6} \cdot \left(-\frac{3}{4}\right)^{-6} = \left[\frac{8}{3} \cdot \left(-\frac{3}{4}\right)\right]^{-6} = (-2)^{-6} = 2^{-6}$

c) $(-2)^{-7} \cdot (-5x)^{-7} = [(-2) \cdot (-5x)]^{-7} = (10x)^{-7}$

d) $\left(\frac{3}{4}\right)^{1-t} \cdot (8a)^{1-t} = \left(\frac{3}{4} \cdot 8a\right)^{1-t} = (3 \cdot 2a)^{1-t} = (6a)^{1-t}$

e) $(-4)^{-r} \cdot (0,375y)^{-r} = \left(-4 \cdot \frac{3}{8}y\right)^{-r} = \left(-\frac{3}{2}y\right)^{-r}$

f) $\left(\frac{5x^2}{y}\right)^{-p} \cdot \left(\frac{0,6y}{x^3}\right)^{-p} = \left(\frac{5x^2}{y} \cdot \frac{0,6y}{x^3}\right)^{-p} = \left(\frac{3}{x}\right)^{-p}$

g) $(-12)^{-3} : \left(\frac{4}{3}\right)^{-3} = \left(\frac{-12}{\frac{4}{3}}\right)^{-3} = \left(-12 \cdot \frac{3}{4}\right)^{-3} = (-9)^{-3}$

h) $(-91x)^{-8} : (17x)^{-8} = \left(\frac{-91x}{17x}\right)^{-8} = \left(\frac{-91}{17}\right)^{-8}$

i) $\frac{(8a^2b)^{-4}}{(56ab^3)^{-4}} = \left(\frac{8a^2b}{56ab^3}\right)^{-4} = \left(\frac{a}{7b^2}\right)^{-4}$

j) $(x+1)^{-n} : (1-x^2)^{-n} = \left(\frac{x+1}{1-x^2}\right)^{-n} = \left[\frac{x+1}{(1+x)(1-x)}\right]^{-n}$

$= \left(\frac{1}{1-x}\right)^{-n} = (1-x)^n$

k) $\frac{(2x-1)^{-q}}{(1-2x)^{-q}} = \left(\frac{2x-1}{1-2x}\right)^{-q} = \left(\frac{(-1)\cdot(-2x+1)}{1-2x}\right)^{-q} = (-1)^{-q} = (-1)^{q}$

l) $\frac{(x^2-xy)^{2-n}}{(2x-2y)^{2-n}} = \left(\frac{x^2-xy}{2x-2y}\right)^{2-n} = \left[\frac{x\,(x-y)}{2\,(x-y)}\right]^{2-n} = \left(\frac{x}{2}\right)^{2-n}$

50. a) $(3^3)^{-6} = 3^{3\cdot(-6)} = 3^{-18}$

b) $\left[\left(\frac{1}{7}\right)^{-2}\right]^{7} = \left(\frac{1}{7}\right)^{(-2)\cdot 7} = \left(\frac{1}{7}\right)^{-14} = 7^{14}$

c) $[(-0{,}4)^{-5}]^{-5} = (-0{,}4)^{(-5)\cdot(-5)} = (-0{,}4)^{25}$

d) $(7a^{-2})^3 = 7^3 \cdot a^{-2\cdot 3} = 7^3 \cdot a^{-6}$

e) $(16ab^2)^{-1} = 16^{-1}a^{-1}b^{2\cdot(-1)} = 16^{-1}a^{-1}b^{-2}$

f) 1

g) $\left(\frac{x^{-1}y^3}{5z^5}\right)^{-2} = \frac{x^{(-1)\cdot(-2)}\cdot y^{3\cdot(-2)}}{5^{-2}\cdot z^{5\cdot(-2)}} = \frac{x^2y^{-6}}{5^{-2}\,z^{-10}} = 5^2\,x^2y^{-6}z^{10}$

h) $(a^{k-2})^{-3} = a^{(k-2)\cdot(-3)} = a^{-3k+6}$

i) $(x^{2t-1}y^{-2})^{-t} = x^{(2t-1)\cdot(-t)}y^{(-2)\cdot(-t)} = x^{-2t^2+t}\cdot y^{2t}$

j) $[(-8)^{-1}]^{-2} = (-8)^{(-1)\cdot(-2)} = (-8)^2 = 8^2$

k) $[(5a^3)^{-2}]^{-3} = (5a^3)^{(-2)\cdot(-3)} = (5a^3)^6 = 5^6a^{3\cdot 6} = 5^6\cdot a^{18}$

l) $[(2^{-3})^n]^n = (2^{-3})^{n\cdot n} = (2^{-3})^{n^2} = 2^{-3\cdot n^2}$

m) $(-3^2)^{-5}\cdot(-3^6) = -3^{2\cdot(-5)}\cdot(-3^6) = 3^{-10}\cdot 3^6 = 3^{-10+6} = 3^{-4}$

n) $a^{-3} : (-a^{-2}) = -a^{-3-(-2)} = -a^{-3+2} = -a^{-1}$

51. a) $[(-0{,}5)^3]^{-2} : 0{,}5^{-1} = (-0{,}5)^{3\cdot(-2)} : 0{,}5^{-1} = (-0{,}5)^{-6} : 0{,}5^{-1}$
$= 0{,}5^{-6} : 0{,}5^{-1} = 0{,}5^{-6+(-1)} = 0{,}5^{-7}$

b) $(1^{-2}-2^{-1})^{-1} : (0{,}8 : 0{,}04) = \left(1-\frac{1}{2}\right)^{-1} : \left(\frac{0{,}8}{0{,}04}\right) = \left(\frac{1}{2}\right)^{-1} : 20$
$= 2 : 20 = \frac{1}{10}$

c) $(-3)^{-4}\cdot(-3^{-4})\cdot(-9)^3\cdot 27^{-2}\cdot 81 = 3^{-4}\cdot(-3^{-4})\cdot(-3^2)^3\cdot(3^3)^{-2}\cdot 3^4$
$= 3^{-4}\cdot(-1)\cdot 3^{-4}\cdot(-1)\cdot 3^{2\cdot 3}\cdot 3^{3\cdot(-2)}\cdot 3^4$
$= 3^{-4-4+6-6+4} = 3^{-4}$

52. a) $(g^2h)^{-9}\cdot(g^{-3}h^7)^4 = g^{2\cdot(-9)}h^{-9}\cdot g^{(-3)\cdot 4}\cdot h^{7\cdot 4} = g^{-18}\cdot h^{-9}\cdot g^{-12}\cdot h^{28}$
$= g^{-18+(-12)}h^{-9+28} = g^{-30}h^{19}$

b) $\left(\frac{z^{-5}}{x^{-7}y^8}\right)^{-2} : \left(\frac{x^{-4}z^{-5}}{y^{-4}}\right)^{-3} = \frac{z^{(-5)\cdot(-2)}}{x^{(-7)\cdot(-2)}y^{8\cdot(-2)}} : \frac{x^{(-4)\cdot(-3)}z^{(-5)\cdot(-3)}}{y^{(-4)\cdot(-3)}}$

$= \frac{z^{10}}{x^{14}y^{-16}} : \frac{x^{12}z^{15}}{y^{12}} = \frac{z^{10}}{x^{14}y^{-16}}\cdot\frac{y^{12}}{x^{12}z^{15}}$
$= x^{-14}y^{16}z^{10}\cdot x^{-12}y^{12}z^{-15}$
$= x^{-14+(-12)}y^{16+12}z^{10+(-15)} = x^{-26}y^{28}z^{-5}$

c) $(x^2+1)^{-5} : (x^2+1)^{-2} = (x^2+1)^{-5-(-2)} = (x^2+1)^{-5+2} = (x^2+1)^{-3}$

d) $\frac{(a-b)^4}{(a+b)^{-1}} : \frac{(a-b)^7}{(a+b)^{-2}} = \frac{(a-b)^4}{(a+b)^{-1}}\cdot\frac{(a+b)^{-2}}{(a-b)^7}$
$= (a-b)^{4-7}\cdot(a+b)^{-2-(-1)} = (a-b)^{-3}\cdot(a+b)^{-1}$

53. a) $\left(\frac{a^{-3}}{b^{2n}\cdot c^{1-4n}}\right)^{-2} : \left(\frac{c^{-2n}}{a^0\cdot b^{-n}}\right)^4 = \frac{a^{(-3)\cdot(-2)}}{b^{2n\cdot(-2)}\cdot c^{(1-4n)\cdot(-2)}} : \frac{c^{(-2n)\cdot 4}}{b^{-n\cdot 4}}$

$= \frac{a^6}{b^{-4n}c^{8n-2}}\cdot\frac{b^{-4n}}{c^{-8n}}$
$= a^6b^{4n}c^{-(8n-2)}\cdot b^{-4n}c^{8n}$
$= a^6b^{4n+(-4n)}\cdot c^{-8n+2+8n}$
$= a^6\cdot b^0\cdot c^2 = a^6c^2$

b) $\left[\left(\frac{3x^2(-y)^{-3}}{2^{-3}z^4}\right)^2 \cdot \left(\frac{4x^{-2}z^{-3}}{3y^2}\right)^{-3}\right] : \left[\frac{3}{(-x)^{-2}}\right]^5$

$= \left[\frac{3^2 x^{2\cdot 2}(-y)^{(-3)\cdot 2}}{2^{(-3)\cdot 2} z^{4\cdot 2}} \cdot \frac{(2^2)^{-3} x^{(-2)\cdot(-3)} z^{(-3)\cdot(-3)}}{3^{-3} y^{2\cdot(-3)}}\right] : \frac{3^5}{x^{(-2)\cdot 5}}$

$= \frac{3^2 x^4 y^{-6}}{2^{-6} z^8} \cdot \frac{2^{-6} \cdot x^6 z^9}{3^{-3} y^{-6}} \cdot \frac{x^{-10}}{3^5}$

$= 2^6 \cdot 3^2 \cdot x^4 y^{-6} z^{-8} \cdot 2^{-6} \cdot 3^3 x^6 y^6 z^9 \cdot x^{-10} \cdot 3^{-5}$

$= 2^{6+(-6)} \cdot 3^{2+3+(-5)} \cdot x^{4+6+(-10)} y^{-6+6} z^{-8+9} = 2^0 \cdot 3^0 \cdot x^0 \cdot y^0 \cdot z^1 = z$

54. a) $\left(\frac{3}{2}a^{-5}b^3\right)^{-1} : (6a^2b^{-4})^3 = \frac{(2^{-1} \cdot 3 \cdot a^{-5}b^3)^{-1}}{(2 \cdot 3 \cdot a^2 b^{-4})^3}$

$= \frac{2^{(-1)\cdot(-1)} \cdot 3^{-1} \cdot a^{(-5)\cdot(-1)} \cdot b^{3\cdot(-1)}}{2^3 \cdot 3^3 \cdot a^{2\cdot 3} \cdot b^{(-4)\cdot 3}}$

$= \frac{2^1 \cdot 3^{-1} a^5 b^{-3}}{2^3 \cdot 3^3 a^6 b^{-12}}$

$= 2^{1-3} \cdot 3^{-1-3} a^{5-6} b^{-3-(-12)} = 2^{-2} \cdot 3^{-4} a^{-1} b^9$

b) $\left(\frac{125x^{-2}y}{27xy^3}\right)^3 : \left(\frac{243x^{-1}y^{-2}}{625x^3y^{-1}}\right)^{-2} = \left(\frac{5^3 x^{-2} y}{3^3 xy^3}\right)^3 : \left(\frac{3^5 x^{-1} y^{-2}}{5^4 \cdot x^3 y^{-1}}\right)^{-2}$

$= (3^{-3} \cdot 5^3 \cdot x^{-2-1} y^{1-3})^3 : (3^5 \cdot 5^{-4} \cdot x^{-1-3} y^{-2-(-1)})^{-2}$

$= \frac{(3^{-3} \cdot 5^3 x^{-3} y^{-2})^3}{(3^5 \cdot 5^{-4} x^{-4} y^{-1})^{-2}} = \frac{3^{(-3)\cdot 3} \cdot 5^{3\cdot 3} \cdot x^{(-3)\cdot 3} y^{(-2)\cdot 3}}{3^{5\cdot(-2)} \cdot 5^{(-4)\cdot(-2)} \cdot x^{(-4)\cdot(-2)} \cdot y^{(-1)\cdot(-2)}}$

$= \frac{3^{-9} \cdot 5^9 \cdot x^{-9} y^{-6}}{3^{-10} \cdot 5^8 \cdot x^8 \cdot y^2} = 3^{-9-(-10)} \cdot 5^{9-8} \cdot x^{-9-8} \cdot y^{-6-2}$

$= 3^1 \cdot 5^1 \cdot x^{-17} y^{-8} = 3 \cdot 5 \cdot x^{-17} y^{-8}$

c) $(-y^5)^3 \cdot (-0{,}2)^3 \cdot \left(\dfrac{a^{-4} \cdot b^{2n-6}}{b^{4-3n}}\right)^2 : \left(\dfrac{5a^{-2}}{b^{-4}y^3}\right)^{-4}$

$= -y^{5\cdot 3} \cdot \left(-\dfrac{1}{5}\right)^3 \cdot \dfrac{a^{(-4)\cdot 2} \cdot b^{(2n-6)\cdot 2}}{b^{(4-3n)\cdot 2}} : \dfrac{5^{-4}\, a^{(-2)\cdot(-4)}}{b^{(-4)\cdot(-4)}\, y^{3\cdot(-4)}}$

$= -y^{15} \cdot \left(-\dfrac{1}{5^3}\right) \cdot \dfrac{a^{-8} \cdot b^{4n-12}}{b^{-6n+8}} \cdot \dfrac{b^{16} y^{-12}}{5^{-4}\, a^8}$

$= y^{15} \cdot 5^{-3} \cdot a^{-8} \cdot b^{4n-12-(-6n+8)} \cdot b^{16} \cdot y^{-12} \cdot 5^4 \cdot a^{-8}$

$= 5^{-3+4} \cdot a^{-8+(-8)} \cdot b^{10n-20+16} \cdot y^{15+(-12)} = 5^1 \cdot a^{-16} \cdot b^{10n-4} \cdot y^3$

55. a) $21x^{-4} + 12x^{-7} = 3x^{-7}\,(7x^3 + 4)$

b) $18y^{-2} - 32 = 2y^{-2}\,(9y^2 - 16) = 2y^{-2}\,(3y - 4)\,(3y + 4)$

c) $z^{3k} + 2z^{2k-2} = z^{2k-2}\,(z^{k+2} + 2)$

d) $c^{n-1} - 2c^n + c^{n+1} = c^{n-1}\,(1 - 2c + c^2) = c^{n-1}\,(1 - c)^2$

e) $x^{-6k+4} - 16x^{-8k} = x^{-8k}\,(x^{2k+4} - 16) = x^{-8k}\,(x^{k+2} - 4)\,(x^{k+2} + 4)$

f) $3 - 768x^{-4n} = 3x^{-4n}\,(x^{4n} - 256) = 3x^{-4n}\,(x^{2n} - 16)\,(x^{2n} + 16)$

$= 3x^{-4n}\,(x^{2n} + 16)\,(x^n - 4)\,(x^n + 4)$

56. a) $\dfrac{324x^{-5} + 72x^{-4}}{32 + 144x^{-1}} = \dfrac{36x^{-5}\,(9 + 2x)}{16x^{-1}\,(2x + 9)} = \dfrac{9x^{-5-(-1)}}{4} = \dfrac{9}{4}x^{-4} = \dfrac{9}{4x^4}$

b) $\dfrac{(24a^3b^{-1} - 36a^2)^3}{(36a^{-2}b^2 - 54a^{-3}b^3)^2} = \dfrac{\left[12a^2b^{-1}(2a - 3b)\right]^3}{\left[18a^{-3}b^2(2a - 3b)\right]^2}$

$= \dfrac{\left[2^2 \cdot 3 \cdot a^2b^{-1}(2a - 3b)\right]^3}{\left[2 \cdot 3^2 a^{-3}b^2(2a - 3b)\right]^2}$

$= \dfrac{2^{2\cdot 3} \cdot 3^3\, a^{2\cdot 3} b^{(-1)\cdot 3}(2a - 3b)^3}{2^2 \cdot 3^{2\cdot 2}\, a^{(-3)\cdot 2} \cdot b^{2\cdot 2}(2a - 3b)^2}$

$$= \frac{2^6 \cdot 3^3 a^6 b^{-3} (2a-3b)^{3-2}}{2^2 \cdot 3^4 a^{-6} b^4}$$

$$= 2^{6-2} \cdot 3^{3-4} a^{6-(-6)} b^{-3-4} (2a-3b)^1$$

$$= 2^4 \cdot 3^{-1} a^{12} b^{-7} (2a-3b)$$

bei Schreibweise ohne negative Exponenten auch

$$= \frac{2^4 a^{12} (2a-3b)}{3b^7}$$

c) $$\frac{(9a^2-15ab)^{-2}}{(35b^3-21ab^2)^{-2}} = \left[\frac{3a\,(3a-5b)}{7b^2\,(5b-3a)}\right]^{-2} = \left[\frac{3a \cdot (-1) \cdot (-3a+5b)}{7b^2\,(5b-3a)}\right]^{-2}$$

$$= \left[\frac{(-1) \cdot 3a\,(5b-3a)}{7b^2\,(5b-3a)}\right]^{-2} = \frac{(-1)^{-2} \cdot 3^{-2} \cdot a^{-2}}{7^{-2} \cdot b^{2\cdot(-2)}}$$

$$= \frac{3^{-2} a^{-2}}{7^{-2} b^{-4}} = 3^{-2} \cdot 7^2 a^{-2} b^4$$

bei Schreibweise ohne negative Exponenten auch

$$= \frac{7^2 b^4}{3^2 a^2}$$

d) $$\frac{(x-2y)^{-2} \cdot (x+2y)^5}{(x^2-4y^2)^4} = \frac{(x-2y)^{-2} \cdot (x+2y)^5}{[(x-2y) \cdot (x+2y)]^4} = \frac{(x-2y)^{-2} \cdot (x+2y)^5}{(x-2y)^4 \cdot (x+2y)^4}$$

$$= (x-2y)^{-2-4} \cdot (x+2y)^{5-4}$$

$$= (x-2y)^{-6} \cdot (x+2y)^1$$

bei Schreibweise ohne negative Exponenten auch

$$= \frac{x+2y}{(x-2y)^6}$$

57. a) $$\left(a - \frac{b^2}{a}\right)^n \cdot \left(1 + \frac{b}{a}\right)^{-n} = \left(\frac{a^2-b^2}{a}\right)^n \cdot \left(\frac{a+b}{a}\right)^{-n}$$

$$= \left[\frac{(a-b)\,(a+b)}{a}\right]^n \cdot \frac{(a+b)^{-n}}{a^{-n}}$$

$$= \frac{(a-b)^n \cdot (a+b)^n}{a^n} \cdot \frac{(a+b)^{-n}}{a^{-n}}$$

$$= \frac{(a-b)^n \cdot (a+b)^{n+(-n)}}{a^{n+(-n)}}$$

$$= \frac{(a-b)^n \cdot (a+b)^0}{a^0} = (a-b)^n$$

b) $(x^{-4} - 1)^{-1} : (1 + x^{-2})^{-2} = \frac{(x^{-4}-1)^{-1}}{(1+x^{-2})^{-2}} = \frac{\left[x^{-4} \cdot (1-x^4)\right]^{-1}}{\left[x^{-2} \cdot (x^2+1)\right]^{-2}}$

$$= \frac{\left[x^{-4} \cdot (1+x^2) \cdot (1-x^2)\right]^{-1}}{\left[x^{-2} \cdot (x^2+1)\right]^{-2}}$$

$$= \frac{\left[x^{-4} \cdot (1+x^2) \cdot (1+x) \cdot (1-x)\right]^{-1}}{\left[x^{-2} \cdot (1+x^2)\right]^{-2}}$$

$$= \frac{x^{(-4)\cdot(-1)} \cdot (1+x^2)^{-1} \cdot (1+x)^{-1} \cdot (1-x)^{-1}}{x^{(-2)\cdot(-2)} \cdot (1+x^2)^{-2}}$$

$$= \frac{x^4 \cdot (1+x^2)^{-1-(-2)} \cdot (1+x)^{-1} \cdot (1-x)^{-1}}{x^4}$$

$$= (1 + x^2) \cdot (1 + x)^{-1} \cdot (1 - x)^{-1}$$

bzw. bei Schreibweise ohne negative Exponenten

$$= \frac{1+x^2}{(1+x)(1-x)}$$

c) $\frac{a-a^{-1}}{a^2+a^3} = \frac{a^{-1}(a^2-1)}{a^2(1+a)} = \frac{a^{-1-2}(a-1)(a+1)}{(a+1)} = a^{-3}(a-1)$

bei Schreibweise ohne negative Exponenten auch

$$= \frac{a-1}{a^3}$$

d) $\frac{1-x^{-1}y^2}{y^{-1}x^2-y^3} = \frac{x^{-1}(x-y^2)}{y^{-1}(x^2-y^4)} = \frac{x^{-1}(x-y^2)}{y^{-1}(x-y^2)(x+y^2)}$

$$= \frac{x^{-1}}{y^{-1} \cdot (x+y^2)} = x^{-1} \cdot y \cdot (x+y^2)^{-1}$$

bei Schreibweise ohne negative Exponenten auch

$$= \frac{y}{x\,(x+y^2)}$$

e) $$\left[\left(\frac{x^{-2}-y^{-2}}{2x^{-1}+2y^{-1}}\right)^{-1}\cdot\left(\frac{2y^{-1}}{x^{-1}}-\frac{2x^{-1}}{y^{-1}}\right)^{-1}\right]:(xy^{-1}-yx^{-1})^{-1}$$

$$=\left(\frac{x^{-2}y^{-2}(y^2-x^2)}{2x^{-1}y^{-1}(y+x)}\cdot\frac{2y^{-2}-2x^{-2}}{x^{-1}y^{-1}}\right)^{-1}\cdot\left(\frac{1}{x^{-1}y^{-1}(x^2-y^2)}\right)^{-1}$$

$$=\left(\frac{x^{-2}\cdot y^{-2}(y-x)(y+x)}{2x^{-1}y^{-1}(y+x)}\cdot\frac{2x^{-2}y^{-2}(x^2-y^2)}{x^{-1}y^{-1}}\cdot\frac{1}{x^{-1}y^{-1}(x^2-y^2)}\right)^{-1}$$

$$=\left(\frac{2x^{-2+(-2)}y^{-2+(-2)}\cdot(y-x)}{2x^{-1+(-1)+(-1)}y^{-1+(-1)+(-1)}}\right)^{-1}$$

$$=\left(\frac{x^{-4}y^{-4}\cdot(y-x)}{x^{-3}y^{-3}}\right)^{-1}=\left(x^{-4-(-3)}y^{-4-(-3)}\cdot(y-x)\right)^{-1}$$

$$=\left[x^{-1}y^{-1}\cdot(y-x)\right]^{-1}=x^{(-1)\cdot(-1)}\cdot y^{(-1)\cdot(-1)}\cdot(y-x)^{-1}=xy\,(y-x)^{-1}$$

bei Schreibweise ohne negative Exponenten auch

$$=\frac{xy}{y-x}$$

58. a) $10 = 1 \cdot 10^1$

Achtung: die Eingabe beim Taschenrechner erfolgt in der Form:

1	Exp	1

und **nicht**

10	Exp	1

, da dies $10 \cdot 10^1 = 10^2$ entspricht!

b) $12\,300 = 1{,}23 \cdot 10^4$

c) $2\,450\,000 = 2{,}45 \cdot 10^6$

d) $39\,500\,000 = 3{,}95 \cdot 10^7$

e) $0{,}3 = 3 \cdot 10^{-1}$

f) $\frac{3}{8} = 0{,}375 = 3{,}75 \cdot 10^{-1}$

g) $0{,}0238 = 2{,}38 \cdot 10^{-2}$

h) $0{,}0000531 = 5{,}31 \cdot 10^{-5}$

59. a) $2{,}43 \cdot 10^{2} = 243$

b) $4{,}5 \cdot 10^{5} = 450\,000$

c) $3{,}699 \cdot 10^{8} = 369\,900\,000$

d) $1{,}52 \cdot 10^{10} = 15\,200\,000\,000$

e) $9{,}842 \cdot 10^{-1} = 0{,}9842$

f) $6{,}18 \cdot 10^{-4} = 0{,}000618$

g) $8 \cdot 10^{-6} = 0{,}000008$

h) $1 \cdot 10^{-7} = 0{,}0000001$

60. a) $12\ \text{pF} = 1{,}2 \cdot 10^{1} \cdot 10^{-12}\ \text{F} = 1{,}2 \cdot 10^{-11}\ \text{F}$

b) $430\ \text{nm} = 4{,}30 \cdot 10^{2} \cdot 10^{-9}\ \text{m} = 4{,}30 \cdot 10^{-7}\ \text{m}$

c) $12{,}5\ \mu\text{A} = 1{,}25 \cdot 10 \cdot 10^{-6}\ \text{A} = 1{,}25 \cdot 10^{-5}\ \text{A}$

d) $5\ \text{mm}^2 = 5 \cdot (10^{-3}\ \text{m})^2 = 5 \cdot (10^{-3})^2 \cdot \text{m}^2 = 5 \cdot 10^{-6}\ \text{m}^2$

e) $3{,}2\ \text{cm}^3 = 3{,}2 \cdot (10^{-2}\ \text{m})^3 = 3{,}2 \cdot (10^{-2})^3\ \text{m}^3 = 3{,}2 \cdot 10^{-6}\ \text{m}^3$

f) $810 \frac{\text{km}}{\text{h}} = 810 \cdot \frac{10^3\ \text{m}}{3{,}6 \cdot 10^3\ \text{s}} = 225\ \frac{\text{m}}{\text{s}} = 2{,}25 \cdot 10^2\ \frac{\text{m}}{\text{s}}$

g) $12\ \text{kJ} = 1{,}2 \cdot 10 \cdot 10^{3}\ \text{J} = 1{,}2 \cdot 10^{4}\ \text{J}$

h) $50\ \text{GW} = 5 \cdot 10 \cdot 10^{9}\ \text{W} = 5 \cdot 10^{10}\ \text{W}$

61. a) $1{,}3 \cdot 10^{-10}\,\mathrm{F} = 1{,}3 \cdot 10^{2} \cdot 10^{-12}\,\mathrm{F} = 130\,\mathrm{pF}$

b) $7{,}91 \cdot 10^{-10}\,\mathrm{m} = 7{,}91 \cdot 10^{-1} \cdot 10^{-9}\,\mathrm{m} = 0{,}791\,\mathrm{nm}$

c) $6{,}21 \cdot 10^{-5}\,\mathrm{V} = 6{,}21 \cdot 10 \cdot 10^{-6}\,\mathrm{V} = 62{,}1\,\mu\mathrm{V}$

d) $4 \cdot 10^{-5}\,\mathrm{m}^2 = 4 \cdot 10 \cdot 10^{-6}\,\mathrm{m}^2 = 40 \cdot (10^{-3}\,\mathrm{m})^2 = 40\,\mathrm{mm}^2$

e) $3{,}1 \cdot 10^{-2}\,\mathrm{m}^3 = 3{,}1 \cdot 10^{4} \cdot 10^{-6}\,\mathrm{m}^3 = 31\,000 \cdot (10^{-2}\,\mathrm{m})^3 = 31\,000\,\mathrm{cm}^3$

f) $$3 \cdot 10^8\,\frac{\mathrm{m}}{\mathrm{s}} = 3 \cdot 10^8\,\frac{10^{-3}\,\mathrm{km}}{\frac{1}{3\,600}\,\mathrm{h}} = 3 \cdot 10^8 \cdot 10^{-3} \cdot 3\,600\,\frac{\mathrm{km}}{\mathrm{h}}$$

$$= 3 \cdot 10^5 \cdot 3{,}6 \cdot 10^3\,\frac{\mathrm{km}}{\mathrm{h}} = 10{,}8 \cdot 10^8\,\frac{\mathrm{km}}{\mathrm{h}} = 1\,080\,000\,000\,\frac{\mathrm{km}}{\mathrm{h}}$$

g) $5{,}50 \cdot 10^{8}\,\mathrm{W} = 5{,}50 \cdot 10^{2} \cdot 10^{6}\,\mathrm{W} = 550\,\mathrm{MW}$

h) $9{,}3 \cdot 10^{16}\,\mathrm{Wh} = 9{,}3 \cdot 10^{7} \cdot 10^{9}\,\mathrm{Wh} = 93\,000\,000\,\mathrm{GWh}$

i) $1{,}61 \cdot 10^{4}\,\mathrm{MW} = 1{,}61 \cdot 10^{4} \cdot 10^{6}\,\mathrm{W} = 1{,}61 \cdot 10 \cdot 10^{9}\,\mathrm{W} = 16{,}1\,\mathrm{GW}$

62. Zur Berechnung und Vereinfachung verwendet man in Zähler und Nenner gleiche Maßeinheiten. In den Naturwissenschaften wählt man hierfür die Einheiten kg, m und s. Damit erhält man:

$$\sqrt{\frac{1{,}9 \cdot 10^{-3}\,\mathrm{dm}^2 \cdot 3{,}4 \cdot 10^{-9}\,\mathrm{cm} \cdot 2{,}4 \cdot 10^{4}\,\mathrm{t}}{1{,}2 \cdot 10^{-2}\,\mathrm{mg} \cdot 4{,}3 \cdot 10^{2}\,\mathrm{cm}^3}}$$

$$= \sqrt{\frac{1{,}9 \cdot 10^{-3}(10^{-1}\,\mathrm{m})^2 \cdot 3{,}4 \cdot 10^{-9} \cdot 10^{-2}\,\mathrm{m} \cdot 2{,}4 \cdot 10^{4} \cdot 10^{3}\,\mathrm{kg}}{1{,}2 \cdot 10^{-2} \cdot 10^{-3} \cdot 10^{-3}\,\mathrm{kg} \cdot 4{,}3 \cdot 10^{2} \cdot (10^{-2}\,\mathrm{m})^3}}$$

$$= \sqrt{\frac{1{,}9 \cdot 10^{-3} \cdot 10^{-2}\,\mathrm{m}^2 \cdot 3{,}4 \cdot 10^{-11}\,\mathrm{m} \cdot 2{,}4 \cdot 10^{7}\,\mathrm{kg}}{1{,}2 \cdot 10^{-8}\,\mathrm{kg} \cdot 4{,}3 \cdot 10^{2} \cdot 10^{-6}\,\mathrm{m}^3}}$$

$$= \sqrt{\frac{1{,}9 \cdot 3{,}4 \cdot 2{,}4 \cdot 10^{-9}}{1{,}2 \cdot 4{,}3 \cdot 10^{-12}}} = 55$$

63. a) Die Zeit, die das Licht für die Wegstrecke von der Sonne bis zur Erde benötigt, erhält man, indem man die Wegstrecke durch die Geschwindigkeit dividiert. Also

$$\frac{1{,}496\cdot 10^8\ \text{km}}{2{,}998\cdot 10^8\ \frac{\text{m}}{\text{s}}} = \frac{1{,}496\cdot 10^3\ \text{m}}{2{,}998}\cdot\frac{\text{s}}{\text{m}} = 499\ \text{s} = 8\ \text{min}\ 19\ \text{s}$$

b) Da $1\ \text{a} = 1\ \text{a}\cdot 365\,\frac{\text{d}}{\text{a}}\cdot 24\,\frac{\text{h}}{\text{d}}\cdot 3\,600\,\frac{\text{s}}{\text{h}} = 3{,}1536\cdot 10^7\ \text{s}$, legt das Licht in einem Jahr $2{,}998\cdot 10^8\ \frac{\text{m}}{\text{s}}\cdot 3{,}1536\cdot 10^7\ \text{s} = 9{,}454\cdot 10^{15}\ \text{m}$ zurück.

c) Es sind $\dfrac{8\cdot 10^{17}\ \text{km}}{9{,}454\cdot 10^{15}\ \frac{\text{m}}{\text{LJ}}} = \dfrac{8\cdot 10^{17}\cdot 10^3\ \text{m}}{9{,}454\cdot 10^{15}}\cdot\dfrac{\text{LJ}}{\text{m}} = 84\,600\ \text{LJ}$

64. a) Für eine Kohlenstoffkette bis zum Mond benötigt man

$$\frac{384\,000\ \text{km}}{1{,}5\cdot 10^{-10}\ \text{m}} = \frac{3{,}84\cdot 10^5\cdot 10^3\ \text{m}}{1{,}5\cdot 10^{-10}\ \text{m}} = 2{,}56\cdot 10^{18}$$

Kohlenstoffatome.

Dies entspricht $\dfrac{2{,}56\cdot 10^{18}\ \text{Atome}}{5{,}018\cdot 10^{22}\ \text{Atome}} = 5{,}10\cdot 10^{-5}\ \text{g} = 0{,}051\ \text{mg}$.

b) Die von einem Kohlenstoffatom bedeckte Fläche beträgt $(1{,}5\cdot 10^{-10}\ \text{m})^2 = 2{,}25\cdot 10^{-20}\ \text{m}^2$.

Man benötigt für die Oberfläche der Erde

$$\frac{5{,}09\cdot 10^8\ \text{km}^2}{2{,}25\cdot 10^{-20}\ \frac{\text{m}^2}{\text{Atom}}} = \frac{5{,}09\cdot 10^8\cdot (10^3\ \text{m})^2}{2{,}25\cdot 10^{-20}}\cdot\frac{\text{Atome}}{\text{m}^2}$$

$$= \frac{5{,}09\cdot 10^8\cdot 10^6\ \text{m}^2\ \text{Atome}}{2{,}25\cdot 10^{-20}\ \text{m}^2} = 2{,}262\cdot 10^{34}\ \text{Atome}$$

Dies entspricht

$$\frac{2{,}262\cdot 10^{34}\ \text{Atome}}{5{,}018\cdot 10^{22}\ \frac{\text{Atome}}{\text{g}}} = 4{,}51\cdot 10^{11}\ \text{g} = 4{,}51\cdot 10^8\ \text{kg}$$

$$= 4{,}51\cdot 10^5\ \text{t} = 451\,000\ \text{t}.$$

65. Es sind $16\ \text{a} = 16\ \text{a} \cdot 365\ \frac{\text{d}}{\text{a}} \cdot 24\ \frac{\text{h}}{\text{d}} \cdot 60\ \frac{\text{min}}{\text{h}} = 8{,}4096 \cdot 10^6\ \text{min}$.
Damit hat ein 16jähriger seit Geburt ca. $15\ \frac{\text{Atemzüge}}{\text{min}} \cdot 8{,}4096 \cdot 10^6\ \text{min} = 1{,}26144 \cdot 10^8$ Atemzüge (= 126 Millionen) gemacht.

66. a) $\sqrt[3]{125} = 5$, da $5^3 = 125$

b) $\sqrt[7]{128} = 2$, da $2^7 = 128$

c) $\sqrt[6]{1\,000\,000} = 10$, da $10^6 = 1\,000\,000$

d) $\sqrt[3]{\frac{27}{64}} = \frac{3}{4}$, da $\left(\frac{3}{4}\right)^3 = \frac{27}{64}$

e) $\sqrt[4]{39\frac{1}{16}} = \sqrt[4]{\frac{625}{16}} = \frac{5}{2} = 2\frac{1}{2}$, da $\left(\frac{5}{2}\right)^4 = 39\frac{1}{16}$

f) $\sqrt[3]{0{,}027} = 0{,}3$, da $0{,}3^3 = 0{,}027$

g) $\sqrt[5]{0{,}01024} = 0{,}4$, da $0{,}4^5 = 0{,}01024$

h) $\sqrt[4]{14^4} = 14$

i) $\sqrt[8]{(-12)^8} = \sqrt[8]{12^8} = 12$, jedoch nicht -12, da eine Wurzel nicht negativ ist.

j) $\sqrt[4]{5^{16}} = 5^4$, da $(5^4)^4 = 5^{16}$

k) $\sqrt[7]{2^{21}} = 2^3$, da $(2^3)^7 = 2^{21}$

l) $\sqrt[5]{19^{10}} = 19^2$, da $(19^2)^5 = 19^{10}$

m) $\sqrt[5]{3^{-15}} = 3^{-3}$, da $(3^{-3})^5 = 3^{-15}$

n) $\sqrt[6]{10^{-12}} = 10^{-2}$, da $(10^{-2})^6 = 10^{-12}$

o) $\sqrt[6]{8^2} = \sqrt[6]{(2^3)^2} = \sqrt[6]{2^6} = 2$

p) $\sqrt[4]{81^2} = \sqrt[4]{(3^4)^2} = \sqrt[4]{3^8} = 3^2$, da $(3^2)^4 = 3^8$

q) $\sqrt{324^3} = \sqrt{(18^2)^3} = \sqrt{18^6} = 18^3$, da $(18^3)^2 = 18^6$

r) $\sqrt[3]{\left(\frac{1}{64}\right)^7} = \sqrt[3]{(2^{-6})^7} = \sqrt[3]{2^{-42}} = 2^{-14}$, da $(2^{-14})^3 = 2^{-42}$

oder auch

$$\sqrt[3]{\left(\frac{1}{64}\right)^7} = \sqrt[3]{\left[\left(\frac{1}{2}\right)^6\right]^7} = \sqrt[3]{\left(\frac{1}{2}\right)^{42}} = \left(\frac{1}{2}\right)^{14}, \text{ da } \left[\left(\frac{1}{2}\right)^{14}\right]^3 = \left(\frac{1}{2}\right)^{42}$$

67. a) $\sqrt[4]{138} = 138^{\frac{1}{4}} = 3,43$

b) $\sqrt[11]{\frac{5}{7}} = \left(\frac{5}{7}\right)^{\frac{1}{11}} = 0,97$

c) $\sqrt[4]{62,5458} = 62,5458^{\frac{1}{4}} = 2,81$

d) $\sqrt[5]{0,0005058} = 0,0005058^{\frac{1}{5}} = 0,22$

e) $\sqrt[3]{\frac{4,53 \cdot 10^{-7}}{6,35 \cdot 10^{-2}}} = \left(\frac{4,53 \cdot 10^{-7}}{6,35 \cdot 10^{-2}}\right)^{\frac{1}{3}} = 0,02$

f) $\sqrt[6]{(6,49 \cdot 10^7) : (4,51 \cdot 10^{-16})} = \left[(6,49 \cdot 10^7) : (4,51 \cdot 10^{-16})\right]^{\frac{1}{6}} = 7238,99$

g) $\sqrt[4]{14,5^2 - (-8,7)^2 - 11,6^2} = (14,5^2 - 8,7^2 - 11,6^2)^{\frac{1}{4}} = 0$

68. a) $10^{\frac{1}{4}} = \sqrt[4]{10}$

b) $\left(\frac{2}{3}\right)^{\frac{1}{4}} = \sqrt[4]{\frac{2}{3}}$

c) $(\sqrt{7})^{\frac{1}{5}} = \sqrt[5]{\sqrt{7}}$ bzw. $(\sqrt{7})^{\frac{1}{5}} = (7^{\frac{1}{2}})^{\frac{1}{5}} = 7^{\frac{1}{10}} = \sqrt[10]{7}$

d) $0,2^{\frac{1}{7}} = \sqrt[7]{0,2}$

69. a) $64^{\frac{1}{2}} = (2^6)^{\frac{1}{2}} = 2^3 = 8$

b) $0{,}0049^{\frac{1}{2}} = (0{,}07^2)^{\frac{1}{2}} = 0{,}07$

c) $0{,}0001^{\frac{1}{4}} = (0{,}1^4)^{\frac{1}{4}} = 0{,}1$

d) $81^{\frac{1}{4}} = (3^4)^{\frac{1}{4}} = 3$

e) $\left(\frac{1}{8}\right)^{\frac{1}{3}} = \left[\left(\frac{1}{2}\right)^3\right]^{\frac{1}{3}} = \frac{1}{2}$

f) $\frac{1}{4^{\frac{1}{2}}} = \frac{1}{(2^2)^{\frac{1}{2}}} = \frac{1}{2}$

70. a) $\sqrt[5]{7} = 7^{\frac{1}{5}}$

b) $\sqrt[7]{11} = 11^{\frac{1}{7}}$

c) $\sqrt[3]{289} = \sqrt[3]{17^2} = 17^{\frac{2}{3}}$

d) $\sqrt[4]{27} = \sqrt[4]{3^3} = 3^{\frac{3}{4}}$

e) $3 \cdot \sqrt[5]{81} = 3 \cdot \sqrt[5]{3^4} = 3 \cdot 3^{\frac{4}{5}} = 3^{1+\frac{4}{5}} = 3^{\frac{9}{5}}$

f) $4 \cdot \sqrt[6]{16} = 2^2 \cdot \sqrt[6]{2^4} = 2^2 \cdot 2^{\frac{4}{6}} = 2^{2+\frac{2}{3}} = 2^{\frac{8}{3}}$

g) $8 \cdot \sqrt[3]{0{,}5} = 2^3 \cdot \sqrt[3]{\frac{1}{2}} = 2^3 \cdot \sqrt[3]{2^{-1}} = 2^3 \cdot 2^{-\frac{1}{3}} = 2^{3+\left(-\frac{1}{3}\right)} = 2^{\frac{8}{3}}$

h) $125 \cdot \sqrt[8]{0{,}04} = 5^3 \cdot \sqrt[8]{\frac{1}{25}} = 5^3 \cdot \sqrt[8]{5^{-2}} = 5^3 \cdot 5^{-\frac{2}{8}} = 5^{3+\left(-\frac{1}{4}\right)} = 5^{\frac{11}{4}}$

71. a) $10^{\frac{3}{4}} = \sqrt[4]{10^3}$

b) $\left(\frac{2}{3}\right)^{\frac{1}{4}} = \sqrt[4]{\frac{2}{3}}$

c) $(\sqrt{7})^{\frac{2}{5}} = \sqrt[5]{(\sqrt{7})^2} = \sqrt[5]{7}$

d) $5^{-\frac{3}{4}} = \sqrt[4]{5^{-3}}$

e) $(2+2^{\frac{1}{2}})^{\frac{2}{3}} = \sqrt[3]{(2+\sqrt{2})^2}$

f) $(3^{-\frac{1}{2}}+2^{\frac{2}{3}})^{\frac{1}{2}} = \sqrt{\sqrt{3^{-1}}+\sqrt[3]{2^2}} = \sqrt{\sqrt{\frac{1}{3}}+\sqrt[3]{4}}$

72. a) $64^{\frac{2}{3}} = (2^6)^{\frac{2}{3}} = 2^{6\cdot\frac{2}{3}} = 2^4 = 16$

b) $64^{\frac{5}{6}} = (2^6)^{\frac{5}{6}} = 2^{6\cdot\frac{5}{6}} = 2^5 = 32$

c) $64^{\frac{3}{2}} = (2^6)^{\frac{3}{2}} = 2^{6\cdot\frac{3}{2}} = 2^9 = 512$

d) $64^{-\frac{2}{3}} = (2^6)^{-\frac{2}{3}} = 2^{6\cdot(-\frac{2}{3})} = 2^{-4} = \frac{1}{16}$

e) $243^{-\frac{2}{5}} = (3^5)^{-\frac{2}{5}} = 3^{5\cdot(-\frac{2}{5})} = 3^{-2} = \frac{1}{9}$

f) $81^{-\frac{3}{4}} = (3^4)^{-\frac{3}{4}} = 3^{4\cdot(-\frac{3}{4})} = 3^{-3} = \frac{1}{27}$

g) $49^{-1,5} = (7^2)^{-\frac{3}{2}} = 7^{2\cdot(-\frac{3}{2})} = 7^{-3} = \frac{1}{343}$

h) $81^{-2,25} = (3^4)^{-\frac{9}{4}} = 3^{4\cdot(-\frac{9}{4})} = 3^{-9} = \frac{1}{3^9} = \frac{1}{19\,683}$

i) $81^{1,75} = (3^4)^{\frac{7}{4}} = 3^{4\cdot\frac{7}{4}} = 3^7 = 2\,187$

j) $0,0625^{0,25} = (0,5^4)^{\frac{1}{4}} = 0,5^{4\cdot\frac{1}{4}} = 0,5$

k) $0,0256^{0,75} = (0,4^4)^{\frac{3}{4}} = 0,4^{4\cdot\frac{3}{4}} = 0,4^3 = 0,064$

l) $0{,}00032^{-0{,}6} = (0{,}2^5)^{-\frac{3}{5}} = 0{,}2^{5\cdot(-\frac{3}{5})} = 0{,}2^{-3} = \left(\frac{1}{5}\right)^{-3} = \frac{1}{\left(\frac{1}{5}\right)^3}$

$= \frac{1}{\frac{1}{125}} = 125$

m) $0{,}027^{-\frac{2}{3}} = (0{,}3^3)^{-\frac{2}{3}} = 0{,}3^{3\cdot(-\frac{2}{3})} = 0{,}3^{-2} = \left(\frac{3}{10}\right)^{-2} = \frac{1}{\left(\frac{3}{10}\right)^2}$

$= \frac{1}{\frac{9}{100}} = \frac{100}{9} = 11\frac{1}{9}$

n) $0{,}000001^{-0{,}2} = (0{,}1^5)^{-\frac{1}{5}} == 0{,}1^{5\cdot(-\frac{1}{5})} = 0{,}1^{-1} = \left(\frac{1}{10}\right)^{-1} = \frac{1}{\frac{1}{10}} = 10$

73. a) $11^{\frac{1}{5}} \cdot 11^{\frac{3}{4}} = 11^{\frac{1}{5}+\frac{3}{4}} = 11^{\frac{4}{20}+\frac{15}{20}} = 11^{\frac{19}{20}}$

b) $5^{1{,}2} \cdot \sqrt[4]{25} = 5^{\frac{6}{5}} \cdot (5^2)^{\frac{1}{4}} = 5^{\frac{6}{5}} \cdot 5^{\frac{1}{2}} = 5^{\frac{6}{5}+\frac{1}{2}} = 5^{\frac{12}{10}+\frac{5}{10}} = 5^{\frac{17}{10}}$

c) $\sqrt[5]{81} : 3^{0{,}2} = (3^4)^{\frac{1}{5}} : 3^{\frac{1}{5}} = 3^{\frac{4}{5}} : 3^{\frac{1}{5}} = 3^{\frac{4}{5}-\frac{1}{5}} = 3^{\frac{3}{5}}$

d) $\sqrt{32} \cdot \sqrt[3]{\frac{1}{16}} = (2^5)^{\frac{1}{2}} \cdot (2^{-4})^{\frac{1}{3}} = 2^{\frac{5}{2}} \cdot 2^{-\frac{4}{3}} = 2^{\frac{5}{2}+(-\frac{4}{3})} = 2^{\frac{15}{6}-\frac{8}{6}} = 2^{\frac{7}{6}}$

e) $\sqrt[5]{144} : \sqrt[5]{12} = (12^2)^{\frac{1}{5}} : 12^{\frac{1}{5}} = 12^{\frac{2}{5}} : 12^{\frac{1}{5}} = 12^{\frac{2}{5}-\frac{1}{5}} = 12^{\frac{1}{5}}$

f) $\frac{\sqrt[3]{4}}{0{,}25} = \frac{(2^2)^{\frac{1}{3}}}{\frac{1}{4}} = 4 \cdot 2^{\frac{2}{3}} = 2^2 \cdot 2^{\frac{2}{3}} = 2^{2+\frac{2}{3}} = 2^{\frac{8}{3}}$

g) $\frac{16 \cdot \sqrt[4]{64}}{\sqrt[3]{\frac{1}{4}}} = \frac{2^4 \cdot (2^6)^{\frac{1}{4}}}{(2^{-2})^{\frac{1}{3}}} = \frac{2^4 \cdot 2^{\frac{3}{2}}}{2^{-\frac{2}{3}}} = 2^{4+\frac{3}{2}-(-\frac{2}{3})} = 2^{\frac{24}{6}+\frac{9}{6}+\frac{4}{6}} = 2^{\frac{37}{6}}$

h) $\sqrt[4]{6^{\frac{3}{5}}} \cdot \sqrt[5]{\frac{1}{6^4}} = (6^{\frac{3}{5}})^{\frac{1}{4}} \cdot (6^{-4})^{\frac{1}{5}} = 6^{\frac{3}{20}} \cdot 6^{-\frac{4}{5}} = 6^{\frac{3}{20}+\left(-\frac{4}{5}\right)} = 6^{\frac{3}{20}-\frac{16}{20}} = 6^{-\frac{13}{20}}$

74. a) $2^{\frac{3}{4}} a^{\frac{2}{5}} \cdot b^{\frac{1}{3}} \cdot 4a^{\frac{3}{5}} \cdot b^{\frac{4}{3}} = 2^{\frac{3}{4}} \cdot 2^2 \cdot a^{\frac{2}{5}} \cdot a^{\frac{3}{5}} \cdot b^{\frac{1}{3}} \cdot b^{\frac{4}{3}} = 2^{2+\frac{3}{4}} \cdot a^{\frac{2}{5}+\frac{3}{5}} \cdot b^{\frac{1}{3}+\frac{4}{3}}$

$= 2^{\frac{11}{4}} a^1 b^{\frac{5}{3}} = 2^{\frac{11}{4}} \cdot ab^{\frac{5}{3}}$

b) $\sqrt[4]{9x^3y} \cdot \sqrt{3xy^5} = (3^2 x^3 y)^{\frac{1}{4}} \cdot (3xy^5)^{\frac{1}{2}} = 3^{\frac{2}{4}} x^{\frac{3}{4}} y^{\frac{1}{4}} \cdot 3^{\frac{1}{2}} x^{\frac{1}{2}} y^{\frac{5}{2}}$

$= 3^{\frac{1}{2}} \cdot 3^{\frac{1}{2}} \cdot x^{\frac{3}{4}} \cdot x^{\frac{1}{2}} \cdot y^{\frac{1}{4}} \cdot y^{\frac{5}{2}} = 3^{\frac{1}{2}+\frac{1}{2}} \cdot x^{\frac{3}{4}+\frac{1}{2}} \cdot y^{\frac{1}{4}+\frac{5}{2}}$

$= 3^1 \cdot x^{\frac{3}{4}+\frac{2}{4}} \cdot y^{\frac{1}{4}+\frac{10}{4}} = 3x^{\frac{5}{4}} \cdot y^{\frac{11}{4}}$

c) $5^{\frac{2}{3}} c^{\frac{3}{4}} d^{\frac{1}{2}} : \frac{1}{5} c^{\frac{1}{4}} d^{\frac{1}{2}} = 5^{\frac{2}{3}} c^{\frac{3}{4}} d^{\frac{1}{2}} : 5^{-1} c^{\frac{1}{4}} d^{\frac{1}{2}} = 5^{\frac{2}{3}-(-1)} c^{\frac{3}{4}-\frac{1}{4}} d^{\frac{1}{2}-\frac{1}{2}}$

$= 5^{\frac{5}{3}} c^{\frac{1}{2}} d^0 = 5^{\frac{5}{3}} c^{\frac{1}{2}}$

d) $0{,}125 e^2 f^{\frac{1}{2}} : \sqrt[5]{2e^3 f^2} = \frac{1}{8} e^2 f^{\frac{1}{2}} : (2e^3 f^2)^{\frac{1}{5}} = 2^{-3} e^2 f^{\frac{1}{2}} : 2^{\frac{1}{5}} e^{\frac{3}{5}} f^{\frac{2}{5}}$

$= 2^{-3-\frac{1}{5}} e^{2-\frac{3}{5}} f^{\frac{1}{2}-\frac{2}{5}} = 2^{-\frac{16}{5}} e^{\frac{7}{5}} f^{\frac{1}{10}}$

75. a) $(2a^3 \cdot \sqrt{b})^{\frac{2}{3}} = (2a^3 b^{\frac{1}{2}})^{\frac{2}{3}} = 2^{\frac{2}{3}} a^2 b^{\frac{1}{3}}$

b) $\left[(8c^{-2} \cdot \sqrt[5]{b})^{\frac{5}{4}}\right]^{-\frac{4}{3}} = (2^3 c^{-2} b^{\frac{1}{5}})^{-\frac{5}{3}} = 2^{-5} b^{\frac{10}{3}} b^{-\frac{1}{3}}$

c) $(\sqrt[4]{7x^3y^{-2}})^{\frac{4}{3}} = \left[(7x^3y^{-2})^{\frac{1}{4}}\right]^{\frac{4}{3}} = (7x^3y^{-2})^{\frac{1}{3}} = 7^{\frac{1}{3}} xy^{-\frac{2}{3}}$

d) $\sqrt[7]{8x^4 \cdot \sqrt[3]{2x^{-2}}} = \left[2^3 x^4 \cdot (2x^{-2})^{\frac{1}{3}}\right]^{\frac{1}{7}} = \left[2^3 x^4 \cdot 2^{\frac{1}{3}} x^{-\frac{2}{3}}\right]^{\frac{1}{7}}$

$= \left[2^{\frac{10}{3}} x^{\frac{10}{3}}\right]^{\frac{1}{7}} = 2^{\frac{10}{21}} \cdot x^{\frac{10}{21}}$

76. a) $\sqrt[4]{49a} \cdot (\sqrt[3]{7a^2} - a^2 \sqrt{7a^{-1}}) = (7^2 a)^{\frac{1}{4}} \cdot \left[(7a^2)^{\frac{1}{3}} - a^2 (7a^{-1})^{\frac{1}{2}}\right]$

$= 7^{\frac{1}{2}} a^{\frac{1}{4}} \cdot (7^{\frac{1}{3}} a^{\frac{2}{3}} - a^2 \cdot 7^{\frac{1}{2}} a^{-\frac{1}{2}})$

$= 7^{\frac{1}{2}+\frac{1}{3}} a^{\frac{1}{4}+\frac{2}{3}} - 7^{\frac{1}{2}+\frac{1}{2}} \cdot a^{\frac{1}{4}+2+(-\frac{1}{2})}$

$= 7^{\frac{5}{6}} a^{\frac{11}{12}} - 7a^{\frac{7}{4}}$

b) $(\sqrt[4]{a^3} - \sqrt{0,5}) \cdot (2 \cdot \sqrt[4]{a^3} + \sqrt{2}) = [a^{\frac{3}{4}} - (2^{-1})^{\frac{1}{2}}] \cdot (2a^{\frac{3}{4}} + 2^{\frac{1}{2}})$

$= (a^{\frac{3}{4}} - 2^{-\frac{1}{2}}) \cdot (2a^{\frac{3}{4}} + 2^{\frac{1}{2}})$

$= 2a^{\frac{3}{4}+\frac{3}{4}} - 2^{-\frac{1}{2}+1} a^{\frac{3}{4}} + 2^{\frac{1}{2}} a^{\frac{3}{4}} - 2^{-\frac{1}{2}+\frac{1}{2}}$

$= 2a^{\frac{3}{2}} - 2^{\frac{1}{2}} a^{\frac{3}{4}} + 2^{\frac{1}{2}} a^{\frac{3}{4}} - 2^0 = 2a^{\frac{3}{2}} - 1$

c) $(\sqrt{3} + \sqrt[4]{2x}) \cdot (\sqrt{3} - \sqrt[4]{2x}) \cdot (3 + \sqrt{2x})$

$= (3^{\frac{1}{2}} + (2x)^{\frac{1}{4}}) \cdot (3^{\frac{1}{2}} - (2x)^{\frac{1}{4}}) \cdot (3 + (2x)^{\frac{1}{2}})$

$= \left((3^{\frac{1}{2}})^2 - \left[(2x)^{\frac{1}{4}}\right]^2 \right) \cdot \left[3 + (2x)^{\frac{1}{2}}\right] = \left[3 - (2x)^{\frac{1}{2}}\right] \cdot \left[3 + (2x)^{\frac{1}{2}}\right]$

$= 3^2 - \left[(2x)^{\frac{1}{2}}\right]^2 = 9 - 2x$ *Achtung:* Zweimal dritte binomische Formel!

77. a) $\sqrt[4]{9x^3 - x} : \sqrt[4]{6x - 2} = \dfrac{\sqrt[4]{x\,(9x^2 - 1)}}{\sqrt[4]{2\,(3x - 1)}} = \sqrt[4]{\dfrac{x\,(3x-1)\,(3x+1)}{2\,(3x-1)}} = \sqrt[4]{\dfrac{x}{2}\,(3x+1)}$

b) $(\sqrt[3]{16} - \sqrt[3]{9}) : (\sqrt[3]{4} + \sqrt[3]{3}) = \dfrac{(\sqrt[3]{4})^2 - (\sqrt[3]{3})^2}{\sqrt[3]{4} + \sqrt[3]{3}}$

$= \dfrac{(\sqrt[3]{4} - \sqrt[3]{3})\,(\sqrt[3]{4} + \sqrt[3]{3})}{\sqrt[3]{4} + \sqrt[3]{3}} = \sqrt[3]{4} - \sqrt[3]{3}$

c) $(x^{\frac{5}{2}} - 6x^{\frac{3}{2}} + 9x^{\frac{1}{2}}) : (x - 3)^{\frac{1}{2}} = x^{\frac{1}{2}}\,(x^2 - 6x + 9) : (x - 3)^{\frac{1}{2}}$

$= x^{\frac{1}{2}}\,(x - 3)^2 : (x - 3)^{\frac{1}{2}} = x^{\frac{1}{2}}\,(x - 3)^{2 - \frac{1}{2}}$

$= x^{\frac{1}{2}}\,(x - 3)^{\frac{3}{2}}$

d) $(x + 4x^{\frac{2}{3}} + 4x^{\frac{1}{3}}) : (x^{\frac{5}{6}} - 4x^{\frac{1}{6}}) = \dfrac{x^{\frac{1}{3}}\,(x^{\frac{2}{3}} + 4x^{\frac{1}{3}} + 4)}{x^{\frac{1}{6}}\,(x^{\frac{2}{3}} - 4)}$

$= \dfrac{x^{\frac{1}{3} - \frac{1}{6}}\,(x^{\frac{1}{3}} + 2)^2}{(x^{\frac{1}{3}} - 2)\,(x^{\frac{1}{3}} + 2)} = \dfrac{x^{\frac{1}{6}}\,(x^{\frac{1}{3}} + 2)}{x^{\frac{1}{3}} - 2}$

e) $(a^4 - 2a^{\frac{11}{3}}\sqrt[6]{b} + a^{\frac{10}{3}} \cdot \sqrt[3]{b}) : (a^{\frac{8}{3}} - a^2\sqrt[3]{b}) = \dfrac{a^{\frac{10}{3}}(a^{\frac{2}{3}} - 2a^{\frac{1}{3}}b^{\frac{1}{6}} + b^{\frac{1}{3}})}{a^2(a^{\frac{2}{3}} - b^{\frac{1}{3}})}$

$= \dfrac{a^{\frac{10}{3}-2}(a^{\frac{1}{3}} - b^{\frac{1}{6}})^2}{(a^{\frac{1}{3}} - b^{\frac{1}{6}})(a^{\frac{1}{3}} + b^{\frac{1}{6}})}$

$= \dfrac{a^{\frac{4}{3}}(a^{\frac{1}{3}} - b^{\frac{1}{6}})}{a^{\frac{1}{3}} + b^{\frac{1}{6}}}$

f) $\dfrac{a^{\frac{3}{2}}x^{\frac{2}{3}} - y^{\frac{2}{3}}a^{\frac{3}{2}} + x^{\frac{2}{3}}a^{\frac{3}{2}} - a^{\frac{3}{2}}y^{\frac{2}{3}}}{4a^{\frac{1}{2}}x^{\frac{1}{3}} - 4y^{\frac{1}{3}}a^{\frac{1}{2}}} = \dfrac{2a^{\frac{3}{2}}x^{\frac{2}{3}} - 2a^{\frac{3}{2}}y^{\frac{2}{3}}}{4a^{\frac{1}{2}}(x^{\frac{1}{3}} - y^{\frac{1}{3}})} = \dfrac{2a^{\frac{3}{2}}(x^{\frac{2}{3}} - y^{\frac{2}{3}})}{4a^{\frac{1}{2}}(x^{\frac{1}{3}} - y^{\frac{1}{3}})}$

$= \dfrac{a^{\frac{3}{2}-\frac{1}{2}}(x^{\frac{1}{3}} - y^{\frac{1}{3}})(x^{\frac{1}{3}} + y^{\frac{1}{3}})}{2(x^{\frac{1}{3}} - y^{\frac{1}{3}})}$

$= \dfrac{1}{2}a(x^{\frac{1}{3}} + y^{\frac{1}{3}})$

78. a) $(\sqrt{9x \cdot \sqrt[3]{x}} - \sqrt[3]{8x^2}) \cdot \sqrt[4]{\dfrac{1}{x}} = \left[(3^2 x \cdot x^{\frac{1}{3}})^{\frac{1}{2}} - (2^3x^2)^{\frac{1}{3}}\right] \cdot (x^{-1})^{\frac{1}{4}}$

$= \left[(3^2x^{\frac{4}{3}})^{\frac{1}{2}} - 2x^{\frac{2}{3}}\right] \cdot x^{-\frac{1}{4}} = (3x^{\frac{2}{3}} - 2x^{\frac{2}{3}}) \cdot x^{-\frac{1}{4}}$

$= x^{\frac{2}{3}} \cdot x^{-\frac{1}{4}} = x^{\frac{2}{3}-\frac{1}{4}} = x^{\frac{8}{12}-\frac{3}{12}} = x^{\frac{5}{12}}$

b) $\left[\sqrt{\left(\dfrac{4a^{2n-2}}{b^{m-4}}\right)^3} \cdot \left(\dfrac{6b^{-m}}{a^{2n+1}}\right)^{-2}\right] : \left(\dfrac{2\sqrt{b^{3m}}}{5a^{n-1}b^{2m}}\right)^{-1}$

$= \left[\left(\dfrac{2^2a^{2n-2}}{b^{m-4}}\right)^{\frac{3}{2}} \cdot \left(\dfrac{2 \cdot 3 \cdot b^{-m}}{a^{2n+1}}\right)^{-2}\right] : \dfrac{1}{\dfrac{2(b^{3m})^{\frac{1}{2}}}{5a^{n-1}b^{2m}}}$

$= \dfrac{2^{2\cdot\frac{3}{2}} \cdot a^{(2n-2)\cdot\frac{3}{2}}}{b^{(m-4)\cdot\frac{3}{2}}} \cdot \dfrac{2^{-2} \cdot 3^{-2} \cdot b^{-m\cdot(-2)}}{a^{(2n+1)(-2)}} : \dfrac{5a^{n-1}b^{2m}}{2b^{3m\cdot\frac{1}{2}}}$

$= \dfrac{2^3a^{3n-3}}{b^{\frac{3}{2}m-6}} \cdot \dfrac{2^{-2} \cdot 3^{-2}b^{2m}}{a^{-4n-2}} \cdot \dfrac{2b^{\frac{3}{2}m}}{5a^{n-1}b^{2m}}$

$= 2^{3+(-2)+1} \cdot 3^{-2} \cdot 5^{-1}\, a^{3n-3-(-4n-2)-(n-1)}\, b^{2m+\frac{3}{2}m-(\frac{3}{2}m-6)-2m}$

$= 2^{2} \cdot 3^{-2} \cdot 5^{-1}\, a^{3n-3+4n+2-n+1}\, b^{2m+\frac{3}{2}m-\frac{3}{2}m+6-2m}$

$= 2^{2} \cdot 3^{-2} \cdot 5^{-1}\, a^{0} b^{6} = 2^{2} \cdot 3^{-2} \cdot 5^{-1}\, b^{6}$

oder auch

$= \dfrac{2^3 b^6}{3^2 \cdot 5} = \dfrac{4b^6}{45}$

c) $\dfrac{1}{2x^{-1}} \cdot \left[\dfrac{3}{(-2x^2)^3} + (\sqrt[3]{x})^{-18}\right] = \dfrac{x}{2} \cdot \left[\dfrac{3}{-2^3 x^{2 \cdot 3}} + (x^{\frac{1}{3}})^{-18}\right]$

$= \dfrac{x}{2} \cdot \left[-\dfrac{3}{8x^6} + x^{\frac{1}{3} \cdot (-18)}\right]$

$= \dfrac{x}{2} \cdot \left(-\dfrac{3}{8}x^{-6} + x^{-6}\right) = \dfrac{x}{2} \cdot \dfrac{5}{8} x^{-6}$

$= \dfrac{5}{16} x^{1+(-6)} = \dfrac{5}{16} x^{-5}$

79. a) $\sqrt[4]{512} = \sqrt[4]{2^9} = \sqrt[4]{2^8 \cdot 2} = \sqrt[4]{2^8} \cdot \sqrt[4]{2} = 2^2 \cdot \sqrt[4]{2} = 4 \cdot \sqrt[4]{2}$

b) $\sqrt[3]{189} = \sqrt[3]{3^3 \cdot 7} = \sqrt[3]{3^3} \cdot \sqrt[3]{7} = 3 \cdot \sqrt[3]{7}$

c) $\sqrt[4]{1\,250} = \sqrt[4]{2 \cdot 5^4} = \sqrt[4]{2} \cdot \sqrt[4]{5^4} = 5 \cdot \sqrt[4]{2}$

d) $\sqrt[5]{3\,072} = \sqrt[5]{2^{10} \cdot 3} = \sqrt[5]{2^{10}} \cdot \sqrt[5]{3} = 2^2 \cdot \sqrt[5]{3} = 4 \cdot \sqrt[5]{3}$

80. a) $\sqrt[4]{a^9} = \sqrt[4]{a^8 \cdot a} = \sqrt[4]{a^8} \cdot \sqrt[4]{a} = a^2 \cdot \sqrt[4]{a}$

b) $\sqrt[7]{a^{12} b^8} = \sqrt[7]{a^7 b^7 \cdot a^5 b} = \sqrt[7]{(a \cdot b)^7} \cdot \sqrt[7]{a^5 b} = ab \cdot \sqrt[7]{a^5 b}$

c) $\sqrt[3]{27a^9 b^2} = \sqrt[3]{3^3 a^9 b^2} = \sqrt[3]{(3a^3)^3} \cdot \sqrt[3]{b^2} = 3a^3 \cdot \sqrt[3]{b^2}$

d) $\sqrt[n]{3^{2n} \cdot a^{n+3}} = \sqrt[n]{3^{2n} \cdot a^n \cdot a^3} = \sqrt[n]{(3^2 a)^n} \cdot \sqrt[n]{a^3} = 9a \cdot \sqrt[n]{a^3}$

81. a) $\sqrt[3]{\frac{5}{12}} = \sqrt[3]{\frac{5}{2^2 \cdot 3}} = \sqrt[3]{\frac{5 \cdot 2 \cdot 3^2}{2^3 \cdot 3^3}} = \frac{1}{2 \cdot 3} \sqrt[3]{5 \cdot 2 \cdot 3^2} = \frac{1}{6} \cdot \sqrt[3]{90}$

b) $\sqrt[4]{\frac{3}{125}} = \sqrt[4]{\frac{3}{5^3}} = \sqrt[4]{\frac{3 \cdot 5}{5^4}} = \frac{1}{5} \cdot \sqrt[4]{15}$

c) $\sqrt[5]{\frac{105}{448}} = \sqrt[5]{\frac{3 \cdot 5 \cdot 7}{2^6 \cdot 7}} = \sqrt[5]{\frac{3 \cdot 5 \cdot 2^4}{2^{10}}} = \frac{1}{2^2} \cdot \sqrt[5]{2^4 \cdot 3 \cdot 5} = \frac{1}{4} \cdot \sqrt[5]{240}$

d) $\sqrt[7]{1\frac{13}{243}} = \sqrt[7]{\frac{256}{243}} = \sqrt[7]{\frac{2^8}{3^5}} = \sqrt[7]{\frac{2^7 \cdot 2 \cdot 3^2}{3^7}} = \frac{2}{3} \sqrt[7]{18}$

82. a) $\sqrt[3]{\frac{12x^4}{25a^2b}} = \sqrt[3]{\frac{2^2 \cdot 3 \cdot x^4}{5^2 a^2 b}} = \sqrt[3]{\frac{2^2 \cdot 3 \cdot 5ab^2 x \cdot x^3}{5^3 a^3 b^3}} = \frac{x}{5ab} \cdot \sqrt[3]{2^2 \cdot 3 \cdot 5ab^2 x}$

$= \frac{x}{5ab} \cdot \sqrt[3]{60ab^2 x}$

b) $\sqrt[4]{\frac{5xy^8}{144a^8b^6}} = \sqrt[4]{\frac{5xy^8}{2^4 \cdot 3^2 a^8 b^6}} = \sqrt[4]{\frac{3^2 \cdot 5 \cdot b^2 xy^8}{2^4 \cdot 3^4 \cdot a^8 b^8}} = \frac{y^2}{2 \cdot 3 \cdot a^2 b^2} \cdot \sqrt[4]{3^2 \cdot 5b^2 x}$

$= \frac{y^2}{6a^2b^2} \cdot \sqrt[4]{45b^2 x}$

c) $\sqrt[5]{\frac{7xy^2z^5}{567a^3b^{10}c}} = \sqrt[5]{\frac{7xy^2z^5}{3^4 \cdot 7a^3b^{10}c}} = \sqrt[5]{\frac{3a^2c^4xy^2z^5}{3^5 \cdot a^5b^{10}c^5}}$

$= \frac{z}{3ab^2c} \cdot \sqrt[5]{3a^2c^4xy^2}$

$= \frac{z}{3ab^2c} \sqrt[5]{3a^2c^4xy^2}$

83. a) $\frac{42}{\sqrt[3]{108}} = \frac{42}{\sqrt[3]{2^2 \cdot 3^3}} \cdot \frac{\sqrt[3]{2}}{\sqrt[3]{2}} = \frac{42 \sqrt[3]{2}}{\sqrt[3]{2^3 \cdot 3^3}} = \frac{42 \cdot \sqrt[3]{2}}{2 \cdot 3} = 7 \cdot \sqrt[3]{2}$

b) $\frac{9}{\sqrt[4]{72}} = \frac{9}{\sqrt[4]{2^3 \cdot 3^2}} \cdot \frac{\sqrt[4]{2 \cdot 3^2}}{\sqrt[4]{2 \cdot 3^2}} = \frac{9 \cdot \sqrt[4]{18}}{\sqrt[4]{2^4 \cdot 3^4}} = \frac{9 \cdot \sqrt[4]{18}}{2 \cdot 3} = \frac{3}{2} \cdot \sqrt[4]{18}$

c) $\frac{14}{\sqrt[5]{441}}=\frac{14}{\sqrt[5]{3^2\cdot 7^2}}\cdot\frac{\sqrt[5]{3^3\cdot 7^3}}{\sqrt[5]{3^3\cdot 7^3}}=\frac{14\cdot\sqrt[5]{9\,261}}{\sqrt[5]{3^5\cdot 7^5}}=\frac{14\cdot\sqrt[5]{9\,261}}{3\cdot 7}=\frac{2}{3}\cdot\sqrt[5]{9\,261}$

d) $\frac{57}{\sqrt[3]{361}}=\frac{57}{\sqrt[3]{19^2}}\cdot\frac{\sqrt[3]{19}}{\sqrt[3]{19}}=\frac{57\cdot\sqrt[3]{19}}{\sqrt[3]{19^3}}=\frac{57\cdot\sqrt[3]{19}}{19}=3\cdot\sqrt[3]{19}$

e) $\frac{2}{1-2\sqrt{2}}=\frac{2}{1-2\sqrt{2}}\cdot\frac{1+2\sqrt{2}}{1+2\sqrt{2}}=\frac{2\,(1+2\sqrt{2})}{1-8}=-\frac{2}{7}(1+2\sqrt{2})$

f) $\frac{1}{\sqrt{x}-\sqrt{y}}=\frac{1}{\sqrt{x}-\sqrt{y}}\cdot\frac{\sqrt{x}+\sqrt{y}}{\sqrt{x}+\sqrt{y}}=\frac{\sqrt{x}+\sqrt{y}}{x-y}$

g) $\frac{1}{1-\sqrt[4]{x}}=\frac{1}{1-\sqrt[4]{x}}\cdot\frac{1+\sqrt[4]{x}}{1+\sqrt[4]{x}}=\frac{1+\sqrt[4]{x}}{1-\sqrt{x}}=\frac{1+\sqrt[4]{x}}{1-\sqrt{x}}\cdot\frac{1+\sqrt{x}}{1+\sqrt{x}}=\frac{(1+\sqrt[4]{x})(1+\sqrt{x})}{1-x}$

h) $\frac{2}{\sqrt{a}+\sqrt[4]{a}}=\frac{2}{\sqrt{a}+\sqrt[4]{a}}\cdot\frac{\sqrt{a}-\sqrt[4]{a}}{\sqrt{a}-\sqrt[4]{a}}=\frac{2\,(\sqrt{a}-\sqrt[4]{a})}{a-\sqrt{a}}=\frac{2\,(\sqrt{a}-\sqrt[4]{a})}{a-\sqrt{a}}\cdot\frac{a+\sqrt{a}}{a+\sqrt{a}}$

$=\frac{2\,(a\sqrt{a}-\sqrt[4]{a})(a+\sqrt{a})}{a^2-a}$

84. a) $2\cdot\sqrt[3]{3}=\sqrt[3]{2^3}\cdot\sqrt[3]{3}=\sqrt[3]{8\cdot 3}=\sqrt[3]{24}$

b) $0{,}1\cdot\sqrt[4]{100}=\sqrt[4]{0{,}1^4}\cdot\sqrt[4]{100}=\sqrt[4]{0{,}0001\cdot 100}=\sqrt[4]{0{,}01}$

c) $\frac{2}{3}\cdot\sqrt[5]{81}=\sqrt[5]{\left(\frac{2}{3}\right)^5}\cdot\sqrt[5]{81}=\sqrt[5]{\frac{32}{243}\cdot 81}=\sqrt[5]{\frac{32}{3}}$

d) $\frac{2}{5}\cdot\sqrt[4]{\frac{125}{24}}=\sqrt[4]{\left(\frac{2}{5}\right)^4}\cdot\sqrt[4]{\frac{125}{24}}=\sqrt[4]{\frac{16}{625}\cdot\frac{125}{24}}=\sqrt[4]{\frac{2}{5}\cdot\frac{1}{3}}=\sqrt[4]{\frac{2}{15}}$

85. a) $\sqrt[4]{\sqrt{19}}=(19^{\frac{1}{2}})^{\frac{1}{4}}=19^{\frac{1}{2}\cdot\frac{1}{4}}=19^{\frac{1}{8}}=\sqrt[8]{19}$

b) $\sqrt[5]{\sqrt[3]{21}}=(21^{\frac{1}{3}})^{\frac{1}{5}}=21^{\frac{1}{3}\cdot\frac{1}{5}}=21^{\frac{1}{15}}=\sqrt[15]{21}$

c) $\sqrt[4]{\sqrt[4]{3}} = (3^{\frac{1}{4}})^{\frac{1}{4}} = 3^{\frac{1}{4}\cdot\frac{1}{4}} = 3^{\frac{1}{16}} = \sqrt[16]{3}$

d) $\sqrt[7]{\sqrt[3]{x+4}} = \left[(x+4)^{\frac{1}{3}}\right]^{\frac{1}{7}} = (x+4)^{\frac{1}{3}\cdot\frac{1}{7}} = (x+4)^{\frac{1}{21}} = \sqrt[21]{x+4}$

Das Umschreiben in Potenzschreibweise kann entfallen.

86. a) $2{,}5^{-\frac{2}{9}} \cdot \sqrt[3]{2{,}5^{-2}} \cdot \left(\frac{5}{2}\right)^{\frac{8}{9}} = 2{,}5^{-\frac{2}{9}} \cdot 2{,}5^{-\frac{2}{3}} \cdot 2{,}5^{\frac{8}{9}} = 2{,}5^{-\frac{2}{9}+(-\frac{2}{3})+\frac{8}{9}}$

$= 2{,}5^{0} = 1$

b) $(\sqrt[3]{4} : 2^{\frac{3}{4}}) \cdot \sqrt[12]{2^{-1}} = (\sqrt[3]{2^2} : 2^{\frac{3}{4}}) \cdot \sqrt[12]{2^{-1}} = (2^{\frac{2}{3}} : 2^{\frac{3}{4}}) \cdot 2^{-\frac{1}{12}}$

$= 2^{\frac{2}{3}-\frac{3}{4}} \cdot 2^{-\frac{1}{12}} = 2^{-\frac{1}{12}+(-\frac{1}{12})} = 2^{-\frac{1}{6}}$

c) $\dfrac{\sqrt[3]{32} \cdot \sqrt[4]{0{,}5^{-3}} \cdot \sqrt[12]{2}}{\sqrt[4]{0{,}125^{-2}}} = \dfrac{\sqrt[3]{2^5} \cdot \sqrt[4]{\left(\frac{1}{2}\right)^{-3}} \cdot \sqrt[12]{2}}{\sqrt[4]{\left(\frac{1}{8}\right)^{-2}}} = \dfrac{2^{\frac{5}{3}} \cdot \sqrt[4]{(2^{-1})^{-3}} \cdot 2^{\frac{1}{12}}}{\sqrt[4]{(2^{-3})^{-2}}}$

$= \dfrac{2^{\frac{5}{3}} \cdot \sqrt[4]{2^3} \cdot 2^{\frac{1}{12}}}{\sqrt[4]{2^6}} = \dfrac{2^{\frac{5}{3}} \cdot 2^{\frac{3}{4}} \cdot 2^{\frac{1}{12}}}{2^{\frac{6}{4}}}$

$= 2^{\frac{5}{3}+\frac{3}{4}+\frac{1}{12}-\frac{3}{2}} = 2^1 = 2$

87. a) $\dfrac{\sqrt[5]{x^3} \cdot (\sqrt[3]{x^2})^2 \cdot x^{\frac{1}{6}}}{\sqrt[10]{x}} = \dfrac{x^{\frac{3}{5}} \cdot (x^{\frac{2}{3}})^2 \cdot x^{\frac{1}{6}}}{x^{\frac{1}{10}}} = \dfrac{x^{\frac{3}{5}} \cdot x^{\frac{4}{3}} \cdot x^{\frac{1}{6}}}{x^{\frac{1}{10}}} = x^{\frac{3}{5}+\frac{4}{3}+\frac{1}{6}-\frac{1}{10}} = x^2$

b) $\left(\sqrt[5]{c^4\sqrt[3]{c^3}} \cdot \sqrt{c\sqrt[4]{c^3}}\right) : \sqrt[24]{c} - \sqrt[6]{c^{11}} = (\sqrt[5]{c^4 \cdot c} \cdot (c \cdot c^{\frac{3}{4}})^{\frac{1}{2}}) : c^{\frac{1}{24}} - c^{\frac{11}{6}}$

$= (\sqrt[5]{c^5} \cdot (c^{\frac{7}{4}})^{\frac{1}{2}}) : c^{\frac{1}{24}} - c^{\frac{11}{6}}$

$= (c \cdot c^{\frac{7}{8}}) : c^{\frac{1}{24}} - c^{\frac{11}{6}} = c^{\frac{15}{8}} : c^{\frac{1}{24}} - c^{\frac{11}{6}}$

$= c^{\frac{15}{8}-\frac{1}{24}} - c^{\frac{11}{6}} = c^{\frac{11}{6}} - c^{\frac{11}{6}} = 0$

c) $$\frac{(x^{1,5}-\sqrt{x})^{-2}}{(x^{\frac{7}{3}}-2x^{\frac{4}{3}}+x^{\frac{1}{3}})^{-1}}:x^{-\frac{2}{3}}-\frac{x^{-0,5}\cdot x^{\frac{2}{3}}}{\sqrt[6]{x}}$$

$$=\frac{(x^{\frac{3}{2}}-x^{\frac{1}{2}})^{-2}}{\left[x^{\frac{1}{3}}(x^2-2x+1)\right]^{-1}}\cdot\frac{1}{x^{-\frac{2}{3}}}-\frac{x^{-\frac{1}{2}+\frac{2}{3}}}{x^{\frac{1}{6}}}$$

$$=\frac{[x^{\frac{1}{2}}(x-1)]^{-2}}{[x^{\frac{1}{3}}\cdot(x-1)^2]^{-1}}\cdot\frac{1}{x^{-\frac{2}{3}}}-\frac{x^{\frac{1}{6}}}{x^{\frac{1}{6}}}=\frac{x^{\frac{1}{2}\cdot(-2)}\cdot(x-1)^{-2}}{x^{\frac{1}{3}\cdot(-1)}\cdot(x-1)^{2\cdot(-1)}\cdot x^{-\frac{2}{3}}}-1$$

$$=\frac{x^{-1}(x-1)^{-2}}{x^{-\frac{1}{3}}(x-1)^{-2}\cdot x^{-\frac{2}{3}}}-1=\frac{x^{-1}}{x^{-\frac{1}{3}+(-\frac{2}{3})}}-1=\frac{x^{-1}}{x^{-1}}-1=1-1=0$$

88. a) $x^4 = 17 \Leftrightarrow x = \sqrt[4]{17} \vee x = -\sqrt[4]{17}$
$\mathbb{L} = \left\{-\sqrt[4]{17};\sqrt[4]{17}\right\}$

b) $x^7 = 49 \Leftrightarrow x = \sqrt[7]{49}$
$\mathbb{L} = \left\{\sqrt[7]{49}\right\}$

c) $x^3 = 0 \Leftrightarrow x = 0$
$\mathbb{L} = \{0\}$

d) $x^8 = 0 \Leftrightarrow x = 0$
$\mathbb{L} = \{0\}$

e) $x^6 = -7$ Die Gleichung ist unerfüllbar.
$\mathbb{L} = \{\ \}$

f) $x^3 = -8 \Leftrightarrow x = -2$
$\mathbb{L} = \{-2\}$

g) $4x^3 = 12 \Leftrightarrow x^3 = 3 \Leftrightarrow x = \sqrt[3]{3}$
$\mathbb{L} = \{\sqrt[3]{3}\}$

h) $-5x^8 = -1 \Leftrightarrow x^8 = \frac{1}{5} \Leftrightarrow x = \sqrt[8]{\frac{1}{5}} \vee x = -\sqrt[8]{\frac{1}{5}}$
$\mathbb{L} = \left\{-\sqrt[8]{\frac{1}{5}};\sqrt[8]{\frac{1}{5}}\right\}$

i) $\frac{3}{5}x^9 = -15 \Leftrightarrow x^9 = -25 \Leftrightarrow x = -\sqrt[9]{25}$

$\mathbb{L} = \{-\sqrt[9]{25}\}$

j) $\frac{1}{2}x^4 + \frac{3}{4} = 0 \Leftrightarrow \frac{1}{2}x^4 = -\frac{3}{4} \Leftrightarrow x^4 = -\frac{3}{2}$

Die Gleichung ist unerfüllbar.

$\mathbb{L} = \{\ \}$

k) $(2x + 3)^5 = 128 \Leftrightarrow 2x + 5 = \sqrt[5]{2^5}$

$\Leftrightarrow 2x + 5 = 2 \Leftrightarrow 2x = -3 \Leftrightarrow x = -\frac{3}{2}$

$\mathbb{L} = \left\{-\frac{3}{2}\right\}$

l) $(1 - x)^{11} = -0{,}5 \Leftrightarrow 1 - x = -\sqrt[11]{0{,}5} \Leftrightarrow -x = -1 - \sqrt[11]{0{,}5}$

$\Leftrightarrow x = 1 + \sqrt[11]{0{,}5}$

$\mathbb{L} = \{1 + \sqrt[11]{0{,}5}\}$

89. a) $\sqrt[3]{5x+2} = 3 \Rightarrow (\sqrt[3]{5x+2})^3 = 3^3$

$\Leftrightarrow 5x + 2 = 27 \Leftrightarrow 5x = 25 \Leftrightarrow x = 5$

Probe für $x = 5$: $\sqrt[3]{5 \cdot 5 + 2} = 3$ (w)

$\mathbb{L} = \{5\}$

b) $\sqrt[4]{3x-1} = -1$

Die Gleichung ist unerfüllbar, da $\sqrt[4]{3x-1} \geq 0$.

$\mathbb{L} = \{\ \}$

c) $(26x+1)^{\frac{3}{4}} = 125 \Leftrightarrow [(26x+1)^{\frac{3}{4}}]^{\frac{4}{3}} = (5^3)^{\frac{4}{3}}$

$\Leftrightarrow 26x + 1 = 5^4 \Leftrightarrow 26x + 1 = 625 \Leftrightarrow 26x = 624 \Leftrightarrow x = 24$

Probe für $x = 24$: $(26 \cdot 24 + 1)^{\frac{3}{4}} = 125$ (w)

$\mathbb{L} = \{24\}$

d) $(17x+3)^{\frac{2}{3}} = 49 \quad \Rightarrow \quad [(17x+3)^{\frac{2}{3}}]^{\frac{3}{2}} = (7^2)^{\frac{3}{2}}$

$\Leftrightarrow \quad 17x + 3 = 7^3 \quad \Leftrightarrow \quad 17x + 3 = 343 \quad \Leftrightarrow \quad 17x = 340 \quad \Leftrightarrow \quad x = 20$

Probe für x = 20: $(17 \cdot 20 + 3)^{\frac{2}{3}} = 49$ (w)

$\mathbb{L} = \{20\}$

e) $\sqrt[3]{x^3+2x^2-1} = x \quad \Rightarrow \quad (\sqrt[3]{x^3+2x^2-1})^3 = x^3$

$\Leftrightarrow \quad x^3 + 2x^2 - 1 = x^3 \quad \Leftrightarrow \quad 2x^2 - 1 = 0 \quad \Leftrightarrow \quad 2x^2 = 1 \quad \Leftrightarrow \quad x^2 = 0{,}5$

$\Leftrightarrow \quad x = -\sqrt{0{,}5} \ \vee \ x = \sqrt{0{,}5}$

Probe für $x = -\sqrt{0{,}5}$: $\sqrt[3]{\underbrace{(-\sqrt{0{,}5})^3 + 2\,(-0{,}5)^2 - 1}_{<0}} = -\sqrt{0{,}5}$

Die dritte Wurzel aus einer negativen Zahl ist nicht definiert.
Probe für $x = \sqrt{0{,}5}$: $\sqrt[3]{(\sqrt{0{,}5})^3 + 2\,(\sqrt{0{,}5})^2 - 1} = \sqrt{0{,}5}$ (w)
Damit ist $\mathbb{L} = \{\sqrt{0{,}5}\}$

f) $\sqrt[4]{x^4+x^2-2x-15} = -x \quad \Rightarrow \quad (\sqrt[4]{x^4+x^2-2x-15})^4 = (-x)^4$

$\Leftrightarrow \quad x^4 + x^2 - 2x - 15 = x^4 \quad \Leftrightarrow \quad x^2 - 2x - 15 = 0$

$\Leftrightarrow \quad (x-5)(x+3) = 0 \quad \Leftrightarrow \quad x - 5 = 0 \vee x + 3 = 0$

$\Leftrightarrow \quad x = 5 \ \vee \ x = -3$

Probe für x = 5: $\sqrt[4]{5^4+5^2-2 \cdot 5-15} = -5$ (f),
da die vierte Wurzel aus einer Zahl stets nicht negativ ist.

Probe für x = –3: $\sqrt[4]{(-3)^4+(-3)^2-2 \cdot (-3)-15} = 3$ (w)

Damit ist $\mathbb{L} = \{-3\}$

g) $\sqrt[3]{x^3-3x^2+5} = x - 1 \quad \Rightarrow \quad (\sqrt[3]{x^3-3x^2+5})^3 = (x-1)^3$

Nebenrechnung: $(x-1)^3 = (x^2 - 2x + 1)(x - 1)$
$= x^3 - x^2 - 2x^2 + 2x + x - 1$
$= x^3 - 3x^2 + 3x - 1$

$\Leftrightarrow \quad x^3 - 3x^2 + 5 = x^3 - 3x^2 + 3x - 1$
$\Leftrightarrow \quad 6 = 3x$
$\Leftrightarrow \quad 2 = x$

Probe für x = 2: $\sqrt[3]{2^3 - 3 \cdot 2^2 + 5} = 2 - 1$ (w)

Damit ist $\mathbb{L} = \{2\}$

h) $\sqrt[3]{x^3+5x^2+21} = x+2 \quad \Rightarrow \quad (\sqrt[3]{x^3+5x^2+21})^3 = (x+2)^3$

Nebenrechnung: $(x+2)^3 = (x^2+4x+4)(x+2)$
$= x^3+2x^2+4x^2+8x+4x+8$
$= x^3+6x^2+12x+8$

$\Leftrightarrow \quad x^3+5x^2+21 = x^3+6x^2+12x+8$

$\Leftrightarrow \quad 0 = x^2+12x-13$

$\Leftrightarrow \quad 0 = (x-1)(x+13)$, da $-1\cdot 13 = -13$ und $-1+13 = 12$

$\Leftrightarrow \quad x-1 = 0 \;\vee\; x+13 = 0$

$\Leftrightarrow \quad x = 1 \;\vee\; x = -13$

Probe für x = 1: $\sqrt[3]{1^3+5\cdot 1^2+21} = 1+2$ (w)

Probe für x = –13: $\sqrt[3]{\underbrace{(-13)^3+5\cdot(-13)^2+21}_{<0}} = -13+2$

Die dritte Wurzel aus einer negativen Zahl ist nicht definiert.

Damit ist $\mathbb{L} = \{1\}$

90. a) $21^{\sqrt{5}} = 904{,}84$

Eingabe:

21	x^y	5	√	=

b) $\left(\frac{7}{8}\right)^{\sqrt{3}} = 0{,}79$

Eingabe:

(	7	÷	8	)	x^y	3	√	=

c) $-5^{\sqrt[3]{4}} = -12{,}87$

Eingabe:

1	+/–	×	5	x^y	(	4	x^y	3	1/x	)	=

d) $7^{-\sqrt[5]{2}} = 0{,}11$

Eingabe:

7	x^y	(	1	+/–	×	2	x^y	5	1/x	)	=

e) $1{,}2^{7\cdot\sqrt{5}} = 17{,}35$

Eingabe:

$\boxed{1{,}2}\ \boxed{x^y}\ \boxed{(}\ \boxed{7}\ \boxed{\times}\ \boxed{5}\ \boxed{\sqrt{\ }}\ \boxed{)}\ \boxed{=}$

f) $(\sqrt{0{,}7})^{-6\sqrt{3}} = 6{,}38$

Eingabe:

$\boxed{0{,}7}\ \boxed{\sqrt{\ }}\ \boxed{x^y}\ \boxed{(}\ \boxed{6}\ \boxed{+/-}\ \boxed{\times}\ \boxed{3}\ \boxed{\sqrt{\ }}\ \boxed{)}\ \boxed{=}$

g) $0{,}27^{1+\sqrt{5}} = 0{,}01$

Eingabe:

$\boxed{0{,}27}\ \boxed{x^y}\ \boxed{(}\ \boxed{1}\ \boxed{+}\ \boxed{5}\ \boxed{\sqrt{\ }}\ \boxed{)}\ \boxed{=}$

h) $(2+\sqrt{3})^{2+\sqrt{3}} = 136{,}31$

Eingabe:

$\boxed{(}\ \boxed{2}\ \boxed{+}\ \boxed{3}\ \boxed{\sqrt{\ }}\ \boxed{)}\ \boxed{x^y}\ \boxed{(}\ \boxed{2}\ \boxed{+}\ \boxed{3}\ \boxed{\sqrt{\ }}\ \boxed{)}\ \boxed{=}$

oder auch unter Verwendung des Speichers:

$\boxed{(}\ \boxed{2}\ \boxed{+}\ \boxed{3}\ \boxed{\sqrt{\ }}\ \boxed{)}\ \boxed{\text{Min}}\ \boxed{x^y}\ \boxed{\text{MR}}\ \boxed{=}$

Bei einigen Taschenrechnern findet man anstelle der Bezeichnung $\boxed{\text{Min}}$ auch $\boxed{\text{STO}}$ und anstelle von $\boxed{\text{MR}}$ auch $\boxed{\text{RCL}}$.

91. a) $2^{1+\sqrt{2}} \cdot 2^{1-\sqrt{2}} = 2^{1+\sqrt{2}+1-\sqrt{2}} = 2^2 = 4$

b) $(5^{1+\sqrt{2}})^{1-\sqrt{2}} = 5^{(1+\sqrt{2})(1-\sqrt{2})} = 5^{1-2} = 5^{-1} = \frac{1}{5}$

c) $9^{\sqrt[3]{\frac{1}{4}}} \cdot 9^{\frac{3-\sqrt[3]{2}}{2}} = 9^{\sqrt[3]{\frac{1}{4}}+\frac{3-\sqrt[3]{2}}{2}} = 9^{\sqrt[3]{\frac{2}{8}}+\frac{3}{2}-\frac{1}{2}\sqrt[3]{2}} = 9^{\frac{1}{2}\sqrt[3]{2}+\frac{3}{2}-\frac{1}{2}\sqrt[3]{2}}$

$= 9^{\frac{3}{2}} = (3^2)^{\frac{3}{2}} = 3^{2\cdot\frac{3}{2}} = 3^3 = 27$

d) $(16^{\sqrt{3}}:4^{\sqrt{3}})^{\frac{1}{2}}+(\sqrt{2})^{2\cdot\sqrt{3}}-2\cdot 2^{\sqrt{3}}=\left[(16:4)^{\sqrt{3}}\right]^{\frac{1}{2}}+\left[(\sqrt{2})^2\right]^{\sqrt{3}}-2\cdot 2^{\sqrt{3}}$

$=4^{\frac{1}{2}\sqrt{3}}+2^{\sqrt{3}}-2\cdot 2^{\sqrt{3}}$

$=(2^2)^{\frac{1}{2}\sqrt{3}}-2^{\sqrt{3}}=2^{\sqrt{3}}-2^{\sqrt{3}}=0$

92. a) $[(\sqrt[4]{a}^{\sqrt{2}}]^{\sqrt{2}}-2a^{\frac{1}{2}}=(a^{\frac{1}{4}})^{\sqrt{2}\cdot\sqrt{2}}-2a^{\frac{1}{2}}=(a^{\frac{1}{4}})^2-2a^{\frac{1}{2}}=a^{\frac{1}{4}\cdot 2}-2a^{\frac{1}{2}}$

$=a^{\frac{1}{2}}-2a^{\frac{1}{2}}=-a^{\frac{1}{2}}$

b) $[(\sqrt[3]{a}\cdot\sqrt[4]{b^{-1}})^{3+\sqrt{3}}]^{3-\sqrt{3}}=(a^{\frac{1}{3}}\cdot b^{-\frac{1}{4}})^{(3+\sqrt{3})(3-\sqrt{3})}=(a^{\frac{1}{3}}\cdot b^{-\frac{1}{4}})^{9-3}$

$=(a^{\frac{1}{3}}\cdot b^{-\frac{1}{4}})^6=a^{\frac{1}{3}\cdot 6}\cdot b^{-\frac{1}{4}\cdot 6}=a^2\cdot b^{-\frac{3}{2}}$

93. a) $(a^{\sqrt[3]{3}})^{\sqrt[3]{9}}-(a^{\sqrt{5}})^{-\sqrt{5}}=a^{\sqrt[3]{3}\cdot\sqrt[3]{9}}-a^{\sqrt{5}\cdot(-\sqrt{5})}=a^{\sqrt[3]{3\cdot 9}}-a^{-5}$

$=a^{\sqrt[3]{27}}-a^{-5}=a^3-a^{-5}$

b) $$\left[\frac{x^{\sqrt{2}}+1}{x^{\sqrt{2}}-1}\right]^{-\frac{3}{2}}\cdot\frac{(x^{2\sqrt{2}}-2x^{\sqrt{2}}+1)^{-\frac{1}{2}}}{(x^{\sqrt{2}}+1)^{-\frac{1}{2}}}\cdot\left[\frac{(x^{\sqrt{2}}+1)^{\frac{3}{2}\sqrt{2}}}{(x^{2\sqrt{2}}-1)^{-\frac{3}{2}\sqrt{2}}}\right]^{\frac{1}{2}\sqrt{2}}$$

Mit $x^{\sqrt{2}}=a$ wird

$$\left(\frac{a+1}{a-1}\right)^{-\frac{3}{2}}\cdot\frac{(a^2-2a+1)^{-\frac{1}{2}}}{(a+1)^{-\frac{1}{2}}}\cdot\left[\frac{(a+1)^{\frac{3}{2}\sqrt{2}}}{(a^2-1)^{-\frac{3}{2}\sqrt{2}}}\right]^{\frac{1}{2}\sqrt{2}}$$

$$=\frac{(a+1)^{-\frac{3}{2}}}{(a-1)^{-\frac{3}{2}}}\cdot\frac{\left[(a-1)^2\right]^{-\frac{1}{2}}}{(a+1)^{-\frac{1}{2}}}\cdot\frac{(a+1)^{\frac{3}{2}\sqrt{2}\cdot\frac{1}{2}\sqrt{2}}}{[(a-1)(a+1)]^{-\frac{3}{2}\sqrt{2}\cdot\frac{1}{2}\sqrt{2}}}$$

$$=\frac{(a+1)^{-\frac{3}{2}}}{(a-1)^{-\frac{3}{2}}}\cdot\frac{(a-1)^{2\cdot(-\frac{1}{2})}}{(a+1)^{-\frac{1}{2}}}\cdot\frac{(a+1)^{\frac{3}{2}}}{[(a-1)(a+1)]^{-\frac{3}{2}}}$$

$$=\frac{(a+1)^{-\frac{3}{2}}}{(a-1)^{-\frac{3}{2}}}\cdot\frac{(a-1)^{-1}}{(a+1)^{-\frac{1}{2}}}\cdot\frac{(a+1)^{\frac{3}{2}}}{(a-1)^{-\frac{3}{2}}(a+1)^{-\frac{3}{2}}}$$

$$=(a+1)^{-\frac{3}{2}-(-\frac{1}{2})+\frac{3}{2}-(-\frac{3}{2})}\cdot(a-1)^{-(-\frac{3}{2})+(-1)-(-\frac{3}{2})}$$

$$=(a+1)^2\cdot(a-1)^2=[(a+1)(a-1)]^2=(a^2-1)^2$$

Mit $a = x^{\sqrt{2}}$ wird

$(x^{2\sqrt{2}}-1)^2 = x^{4\sqrt{2}} - 2x^{2\sqrt{2}} + 1$

Zum einleitenden Text des Kapitels "Funktionen":
$Z(25a) = 7{,}44 \cdot 10^9$
Nach damaliger Hochrechnung wird die Weltbevölkerung im Jahr 2 000 ca. 7,44 Milliarden Menschen betragen.

94. a)

x	−1,5	−1,25	−1,0	−0,75	−0,5	−0,25	0
x^4	5,06	2,44	1	0,32	0,06	0,00	0

0,25	0,5	0,75	1	1,25	1,5
0,00	0,06	0,32	1	2,44	5,06

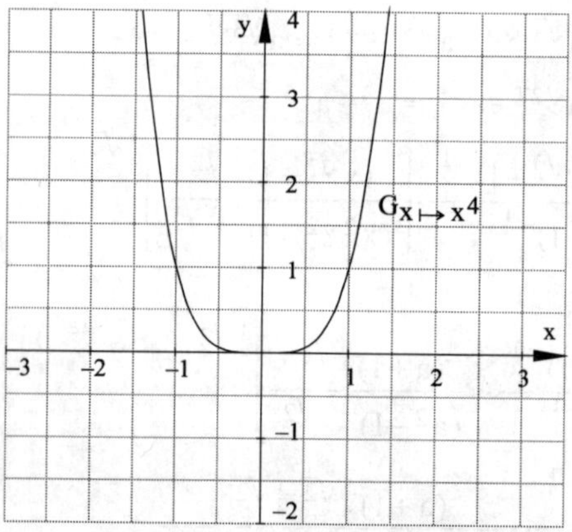

b)

x	−1,5	−1,25	−1,0	−0,75	−0,5	−0,25	0
x^4-2	3,06	0,44	−1	−1,68	−1,94	−2,00	−2

0,25	0,5	0,75	1	1,25	1,5
−2,00	−1,94	−1,68	−1	0,44	3,06

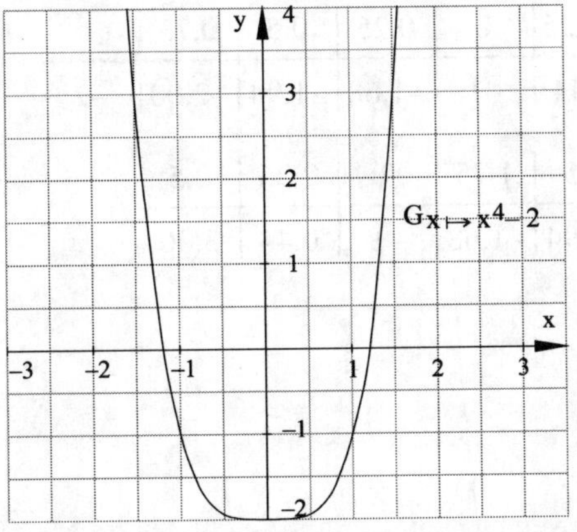

c)

x	–0,5	–0,25	0	0,25	0,5	0,75	1
$(x-1)^4$	5,06	2,44	1	0,32	0,06	0,00	0

1,25	1,5	1,75	2	2,25	2,5
0,00	0,06	0,32	1	2,44	5,06

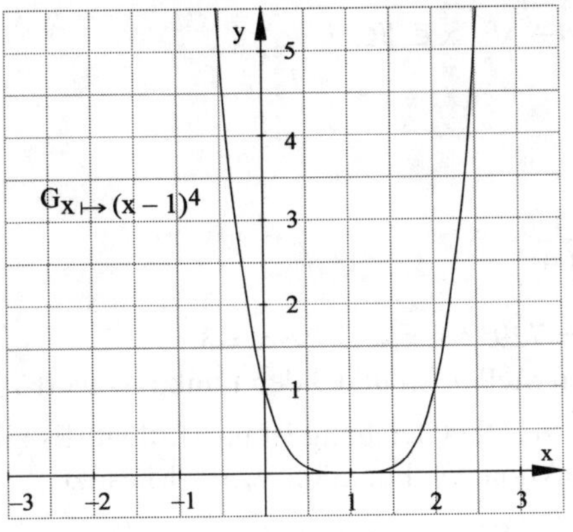

d)

x	−0,5	−0,25	0	0,25	0,5	0,75	1
$(x-1)^4-2$	3,06	0,44	−1	−1,68	−1,94	−2,00	−2

x	1,25	1,5	1,75	2	2,25	2,5
$(x-1)^4-2$	−2,00	−1,94	−1,68	−1	0,44	3,06

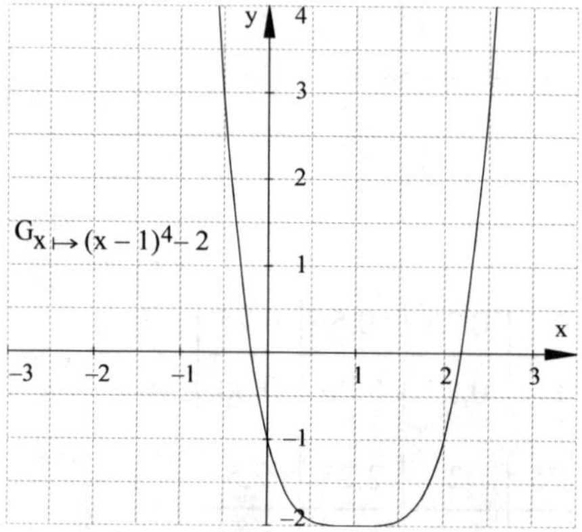

95. Gegeben ist die Funktion $f: x \mapsto x^6,\ x \in \mathbb{R}$.

a) $f(0) = 0^6 = 0$
$f(-1) = (-1)^6 = 1$
$f(2) = 2^6 = 64$
$f(0{,}5) = f\left(\frac{1}{2}\right) = \left(\frac{1}{2}\right)^6 = \frac{1}{64}$

b) Aus $f(x) = 729$ folgt $x^6 = 729 \Leftrightarrow x = -3 \vee x = 3$
Die Funktion besitzt an den Stellen −3 und 3 den Funktionswert 729.

Aus $f(x) = -1$ folgt $x^6 = -1$. Die Gleichung ist unerfüllbar. Es gibt keine Stelle, an der die Funktion den Funktionswert −1 besitzt.

Aus $f(x) = 64$ folgt $x^6 = 64 \Leftrightarrow x = -2 \vee x = 2$.
Die Funktion besitzt an den Stellen −2 und 2 den Funktionswert 64.

c) Wertetabelle

x	–1,5	–1,25	–1	–0,75	–0,5	–0,25	0
x^6	11,39	3,81	1	0,18	0,02	0,00	0

0,25	0,5	0,75	1	1,25	1,5
0,00	0,02	0,18	1	3,81	11,39

Der Graph von f verläuft im I. und im II. Quadranten.

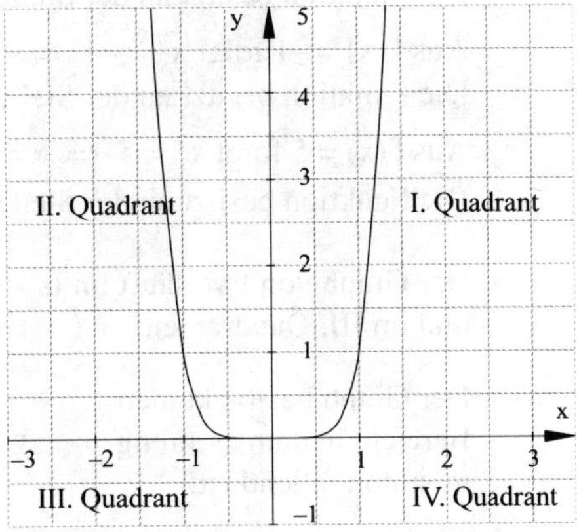

d) Für $x \leq 0$ ist der Graph von f streng monoton fallend.

e) Für $-1 \leq x \leq 1$ ist $x^6 \leq 1$.
Es gibt keine x-Werte, so daß $x^6 < 0$.
Für $x \leq -2$ oder für $x \geq 2$ ist $x^6 \geq 64$.

$$x^6 = 8 \Leftrightarrow x = -\sqrt[6]{8} \vee x = \sqrt[6]{8}$$
$$\Leftrightarrow x = -\sqrt[6]{2^3} \vee x = \sqrt[6]{2^3}$$
$$\Leftrightarrow x = -\sqrt{2} \vee x = \sqrt{2}$$

Für $-\sqrt{2} \leq x \leq 1$ oder $1 \leq x \leq \sqrt{2}$ ist $1 \leq x^6 \leq 8$.

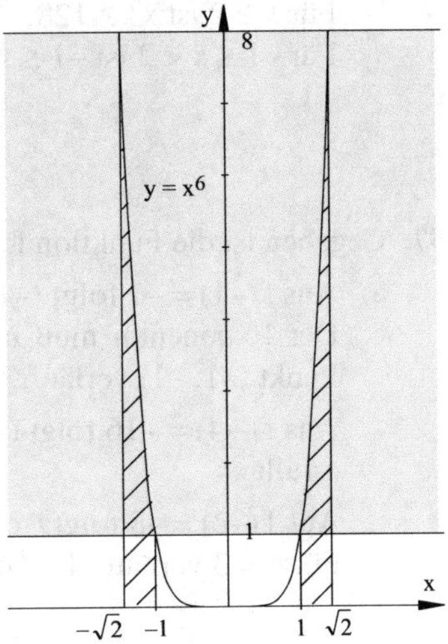

96. Gegeben ist die Funktion f: $x \mapsto x^7$, $x \in \mathbb{R}$.

a) $f(0) = 0^7 = 0$
$f(1) = 1^7 = 1$
$f(0{,}5) = f\left(\frac{1}{2}\right) = \left(\frac{1}{2}\right)^7 = \frac{1}{128}$

b) Aus $f(x) = 128$ folgt $x^7 = 128 \Leftrightarrow x = \sqrt[7]{128} \Leftrightarrow x = 2$.
Die Funktion besitzt an der Stelle 2 den Funktionswert 128.

Aus $f(x) = -1$ folgt $x^7 = -1 \Leftrightarrow x = -\sqrt[7]{1} \Leftrightarrow x = -1$
Die Funktion besitzt an der Stelle –1 den Funktionswert –1.

Aus $f(x) = 5$ folgt $x^7 = 5 \Leftrightarrow x = \sqrt[7]{5}$
Die Funktion besitzt an der Stelle $\sqrt[7]{5}$ den Funktionswert 5.

c) Der Graph von f verläuft im I. und im III. Quadranten.

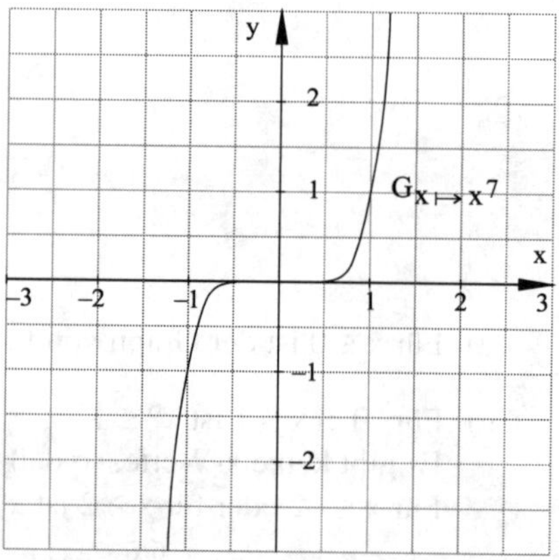

d) Der Graph besitzt keinen Bereich, in dem er streng monoton fallend ist.

e) Für $x \leq 1$ ist $x^7 \leq 1$.
Für $x < 0$ ist $x^7 < 0$.
Für $x \geq 2$ ist $x^7 \geq 128$.
Für $-1 \leq x < 2$ ist $-1 \leq x^7 < 128$.

97. Gegeben ist die Funktion f: $x \mapsto x^n$, $x \in \mathbb{R}$ und $n \in \mathbb{N}$.

a) Aus $f(-1) = -1$ folgt $(-1)^n = -1$
Der Exponent n muß ungerade sein, damit der Graph von f durch den Punkt (–1; –1) verläuft.

Aus $f(-4) = -16$ folgt $(-4)^n = -16$. Es gibt kein n, das diese Bedingung erfüllt.

Aus $f(-2) = -8$ folgt $(-2)^n = -8 \Leftrightarrow n = 3$
Für n = 3 verläuft der Graph von f durch den Punkt (–2; –8).

Aus $f(-2) = 64$ folgt $(-2)^n = 64 \Leftrightarrow n = 6$
Für $n = 6$ verläuft der Graph von f durch den Punkt $(-2; 64)$.

Aus $f(-0{,}5) = -0{,}125$ folgt $(-0{,}5)^n = -0{,}125 \Leftrightarrow n = 3$
Für $n = 3$ verläuft der Graph von f durch den Punkt $(-0{,}5; -0{,}125)$.

b) Für ungerade n verläuft der Graph von f punktsymmetrisch zum Ursprung (0; 0).

98.

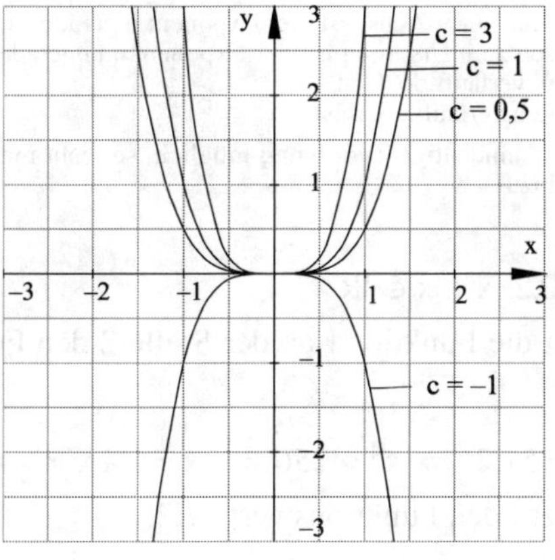

99. Zu (1) $x \mapsto 0{,}1x^3$

Der Graph der Funktion ist punktsymmetrisch zu O (0; 0). Der Graph der Funktion verläuft im I. und III. Quadranten. Es kommen als zugehörige Graphen nur b und c in Frage.

Aus $1 \mapsto 0{,}1 \cdot 1^3 = 0{,}1$ folgt, daß der Graph durch den Punkt (1; 0,1) verläuft. Damit ist c der zugehörige Graph.

Zu (2) $x \mapsto -2x^3$

Der Graph der Funktion ist punktsymmetrisch zu O (0; 0). Der Graph verläuft (wegen $c < 0$) im II. und IV. Quadranten. Der zugehörige Graph muß demnach d sein.

Zur Kontrolle: aus $1 \mapsto -2 \cdot 1^3 = -2$ folgt, daß der Graph durch den Punkt (1; −2) verläuft, was bei d der Fall ist.

Zu (3) $x \mapsto 0{,}5x^4$

Der Graph ist achsensymmetrisch zur y-Achse und verläuft im I. und II. Quadranten. Es muß sich demnach um a handeln.

Zur Kontrolle: aus $1 \mapsto 0{,}5 \cdot 1^4 = 0{,}5$ folgt, daß der Graph durch den Punkt (1; 0,5) verläuft, was bei a auch zutrifft.

Zu (4) $x \mapsto 2 \cdot x^5$

Der Graph ist punktsymmetrisch zum Ursprung (0; 0) und verläuft im I. und III. Quadranten.

Aus $1 \mapsto 2 \cdot 1^5 = 2$ folgt, daß der Graph durch den Punkt (1; 2) verläuft. Damit ist b der zugehörige Graph.

Anmerkung: Möchte man umgekehrt den Graphen die zugehörigen Funktionen zuordnen, so verwendet man, daß

- bei einem Graphen, der achsensymmetrisch zur y-Achse ist, der Exponent n gerade ist.
- bei einem Graphen, der punktsymmetrisch zum Ursprung ist, der Exponent n ungerade ist.
- bei einem Graphen, der im I. Quadranten verläuft $c > 0$ ist.
- bei einem Graphen, der im IV. Quadranten verläuft $c < 0$ ist.

Ist anhand dieser Eigenschaften noch keine eindeutige Zuordnung möglich, so zieht man zur Entscheidung noch Punkte des Graphen hinzu.

100. Gegeben ist die Funktion $f\colon x \mapsto 0{,}2 \cdot x^4,\ x \in \mathbb{R}$

a) Da $f(2) = 0{,}2 \cdot 2^4 = 3{,}2$, besitzt die Funktion f an der Stelle 2 den Funktionswert 3,2.

b) Aus $f(x) = 51{,}2$ folgt $0{,}2 \cdot x^4 = 51{,}2 \Leftrightarrow x^4 = 256 \Leftrightarrow x = -4 \vee x = 4$.

An den Stellen -4 und 4 besitzt f den Funktionswert 51,2.

101. Gegeben ist die Funktion $f\colon x \mapsto c \cdot x^3,\ x \in \mathbb{R}$

Aus $(-2; -6) \in G_f$ folgt

$$\begin{aligned} & f(-2) = -6 \\ \Leftrightarrow\ & c \cdot (-2)^3 = -6 \\ \Leftrightarrow\ & c \cdot (-8) = -6 \\ \Leftrightarrow\ & c = \frac{3}{4} \end{aligned}$$

Es muß $c = \frac{3}{4}$ gewählt werden, damit G_f durch (–2; –6) verläuft.

102. Gegeben ist die Funktion $f\colon x \mapsto c \cdot x^4,\ x \in \mathbb{R}$.

Aus $(-0{,}5; 1) \in G_f$ folgt

$$\begin{aligned} & f(-0{,}5) = 1 \\ \Leftrightarrow\ & c \cdot (-0{,}5)^4 = 1 \\ \Leftrightarrow\ & c \cdot \frac{1}{16} = 1 \\ \Leftrightarrow\ & c = 16 \end{aligned}$$

Es muß c = 16 gewählt werden, damit G_f durch (–0,5; 1) verläuft.

103. Gegeben ist die Funktion f: $x \mapsto c \cdot x^n$, $x \in \mathbb{R}$, $n \in \mathbb{N}$ und $c \in \mathbb{R}$.

Aus $(1; 0{,}25) \in G_f$ folgt $\quad c \cdot 1^n = 0{,}25 \Leftrightarrow c = 0{,}25 \quad (1)$

Aus $(2; 4) \in G_f$ folgt $\quad c \cdot 2^n = 4 \quad (2)$

(1) in (2) $0{,}25 \cdot 2^n = 4 \Leftrightarrow 2^n = 16 \Leftrightarrow n = 4$

Der Graph von f: $x \mapsto 0{,}25 \cdot x^4$, $x \in \mathbb{R}$ verläuft durch die Punkte (1; 0,25) und (2; 4).

Aus $(-2; 4) \in G_f$ folgt $\quad c \cdot (-2)^n = 4 \quad (1)$

Aus $(3; -13{,}5) \in G_f$ folgt $\quad c \cdot 3^n = -13{,}5 \quad (2)$

Mit (2) : (1) erhält man $\dfrac{c \cdot 3^n}{c \cdot (-2)^n} = \dfrac{-13{,}5}{4} \Leftrightarrow \dfrac{3^n}{(-2)^n} = -\dfrac{27}{8}$

$\Leftrightarrow \left(-\dfrac{3}{2}\right)^n = -\dfrac{27}{8} \Leftrightarrow n = 3$

n = 3 in (1) $c \cdot (-2)^3 = 4 \Leftrightarrow c \cdot (-8) = 4 \Leftrightarrow c = -\dfrac{1}{2}$

Die Funktion f: $x \mapsto -\frac{1}{2}x^3$, $x \in \mathbb{R}$ verläuft durch die Punkte (–2; 4) und (3; –13,5).

104. Gegeben sind die Funktionen f: $x \mapsto x^3$, $x \in \mathbb{R}$ und g: $x \mapsto -x^3$, $x \in \mathbb{R}$ sowie h: $x \mapsto -0{,}5x^2 + 2$, $x \in [0; 2]$.

a)

x	0	0,5	1	1,5	2
f(x)	0	0,13	1	3,38	8

x	0	0,5	1	1,5	2
h(x)	2	1,88	1,5	0,88	0

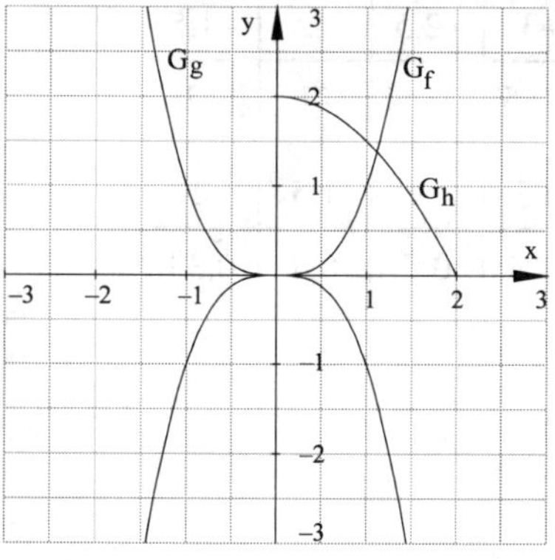

b) Die x-Koordinate des Schnittpunktes ist 1,1.

c) Wegen $f(1{,}1) = 1{,}331 \; < 1{,}395 \; = h\,(1{,}1)$
sowie $f(1{,}2) = 1{,}728 \; > 1{,}28 \; = h\,(1{,}2)$
liegt die x-Koordinate des Schnittpunktes im Intervall [1,1; 1,2]

105. a)

x	–3	–2,5	–2	–1,5	–1	–0,5
$x^{-1} + 1$	0,67	0,50	0,5	0,33	0	–1

0,5	1	1,5	2	2,5	3
3	2	1,67	1,5	1,4	1,33

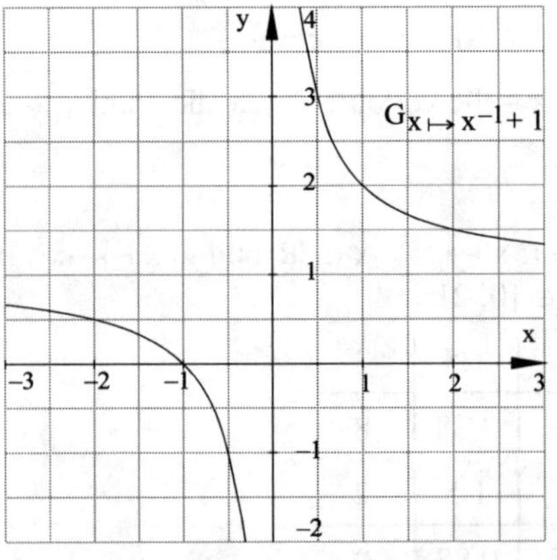

b)

x	–4	–3,5	–3	–2,5	–2	–1,5
$(x + 1)^{-1}$	–0,33	–0,4	–0,5	–0,67	–1	–2

–0,5	0	0,5	1	1,5	2
2	1	0,67	0,5	0,4	0,33

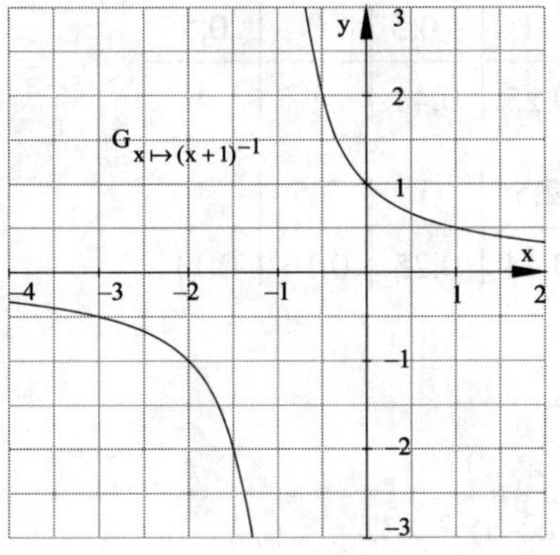

c)

x	–3	–2,5	–2	–1,5	–1	–0,5	0,5	1	1,5	2	2,5	3
$x^{-2} - 1$	–0,89	–0,84	–0,75	–0,56	0	3	3	0	–0,56	–0,75	–0,84	–0,89

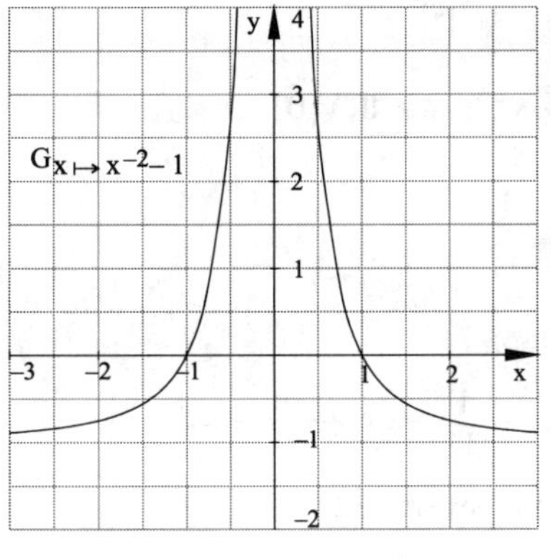

d)

x	-2	$-1{,}5$	-1	$-0{,}5$	0	$0{,}5$
$(x-1)^{-2}$	0,11	0,16	0,25	0,44	1	4

1,5	2	2,5	3	3,5	4
4	1	0,44	0,25	0,16	0,11

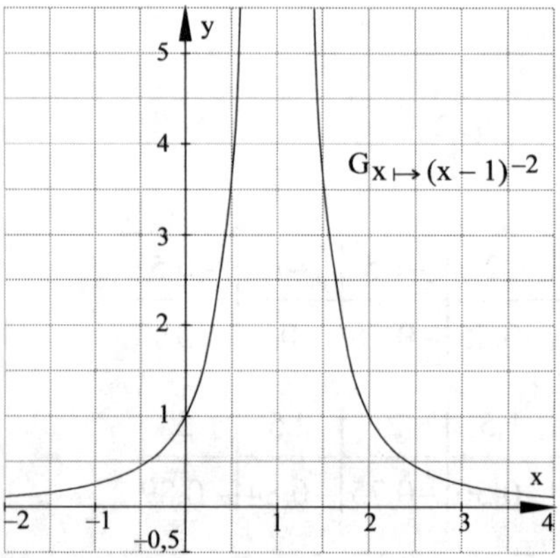

106. Gegeben ist die Funktion $f\colon x \mapsto x^{-5},\ x \in \mathbb{R} \setminus \{0\}$

a) $f(1) = 1^{-5} = 1$
$f(-1) = (-1)^{-5} = -1$
$f(0{,}25) = 0{,}25^{-5} = 1\,024$

b) Aus $f(x) = -32$ folgt
$$x^{-5} = -32 \Leftrightarrow \frac{1}{x^5} = -32 \Leftrightarrow -\frac{1}{32} = x^5 \Leftrightarrow x = -\frac{1}{2}$$
An der Stelle $-\frac{1}{2}$ ist der Funktionswert -32.
Aus $f(x) = 0{,}00001$ folgt
$$x^{-5} = 0{,}00001 \Leftrightarrow \frac{1}{x^5} = 0{,}00001 \Leftrightarrow 100\,000 = x^5 \Leftrightarrow x = 10$$
An der Stelle 10 ist der Funktionswert 0,00001.

c) Der Graph verläuft im I. und III. Quadranten. Er nähert sich asymptotisch sowohl der x-Achse als auch der y-Achse.

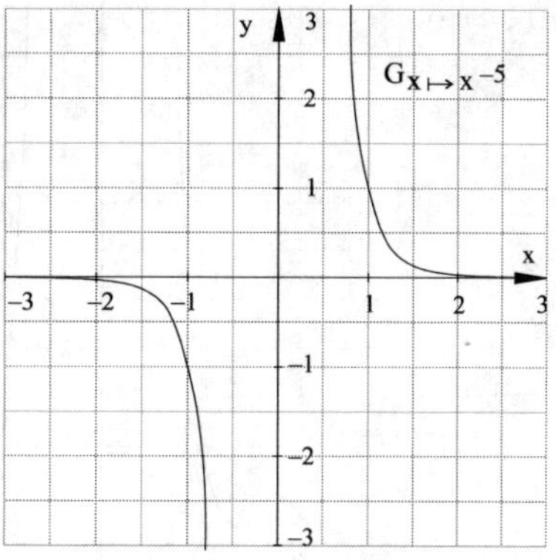

d) Für $x \leq 1 \ \vee \ x \geq 1$ ist $-1 \leq x^{-5} \leq 1$.

107. a) Gegeben ist die Funktion $f\colon x \mapsto x^{-6}, \ x \in \mathbb{R} \setminus \{0\}$

a) $f(1) = 1^{-6} = 1$
$f(-1) = (-1)^{-6} = 1$
$f(0{,}5) = 0{,}5^{-6} = 64$
$f(-2) = (-2)^{-6} = \frac{1}{64}$

b) Aus $f(x) = 64$ folgt
$x^{-6} = 64 \Leftrightarrow \frac{1}{x^6} = 64 \Leftrightarrow \frac{1}{64} = x^6 \Leftrightarrow x == -\frac{1}{2} \ \vee \ x = \frac{1}{2}$
An den Stellen $-\frac{1}{2}$ und $\frac{1}{2}$ ist der Funktionswert 64.
Aus $f(x) = 0{,}000729$ folgt
$x^{-6} = 0{,}000729 \Leftrightarrow \frac{1}{x^6} = 0{,}000729 \Leftrightarrow \frac{1}{0{,}3^6} = x^6 \Leftrightarrow$
$x = -\frac{10}{3} \ \vee \ x = \frac{10}{3}$
An den Stellen $-\frac{10}{3}$ und $\frac{10}{3}$ ist der Funktionswert 0,000729.
Aus $f(x) = 3$ folgt
$x^{-6} = 3 \Leftrightarrow \frac{1}{x^6} = 3 \Leftrightarrow \frac{1}{3} = x^6 \Leftrightarrow x = -\sqrt[6]{\frac{1}{3}} \ \vee \ x = \sqrt[6]{\frac{1}{3}}$
An den Stellen $-\sqrt[6]{\frac{1}{3}}$ und $\sqrt[6]{\frac{1}{3}}$ ist der Funktionswert 3.

c) 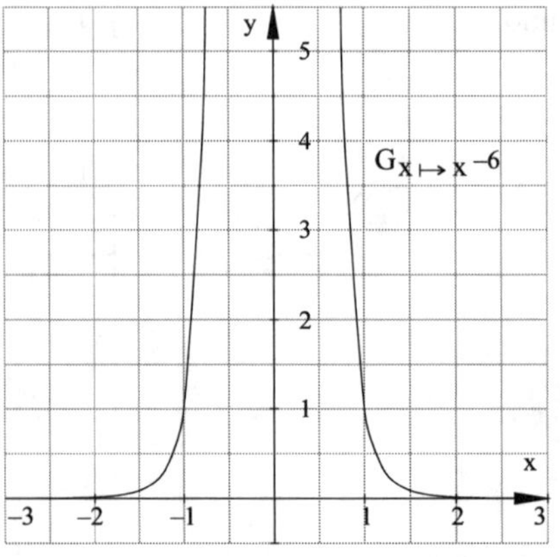

d) Für $-1 \leq x < -0{,}5 \vee$
$0{,}5 < x \leq 1$ ist
$1 \leq x^{-6} < 64$.

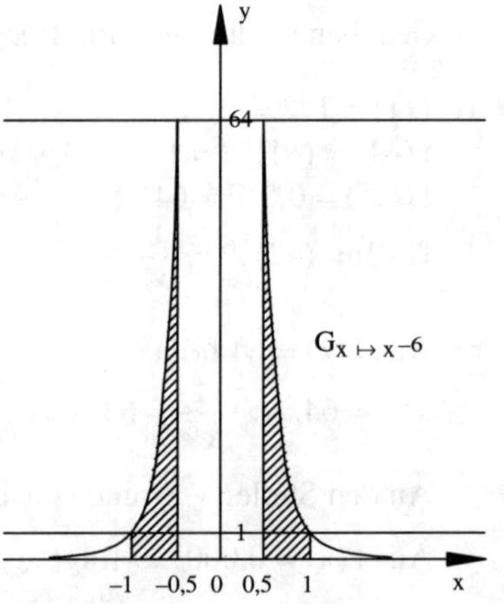

108. Gegeben ist die Funktion f: $x \mapsto x^{-n}$, $x \in \mathbb{R} \setminus \{0\}$ und $n \in \mathbb{N}$.

a) Für ungerade n ist der Graph von f für $x < 0$ streng monoton fallend.

b) Für gerade n verläuft der Graph von f durch den Punkt (–1; 1).

c) Aus $f(-2{,}5) = -0{,}4$ folgt $(-2{,}5)^{-n} = -0{,}4 \Leftrightarrow \left(-\frac{5}{2}\right)^{-n} = -\frac{2}{5} \Leftrightarrow n = 1$

Der Graph von $x \mapsto x^{-1}$ verläuft durch den Punkt (–2,5; –0,4).

d) Da z. B. $\left(\frac{1}{2}\right)^{-1} = 2 < 8 = \left(\frac{1}{2}\right)^{-3}$ verläuft der Graph von $x \mapsto x^{-1}$ für $-1 < x < 0$ dichter bei der x-Achse als der von $x \mapsto x^{-3}$.

109. Zu (1) $x \mapsto -0{,}5 \cdot x^{-1}$
Der Graph der Funktion ist punktsymmetrisch zum Ursprung und verläuft wegen $c < 0$ im II. und IV. Quadranten. Damit ist b der zugehörige Graph.
Zur Kontrolle: Aus $1 \mapsto -0{,}5 \cdot 1^{-1} = -0{,}5$ folgt, daß der Graph durch den Punkt $(1; -0{,}5)$ verläuft.

Zu (2) $x \mapsto 2 \cdot x^{-2}$
Der Graph der Funktion ist achsensymmetrisch zur y-Achse und verläuft wegen $c > 0$ im I. und II. Quadranten. Damit ist a der zugehörige Graph.
Zur Kontrolle: Aus $1 \mapsto 2 \cdot 1^{-2} = 2$ folgt, daß der Graph durch den Punkt $(1; 2)$ verläuft.

Zu (3) $x \mapsto 3 \cdot x^{-3}$
Der Graph der Funktion ist punktsymmetrisch zum Ursprung und verläuft wegen $c > 0$ im I. und III. Quadranten. Damit ist c der zugehörige Graph.
Zur Kontrolle: Aus $1 \mapsto 3 \cdot 1^{-3} = 3$ folgt, daß der Graph durch den Punkt $(1; 3)$ verläuft.

Zu (4) $x \mapsto -x^{-4}$
Der Graph der Funktion ist achsensymmetrisch zur y-Achse und verläuft wegen $c < 0$ im III. und IV. Quadranten. Damit ist d der zugehörige Graph.
Zur Kontrolle: Aus $1 \mapsto -1^{-4} = 1$ folgt, daß der Graph durch den Punkt $(1; -1)$ verläuft.

110. Gegeben ist die Funktion f: $x \mapsto c \cdot x^{-1}$, x und $c \in \mathbb{R} \setminus \{0\}$

a) Der Graph (1) verläuft z. B. durch den Punkt $(-0{,}5; 2)$. Daraus folgt

$$\begin{aligned} f(-0{,}5) = 2 \quad &\Leftrightarrow \quad c \cdot (-0{,}5)^{-1} = 2 \\ &\Leftrightarrow \quad c \cdot (-2) = 2 \\ &\Leftrightarrow \quad c = -1 \end{aligned}$$

Für $c = -1$ erhält man den Graphen (1).

Der Graph (2) verläuft z. B. durch $(0{,}5; 0{,}5)$. Daraus folgt

$$\begin{aligned} f(0{,}5) = 0{,}5 \quad &\Leftrightarrow \quad c \cdot 0{,}5^{-1} = 0{,}5 \\ &\Leftrightarrow \quad c \cdot 2 = 0{,}5 \\ &\Leftrightarrow \quad c = 0{,}25 \end{aligned}$$

Für $c = 0{,}25$ erhält man den Graphen (2).

b) Aus (2; –2) ∈ G_f folgt

$$f(2) = -2 \Leftrightarrow c \cdot 2^{-1} = -2 \Leftrightarrow c \cdot \frac{1}{2} = -2 \Leftrightarrow c = -4$$

Für c = –4 verläuft der Graph durch den Punkt (2; –2).

111. Gegeben ist die Funktion f: $x \mapsto c \cdot x^{-n}$, $x \in \mathbb{R} \setminus \{0\}, n \in \mathbb{N}, c \in \mathbb{R} \setminus \{0\}$

Aus (0,5; 2) ∈ G_f folgt $\quad c \cdot 0{,}5^{-n} = 2 \quad$ (1)

Aus (–0,25; 8) ∈ G_f folgt $\quad c \cdot (-0{,}25)^{-n} = 8 \quad$ (2)

Mit (2) : (1) folgt $\dfrac{c \cdot (-0{,}25)^{-n}}{c \cdot 0{,}5^{-n}} = \dfrac{8}{2} \Leftrightarrow \dfrac{(-0{,}25)^{-n}}{0{,}5^{-n}} = 4$

$$\Leftrightarrow \left(-\frac{1}{2}\right)^{-n} = 4 \Leftrightarrow (-2)^n = 4 \Leftrightarrow n = 2$$

n = 2 in (1) $c \cdot (0{,}5)^{-2} = 2 \Leftrightarrow c \cdot 4 = 2 \Leftrightarrow c = \frac{1}{2}$

Der Graph von $x \mapsto \frac{1}{2}x^{-2}$ verläuft durch die Punkte (0,5; 2) und (–0,25; 8).

112. Gegeben sind die Funktionen

f_1: $x \mapsto 2x^{-1}$, $x \in \mathbb{R} \setminus \{0\}$ $\qquad$ f_2: $x \mapsto 2x^{-1} + 1$, $x \in \mathbb{R} \setminus \{0\}$

f_3: $x \mapsto 2(x-1)^{-1}$, $x \in \mathbb{R} \setminus \{1\}$ $\qquad$ f_4: $x \mapsto 2(x-1)^{-1} + 1$, $x \in \mathbb{R} \setminus \{1\}$

Wertetabelle

x	0,5	1	1,5	2	2,5	3
$2x^{-1}$	4	2	1,33	1	0,8	0,67

G_{f_1} ist punktsymmetrisch zum Ursprung 0 (0; 0).

G_{f_2} erhält man aus G_{f_1} durch eine Verschiebung um 1 Einheit in positive y-Richtung.

G_{f_3} erhält man, indem man G_{f_1} um eine Einheit in positive x-Richtung verschiebt.

G_{f_4} erhält man, indem man G_{f_1} um eine Einheit sowohl in positive x-Richtung als auch in positive y-Richtung verschiebt.

a)

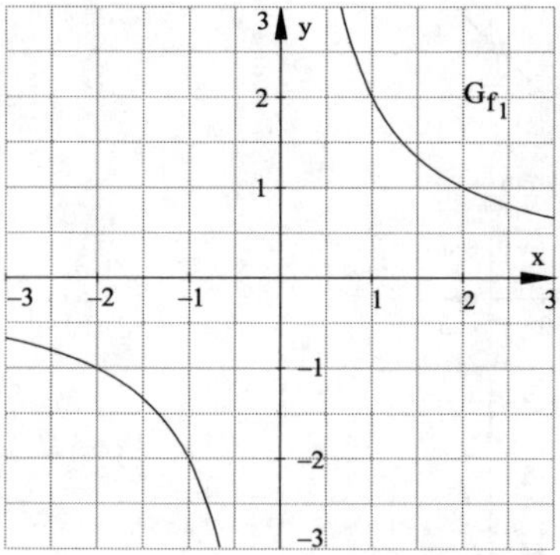

b)

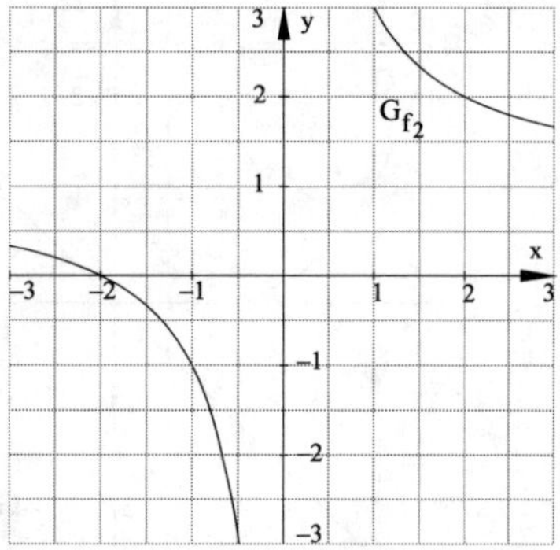

c)

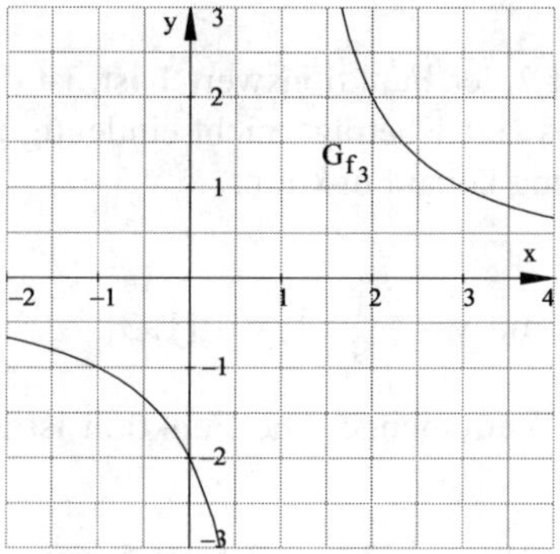

d)

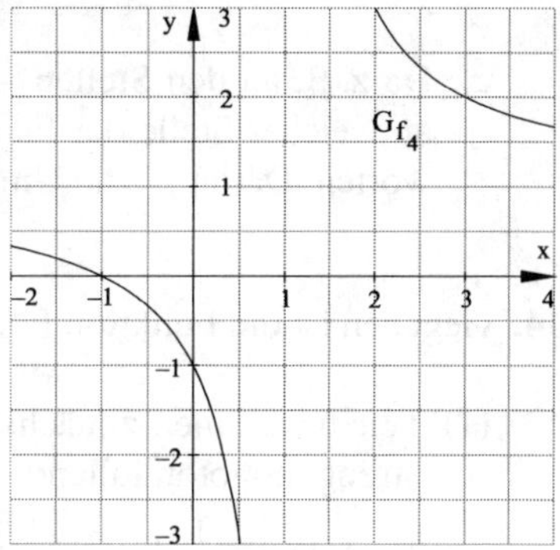

113. Gegeben ist die Funktion f: $x \mapsto y$ mit $y = \frac{1}{16}x^4, \; x \in \mathbb{R}_0^-$

a) (1) Wir bestimmen zunächst die Wertemenge von f.
Da $D_f = \mathbb{R}_0^-$ ist $W_f = \mathbb{R}_0^+$

(2) Wir lösen die Funktionsgleichung nach der Variablen x auf.
$y = \frac{1}{16}x^4 \;\Leftrightarrow\; 16y = x^4 \;\Rightarrow\; x = -\sqrt[4]{16y} \;\Leftrightarrow\; x = -2 \cdot \sqrt[4]{y}$
Hinweis: $x = 2 \cdot \sqrt[4]{y}$ ist keine Lösung der Gleichung, da $x \in \mathbb{R}_0^-$.

(3) Der Variablentausch liefert die Umkehrfunktion
f^{-1}: $x \mapsto y$ mit $y = -2 \cdot \sqrt[4]{x}$, $x \in \mathbb{R}_0^+$

b) 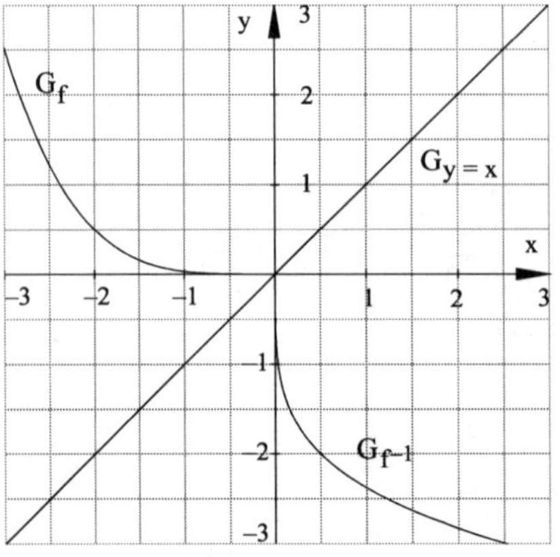

c) Da z. B. an den Stellen –2 und 2 der Funktionswert 1 ist, ist die Frage, an welcher Stelle der Funktionswert 1 beträgt, nicht eindeutig zu beantworten. Damit ist die Umkehrung keine Funktion.

114. Gegeben ist die Funktion f: $x \mapsto y$ mit $y = -\frac{1}{9}x^3$, $x \in [1; 3]$.

(1) Wir bestimmen zunächst die Wertemenge. Die Funktion ist auf [1; 3] streng monoton fallend.

Da $f(1) = -\frac{1}{9} \cdot 1^3 = -\frac{1}{9}$ und $f(3) = -\frac{1}{9} \cdot 3^3 = -3$ folgt daraus

$W_f = \left[-3; -\frac{1}{9}\right]$

(2) Wir lösen die Funktionsgleichung nach der Variablen x auf.

$y = -\frac{1}{9}x^3 \Leftrightarrow -9y = x^3 \Leftrightarrow x = x = \sqrt[3]{-9y}$

Hinweis: Der Radikand ist positiv, da $y \in \left[-3; -\frac{1}{9}\right]$

(3) Der Variablentausch liefert die Umkehrfunktion:

f^{-1}: $x \mapsto y$ mit $y = \sqrt[3]{-9x}$, $x \in \left[-3; -\frac{1}{9}\right]$

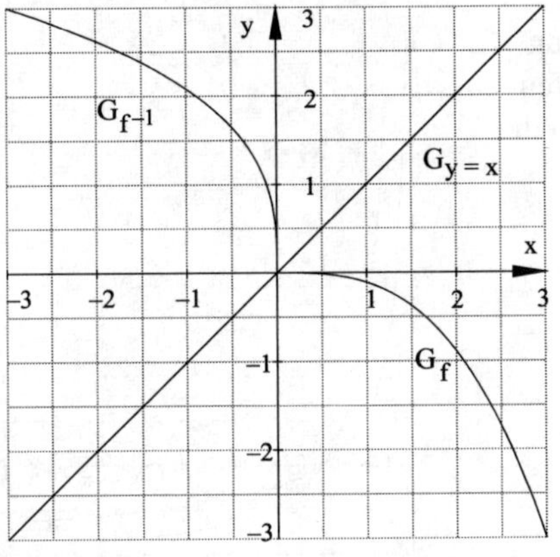

115. a)

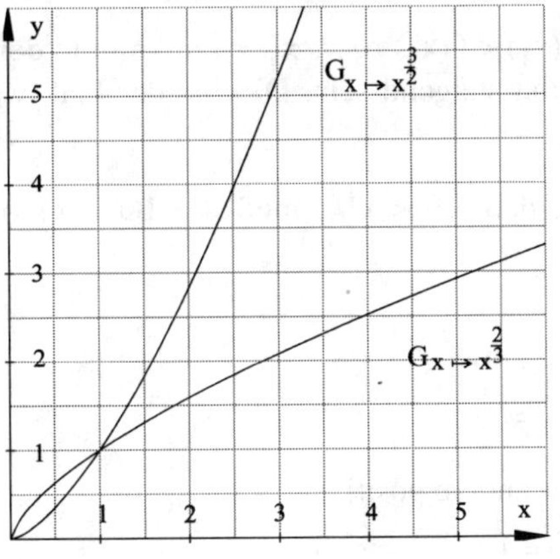

b) Beide Graphen verlaufen durch den Ursprung O (0; 0) und den Punkt (1; 1). Die Graphen sind streng monoton steigend.

116. a)

x	0,1	0,2	0,4	0,75	1	1,5	2	3	5
$x^{-\frac{2}{3}}$	4,64	2,92	1,84	1,21	1	0,76	0,63	0,48	0,34

Die Wertetabelle für $x \mapsto x^{-\frac{3}{2}}$ erhält man, wenn man bei obiger Wertetabelle x- und y-Werte vertauscht, da $x \mapsto x^{-\frac{3}{2}}$ die Umkehrfunktion zu $x \mapsto x^{-\frac{2}{3}}$ ist.

b) Beide Graphen sind streng monoton fallend, verlaufen durch (1; 1) und besitzen die x- und die y-Achse als Asymptoten.

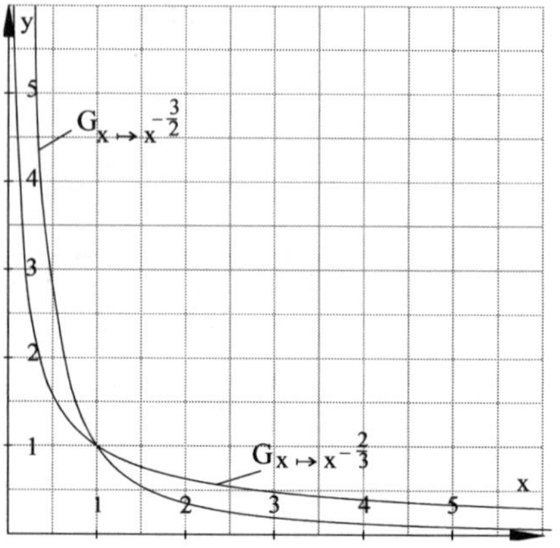

117. a) Folgt aus $x_1 < x_2$, daß $f(x_1) < f(x_2)$ bzw. $x_1^r < x_2^r$, so muß der zugehörige Graph streng monoton steigend sein. Dies ist der Fall, wenn $r > 0$ gewählt wird.

b) Damit aus $r_1 < r_2$ folgt, daß $x^{r_1} < x^{r_2}$, muß die Basis x so gewählt werden, daß $x > 1$.

Am Beispiel der Basis 2:

Beide Exponenten sind negativ:

$-2 < -1 \Rightarrow \frac{1}{4} = 2^{-2} < 2^{-1} = \frac{1}{2}$

Ein Exponent negativ, der andere positiv:

$-3 < 2 \quad \Rightarrow \frac{1}{8} = 2^{-3} < 2^{2} = 4$

Beide Exponenten sind positiv:

$1 < 3 \quad \Rightarrow 2 = 2^{1} < 2^{3} = 8$

118. a) Es handelt sich um die Wertetabelle einer linearen Funktion und damit keinesfalls die einer Exponentialfunktion, da der Zuwachs pro Einheit konstant 0,13 beträgt.

b) Es handelt sich möglicherweise um eine Exponentialfunktion, da man eine Verfünffachung pro Einheit feststellen kann.

c) Aus $0{,}5 \mapsto 2$ und $1 \mapsto 1$ würde sich bei einer Exponentialfunktion eine Halbierung der Funktionswerte bei einer Schrittweite von 0,5-Einheiten ergeben. Damit wäre $1{,}5 \mapsto 0{,}5$ und $2 \mapsto 0{,}25$. Da jedoch $2 \mapsto 0{,}5$, kann hier keine Exponentialfunktion vorliegen.

119. Die Funktion $A: x \mapsto A(x)$ mit $A(x) = c \cdot a^x$ liefert die Anzahl der Bakterien, wenn x Stunden seit Beobachtungsbeginn vergangen sind. Zu bestimmen sind die Konstanten c und a.

(1) Da die Generationszeit 18 Stunden beträgt, ist $a^{18} = 2$ und damit
$a = 2^{\frac{1}{18}}$.

(2) Da bei Beobachtungsbeginn 100 Bakterien vorhanden waren, ist
$A(0) = 100 \Leftrightarrow c \cdot a^0 = 100 \Rightarrow c \cdot 1 = 100 \Rightarrow c = 100$
Damit ist $A(x) = 100 \cdot (2^{\frac{1}{18}})^x$ bzw. $A(x) = 100 \cdot 2^{\frac{1}{18}x}$
Da $2 \text{ Wochen} = 2 \text{ Wochen} \cdot 7\frac{\text{d}}{\text{Woche}} \cdot 24\frac{\text{h}}{\text{d}} = 336 \text{ h}$
und $3 \text{ Wochen} = 3 \text{ Wochen} \cdot 7\frac{\text{d}}{\text{Woche}} \cdot 24\frac{\text{h}}{\text{d}} = 504 \text{ h}$
$A(336) = 100 \cdot 2^{\frac{1}{18}\cdot 336} = 4{,}16 \cdot 10^7$
$A(504) = 100 \cdot 2^{\frac{1}{18}\cdot 504} = 2{,}68 \cdot 10^{10}$
Die Bakterienzahl beläuft sich nach 2 Wochen auf $4{,}16 \cdot 10^7$ und nach 3 Wochen auf $2{,}68 \cdot 10^{10}$ Bakterien.

120. Die Funktion $x \mapsto A(x)$ mit $A(x) = c \cdot a^x$ liefert die Anzahl der Hefezellen, wenn x Stunden seit Gärbeginn vergangen sind.

a) (1) Aus $A(0) = 15$ Mill. folgt $c \cdot a^0 = 15$ Mill. $\Leftrightarrow c = 15$ Mill.

(2) Da man nach 10 Stunden das $\frac{20 \text{ Mill}}{15 \text{ Mill.}} = \frac{4}{3}$fache des Bestandes erhält, gilt

$$a^{10} = \frac{4}{3} \Leftrightarrow a = \left(\frac{4}{3}\right)^{\frac{1}{10}} \approx 1{,}029$$

und somit

$$A(x) = 15 \text{ Mill.} \cdot 1{,}029^x \text{ bzw. } A(x) = 15 \text{ Mill.} \cdot \left(\frac{4}{3}\right)^{\frac{1}{10}\cdot x}$$

b) Da 2 d = 48 h ist

$$A(48) = 15\ \text{Mill} \cdot \left(\frac{4}{3}\right)^{\frac{1}{10}\cdot 48} = 59{,}7\ \text{Mill.}$$

Nach 2 Tagen sind in 1 Milliliter Bierwürze 60 Millionen Hefezellen vorhanden.

121. Der Neuwert eines Mittelklassewagens beträgt 26 500 DM. Der Wertverlust im ersten Jahr beläuft sich aus 25 % des Neuwertes. In den darauffolgenden Jahren beträgt der Wertverlust jeweils 10 % des Restwertes, den das Fahrzeug im Vorjahr hatte.

a) Nach einem Jahr beträgt der Restwert des Fahrzeugs noch 75 % des Neuwertes, also

$$26\,500\ \text{DM} \cdot \frac{75}{100} = 19\,875\ \text{DM}.$$

Ab diesem Zeitpunkt beträgt der Restwert jeweils 90 % des Wertes, den das Fahrzeug im Vorjahr hatte.
Ist $R\colon x \mapsto R(x)$ mit $R(x) = c \cdot a^x$ die Funktion, die nach x Jahren ($x > 1$) den Restwert des Fahrzeugs angibt, so gilt

(1) $a = 90\,\% = 0{,}90$

(2) $R(1) = 19\,875$ DM folgt $c \cdot 0{,}9^1 = 19\,875\ \text{DM} \Leftrightarrow c = 22\,083\ \text{DM}$

und damit $R(x) = 22\,083\ \text{DM} \cdot 0{,}9^x$ mit $x > 1$.

b) $R(3) = 22\,083\ \text{DM} \cdot 0{,}9^3 = 16\,099\ \text{DM}$
$R(5) = 22\,083\ \text{DM} \cdot 0{,}9^5 = 13\,040\ \text{DM}$
$R(7{,}5) = 22\,083\ \text{DM} \cdot 0{,}9^{7{,}5} = 10\,020\ \text{DM}$

Das Fahrzeug hat nach 3 Jahren einen Restwert von 16 100 DM, nach 5 Jahren von 13 000 DM und nach $7\frac{1}{2}$ Jahren von 10 000 DM.

122. Eine befruchtete menschliche Eizelle teilt sich in etwa alle 15 Stunden.
Ist $A\colon x \mapsto A(x)$ mit $A(x) = c \cdot a^x$ die Funktion, die die Anzahl der Zellen x Stunden nach der Befruchtung angibt, so gilt

(1) $A(0) = 1 \Rightarrow c = 1$

(2) $a^{15} = 2 \quad \Rightarrow a = 2^{\frac{1}{15}}$

und damit

$$A(x) = 1 \cdot \left(2^{\frac{1}{15}}\right)^x \quad \text{bzw.} \quad A(x) = 1 \cdot 2^{\frac{1}{15}x}$$

Da 1 Woche = 1 Woche $\cdot\, 7\frac{\text{d}}{\text{Woche}} \cdot 24\frac{\text{h}}{\text{d}}$ = 168 h

$A(168) = 1 \cdot 2^{\frac{1}{15}\cdot 168} = 2\,353$

Da 1 Monat = 1 Monat $\cdot\, 30\frac{\text{d}}{\text{Monat}} \cdot 24\frac{\text{h}}{\text{d}}$ = 720 h

$A(720) = 1 \cdot 2^{\frac{1}{15}\cdot 720} = 2{,}81 \cdot 10^{14}$

Nach 1 Woche sind es ca. 2 350 Zellen. Nach einem Monat sind es 281 Billionen Zellen.

123. Ist $G\colon x \mapsto G(x)$ mit $G(x) = c \cdot a^x$ die Funktion, die das Guthaben nach x Jahren angibt, so gilt:

(1) G(0) = 2 500 DM ⇒ c = 2 500 DM

(2) Das Guthaben nach einem Jahr ergibt sich aus dem Guthaben des Vorjahres zuzüglich der gutgeschriebenen Zinsen. Es ist damit 100 % zuzüglich 2,5 %, also 102,5 % = 1,025 des Guthabens des Vorjahres. Somit ist a = 1,025 und es gilt:

$G(x) = 2\,500\text{ DM} \cdot 1{,}025^x$

$G(2) = 2\,500\text{ DM} \cdot 1{,}025^2 = 2\,626{,}56\text{ DM}$

$G(5) = 2\,500\text{ DM} \cdot 1{,}025^5 = 2\,828{,}52\text{ DM}$

$G(10) = 2\,500\text{ DM} \cdot 1{,}025^{10} = 3\,200{,}21\text{ DM}$

Das Guthaben nach 2 Jahren beläuft sich auf 2 626,56 DM, nach 5 Jahren auf 2 828,52 DM und nach 10 Jahren auf 3 200,21 DM.

124. a) Ist $A\colon x \mapsto A(x)$ mit $A(x) = c \cdot a^x$ die Funktion, die die Aktivität von 1 g Kohlenstoff x Jahre nach dem Absterben des Organismus angibt, so ist

(1) A (0) = 0,285 Bq ⇒ c = 0,285 Bq

(2) Da die Halbwertszeit von C14 ca. 5 736 Jahre beträgt, ist $a^{5\,736} = \frac{1}{2}$

und damit $a = \left(\frac{1}{2}\right)^{\frac{1}{5\,736}}$

Somit ist $A(x) = 0{,}285\text{ Bq} \cdot \left(\frac{1}{2}\right)^{\frac{1}{5\,735}\cdot x}$.

b) $A(5\,200) = 0{,}285\text{ Bq} \cdot \left(\frac{1}{2}\right)^{\frac{5\,200}{5\,736}} = 0{,}152\text{ Bq}$

Die Aktivität einer Probe hochgerechnet auf 1 Gramm betrug ca. 0,152 Bq.

c) Durch gezieltes Probieren:
$A(100\,000) = 1{,}61 \cdot 10^{-6}$ Bq zu klein
$A(90\,000) = 5{,}39 \cdot 10^{-6}$ Bq zu klein
$A(80\,000) = 1{,}80 \cdot 10^{-5}$ Bq zu groß
$A(85\,000) = 9{,}9 \cdot 10^{-6}$ Bq
Man kann Funde bis zu einem Alter von ca. 85 000 Jahre mit Hilfe der Radiocarbon-Methode zurückdatieren.

125. a) $n \mapsto n - 2, n \in \mathbb{N}$ besitzt die Folgeglieder $-1; 0; 1; 2; 3; \ldots$

b) $n \mapsto 3n - 1, n \in \mathbb{N}$ besitzt die Folgeglieder $2; 5; 8; 11; 14; \ldots$

c) $n \mapsto n^2 + 1, n \in \mathbb{N}$ besitzt die Folgeglieder $2; 5; 10; 17; 26; \ldots$

d) $n \mapsto n^3, n \in \mathbb{N}$ besitzt die Folgeglieder $1; 8; 27; 64; 125; \ldots$

e) $n \mapsto 2^n, n \in \mathbb{N}$ besitzt die Folgeglieder $2; 4; 8; 16; 32; \ldots$

f) $n \mapsto 2 \cdot 3^n, n \in \mathbb{N}$ besitzt die Folgeglieder $6; 18; 54; 162; 486; \ldots$

126. a) $2; 3; 4; 5; 6$ sind z. B. die Folgeglieder von $n \mapsto n + 1; n \in \mathbb{N}$

b) $3; 10; 17; 24; 31$ sind z. B. die Folgeglieder von $n \mapsto 7n - 4; n \in \mathbb{N}$

c) $1; -1; -3; -5; -7$ sind z. B. die Folgeglieder von $n \mapsto 3 - 2n; n \in \mathbb{N}$

d) $-1; 1; -1; 1; -1$ sind z. B. die Folgeglieder von $n \mapsto (-1)^n; n \in \mathbb{N}$

e) $1; -1; 1; -1; 1$ sind z. B. die Folgeglieder von $n \mapsto (-1)^{n+1}, n \in \mathbb{N}$

f) $\frac{1}{2}; \frac{1}{3}; \frac{1}{4}; \frac{1}{5}; \frac{1}{6}$ sind z. B. die Folgeglieder von $n \mapsto \frac{1}{n+1}; n \in \mathbb{N}$

g) $\frac{1}{2}; \frac{1}{4}; \frac{1}{8}; \frac{1}{16}; \frac{1}{32}$ sind z. B. die Folgeglieder von $n \mapsto \frac{1}{2^n}; n \in \mathbb{N}$

e) $6; 12; 24; 48; 96$ sind z. B. die Folgeglieder von $n \mapsto 3 \cdot 2^n; n \in \mathbb{N}$

127. a) 1; 3; 9; 27; 81 sind die Folgeglieder von $n \mapsto 1 \cdot 3^{n-1}$; $n \in \mathbb{N}$

b) 5; 10; 20; 40; 80 sind die Folgeglieder von $n \mapsto 5 \cdot 2^{n-1}$; $n \in \mathbb{N}$

c) 54; 18; 6; 2; $\frac{2}{3}$ sind die Folgeglieder von $n \mapsto 54 \cdot \left(\frac{1}{3}\right)^{n-1}$; $n \in \mathbb{N}$

d) 24; 6; $\frac{3}{2}$; $\frac{3}{8}$; $\frac{3}{32}$ sind die Folgeglieder von $n \mapsto 24 \cdot \left(\frac{1}{4}\right)^{n-1}$; $n \in \mathbb{N}$

e) –3; 3; –3; 3; –3 sind die Folgeglieder von $n \mapsto -3 \cdot (-1)^{n-1}$; $n \in \mathbb{N}$

f) 625; 250; 100; 40; 16 sind die Folgeglieder von $n \mapsto 625 \cdot \left(\frac{2}{5}\right)^{n-1}$; $n \in \mathbb{N}$

128. $K_0 = 10\,000$ DM $p = 6{,}5$

a)

n	1	2	3	4	5	6	7	8
G(n)	10 650	11 342	12 079	12 865	13 701	14 591	15 540	16 550

Aus $G(n+1) = G(n) \cdot 1{,}065$ folgt $\frac{G(n+1)}{G(n)} = 1{,}065$.

Somit ist das Verhältnis von zwei aufeinanderfolgenden Folgegliedern konstant. Es handelt sich damit um eine geometrische Zahlenfolge.

b) Für das Guthaben nach n Jahren gilt $n \mapsto K_0 \cdot \left(1 + \frac{p}{100}\right)^n$.
Damit ist $q = 1 + \frac{p}{100}$.
Da $n \mapsto K_0 \cdot q^n$, $n \in \mathbb{N}$ und $K_0 \cdot q^n = k_0 \cdot q \cdot q^{n-1}$.
Damit läßt sich die Zahlenfolge auch in der Form $n \mapsto g_1 q^{n-1}$ mit $g_1 = K_0 \cdot q$ darstellen.

c) $G(8) = 10\,000 \text{ DM} \cdot 1{,}065^8 = 16\,550 \text{ DM}$ bzw.
$G(8) = 10\,650 \text{ DM} \cdot 1{,}065^7 = 16\,550 \text{ DM}$
Das Guthaben nach 8 Jahren beläuft sich auf 16 550 DM.

d) $G(8) = 20\,000 \text{ DM} \cdot 1{,}065^8 = 33\,100 \text{ DM}$
Bei einem Ausgangskapital von 20 000 DM und einem Zinssatz von 6,5 % pro Jahr beläuft sich das Guthaben nach 8 Jahren auf 33 100 DM.

129. a) Die 500 DM, die im ersten Jahr eingezahlt werden, werden 8 Jahre lang verzinst. Die 500 DM, die zu Beginn des 2. Jahres einbezahlt wurden, werden noch 7 Jahre lang verzinst.
Der Kontostand nach 8 Jahren ist damit
$K_8 = 500\text{ DM} \cdot 1{,}055^8 + 500\text{ DM} \cdot 1{,}055^7 + \ldots + 500\text{ DM} \cdot 1{,}055$
$= 500\text{ DM} \cdot 1{,}055 \cdot (1{,}055^7 + 1{,}055^6 + \ldots + 1{,}055 + 1)$
$= 500\text{ DM} \cdot 1{,}055 \cdot (1 + \ldots + 1{,}055^6 + 1{,}055^7)$
In der Klammer steht die Summe der ersten 8 Folgeglieder einer geometrischen Zahlenfolge mit $g_1 = 1$ und $q = 1{,}055$.
Damit erhält man

$$K_8 = 500\text{ DM} \cdot 1{,}055 \cdot \frac{1-1{,}055^8}{1-1{,}055} = 5\ 128{,}13\text{ DM}.$$

Das Guthaben beläuft sich auf 5 128,13 DM.

b) Es gilt $K_n = B \cdot \left(1+\frac{p}{100}\right) \cdot \frac{1-\left(1+\frac{p}{100}\right)^n}{1-\left(1+\frac{p}{100}\right)}$

c) Es gilt $K_{12} = B \cdot 1{,}065 \cdot \frac{1-1{,}065^{12}}{1-1{,}065} = 25\,000\text{ DM}$

Damit ist $B = 25\,000\text{ DM} \cdot \frac{1-1{,}065}{(1-1{,}065^{12}) \cdot 1{,}065} = 1\,351{,}37\text{ DM}.$

Es müssen jährlich 1 351,37 DM einbezahlt werden.

130. Bei einem Darlehen von 30 000 DM beläuft sich bei einem Zinssatz von 8 % pro Jahr die Gesamtschuld nach 7 Jahren (ohne Rückzahlung) auf
$S_7 = 30\,000\text{ DM} \cdot 1{,}08^7 = 51\,414{,}73\text{ DM}$
Durch die jährliche Rückzahlung von 5 700 DM mit einer Verzinsung von 8 % ergibt sich nach 6 Jahren ein Guthabensbetrag von
$G_6 = 5\,700\text{ DM} \cdot 1{,}08^6 + 5\,700\text{ DM} \cdot 1{,}08^5 + \ldots + 5\,700\text{ DM}$
$= 5\,700\text{ DM} \cdot (1{,}08^6 + \ldots + 1{,}08 + 1)$
$= 5\,700\text{ DM} \cdot (1 + 1{,}08 + \ldots + 1{,}08^6)$
In der Klammer steht die Summe der ersten sechs Folgeglieder einer geometrischen Zahlenfolge mit $g_1 = 1$ und $q = 1{,}08$. Damit erhält man

$$G_6 = 5\,700\text{ DM} \cdot \frac{1-1{,}08^7}{1-1{,}08} = 50\,859{,}98\text{ DM}.$$

Nach Ablauf der 7 Jahre beläuft sich die verbleibende Restschuld auf 51 414,73 DM – 50 859,98 DM = 554,75 DM.

131. a) $\log_2 16 = 4$, da $2^4 = 16$

b) $\log_3 27 = 3$, da $3^3 = 27$

c) $\log_{10} 1\,000 = 3$, da $10^3 = 1\,000$

d) $\log_{17} 289 = 2$, da $17^2 = 289$

e) $\log_6 216 = 3$, da $6^3 = 216$

f) $\log_{24} 576 = 2$, da $24^2 = 576$

g) $\log_{0,2} 0{,}04 = 2$, da $0{,}2^2 = 0{,}04$

h) $\log_{0,3} 0{,}0081 = 4$, da $0{,}3^4 = 0{,}0081$

i) $\log_{0,1} 1 = 0$, da $0{,}1^0 = 1$

j) $\log_{\frac{2}{3}} \frac{4}{9} = 2$, da $\left(\frac{2}{3}\right)^2 = \frac{4}{9}$

k) $\log_3 3^{11} = 11$

l) $\log_7 7^4 = 4$

m) $\log_2 8^5 = 15$, da $2^{15} = (2^3)^5 = 8^5$

n) $\log_3 \frac{1}{27} = -3$, da $3^{-3} = \frac{1}{27}$

o) $\log_2 \frac{1}{64} = -6$, da $2^{-6} = \frac{1}{64}$

p) $\log_{19} \frac{1}{361} = -2$, da $19^{-2} = \frac{1}{361}$

q) $\log_{\frac{1}{2}} 2 = -1$, da $\left(\frac{1}{2}\right)^{-1} = 2$

r) $\log_{\frac{1}{3}} 81 = -4$, da $\left(\frac{1}{3}\right)^{-4} = 81$

s) $\log_{\frac{3}{5}} \frac{125}{27} = -3$, da $\left(\frac{3}{5}\right)^{-3} = \left(\frac{5}{3}\right)^3 = \frac{125}{27}$

t) $\log_{\frac{1}{9}} 3 = -\frac{1}{2}$, da $\left(\frac{1}{9}\right)^{-\frac{1}{2}} = 9^{\frac{1}{2}} = 3$

u) $\log_3 \sqrt[3]{9} = \frac{2}{3}$, da $3^{\frac{2}{3}} = \sqrt[3]{3^2} = \sqrt[3]{9}$

v) $\log_{\frac{1}{8}} 2 = -\frac{1}{3}$, da $\left(\frac{1}{8}\right)^{-\frac{1}{3}} = 8^{\frac{1}{3}} = (2^3)^{\frac{1}{3}} = 2$

w) $\log_{\frac{1}{9}} 1 = 0$, da $\left(\frac{1}{9}\right)^{\mathbf{0}} = 1$

x) $\log_{\sqrt{2}} 4 = 4$, da $(\sqrt{2})^{\mathbf{4}} = (2^{\frac{1}{2}})^4 = 2^2 = 4$

132. a) $\log_{625} 125 = \log_{5^4} 5^3 = \frac{3}{4}$, da $(5^4)^{\frac{3}{4}} = 5^3$

b) $\log_{27} 243 = \log_{3^3} 3^5 = \frac{5}{3}$, da $(3^3)^{\frac{5}{3}} = 3^5$

c) $\log_{\frac{1}{9}} 27 = \log_{3^{-2}} 3^3 = -\frac{3}{2}$, da $(3^{-2})^{-\frac{3}{2}} = 3^3$

d) $\log_{128} \frac{1}{32} = \log_{2^7} 2^{-5} = -\frac{5}{7}$, da $(2^7)^{-\frac{5}{7}} = 2^{-5}$

e) $\log_{\frac{1}{8}} \frac{1}{512} = \log_{2^{-3}} 2^{-9} = 3$, da $(2^{-3})^{\mathbf{3}} = 2^{-9}$

f) $\log_{\sqrt[3]{4}} 8 = \log_{2^{\frac{2}{3}}} 2^3 = \frac{9}{2}$, da $(2^{\frac{2}{3}})^{\frac{9}{2}} = 2^3$

g) $\log_{\sqrt{7}} \sqrt[5]{49} = \log_{7^{\frac{1}{2}}} 7^{\frac{2}{5}} = \frac{4}{5}$, da $(7^{\frac{1}{2}})^{\frac{4}{5}} = 7^{\frac{2}{5}}$

h) $\log_{\sqrt[3]{25}} \sqrt[7]{\frac{1}{625}} = \log_{5^{\frac{2}{3}}} 5^{-\frac{4}{7}} = -\frac{6}{7}$, da $(5^{\frac{2}{3}})^{-\frac{6}{7}} = 5^{-\frac{4}{7}}$

133. a) $13^x = 169 \Leftrightarrow x = \log_{13} 169 \Leftrightarrow x = 2$

b) $0{,}1^x = 0{,}0001 \Leftrightarrow x = \log_{0,1} 0{,}0001 \Leftrightarrow x = 4$

c) $0{,}3^x = 0{,}081 \Leftrightarrow x = \log_{0,3} 0{,}081 \Leftrightarrow x = 3$

d) $1{,}2^x = 1{,}44 \Leftrightarrow x = \log_{1,2} 1{,}44 \Leftrightarrow x = 2$

e) $1{,}5^x = 3{,}375 \Leftrightarrow x = \log_{1,5} 3{,}375 \Leftrightarrow x = 3$

f) $4{,}1^x = 1 \Leftrightarrow x = \log_{4,1} 1 \Leftrightarrow x = 0$

g) $2^x = \frac{1}{8} \Leftrightarrow x = \log_2 \frac{1}{8} \Leftrightarrow x = -3$

h) $3^x = \sqrt[5]{81} \Leftrightarrow x = \log_3 \sqrt[5]{81} \Leftrightarrow x = \frac{4}{5}$

i) $\left(\frac{9}{25}\right)^x = \frac{5}{3} \Leftrightarrow x = \log_{\frac{9}{25}} \frac{5}{3} \Leftrightarrow x = -\frac{1}{2}$

j) $6^x = 0{,}1 \Leftrightarrow x = \log_6 0{,}1$

134. Gegeben sind die Funktionen f: $x \mapsto y$ mit $y = 1{,}5^x$, $x \in \mathbb{R}$
und $\overline{f}$: $x \mapsto y$ mit $y = \log_{1,5} x$, $x \in \mathbb{R}^+$

a) Wertetabelle von f

x	–3	–2	–1	0	1	2	3	4
y	0,30	0,44	0,67	1	1,5	2,25	3,38	5,06

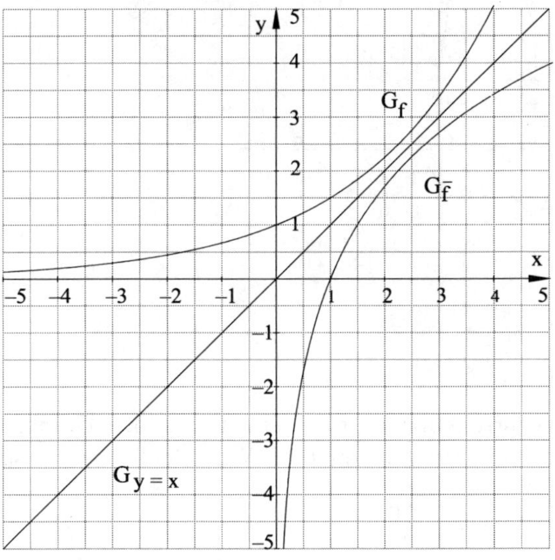

b) Da $\overline{f}$ die Umkehrfunktion zur Funktion f ist, erhält man eine Wertetabelle von $\overline{f}$, indem man bei der Wertetabelle von f lediglich die x- und die y-Werte vertauscht.

c) Für alle $x \in]0,1]$ bzw. $0 < x \leq 1$ ist $\log_{1,5} x \leq 0$.

d) Da $\log_{1,5} x = -1$ für $x = \frac{2}{3}$ und $\log_{1,5} x = 2$ für $x = 2{,}25$, ist

$-1 \leq \log_{1,5} x \leq 2$ für $\frac{2}{3} \leq x \leq 2{,}25$.

135. Gegeben sind die Funktionen $f: x \mapsto y$ mit $y = 0{,}7^x$, $x \in \mathbb{R}$ und
$\overline{f}: x \mapsto y$ mit $y = \log_{0,7} x$, $x \in \mathbb{R}^+$

a) Wertetabelle von f:

x	–5	–4	–3	–2	–1	0	1	2
y	5,95	4,16	2,92	2,04	1,43	1	0,7	0,49

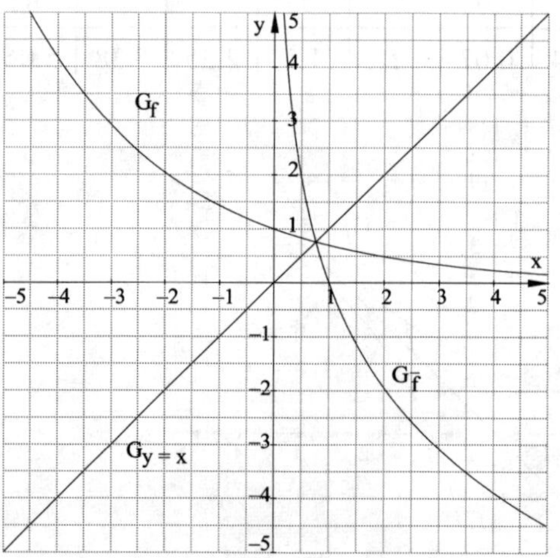

b) Da $\overline{f}$ die Umkehrfunktion zu f ist, erhält man den Graphen von $\overline{f}$, indem man den Graphen von f an der 1. Winkelhalbierenden spiegelt.

c) Für alle $x \geq 1$ ist $\log_{0,7} x \leq 0$.

136. a) Für alle $a > 1$ ist $\log_a 3 \leq \log_a 5$

b) Für alle $0 < a < 1$ ist $\log_a 0{,}5 > 0$

137. a) $\log_a 3 + \log_a 4 - \log_a 6 = \log_a \frac{3 \cdot 4}{6} = \log_a 2$

b) $\log_a 5 - \log_a 8 + \log_a 12 = \log_a \frac{5 \cdot 12}{8} = \log_a \frac{15}{2}$

c) $3 \cdot \log_a 2 - 2 \cdot \log_a 3 + \log_a 15 = \log_a 2^3 - \log_a 3^2 + \log_a 15$
$= \log_a 8 - \log_a 9 + \log_a 15$
$= \log_a \frac{8 \cdot 15}{9} = \log_a \frac{40}{3}$

d) $4 \cdot \log_a 5 + \log_a \left(\frac{2}{125}\right) - \log_a 10 = \log_a 5^4 + \log_a \left(\frac{2}{125}\right) - \log_a 10$
$= \log_a 625 + \log_a \left(\frac{2}{125}\right) - \log_a 10$
$= \log_a \left(625 \cdot \frac{2}{125} \cdot \frac{1}{10}\right) = \log_a 1 = 0$

e) $2 \cdot \log_a x - \log_a y - \log_a x = \log_a x - \log_a y = \log_a \frac{x}{y}$

f) $-\log_a x - \log_a \left(\frac{2}{y}\right) - \log_a z = \log_a \frac{1}{x \cdot \frac{2}{y} \cdot z} = \log_a \frac{y}{2xz}$

g) $\frac{1}{2} \cdot \log_a 9 - \frac{1}{3} \cdot \log_a x + 1 = \log_a 9^{\frac{1}{2}} - \log_a x^{\frac{1}{3}} + \log_a a$
$= \log_a 3 - \log_a \sqrt[3]{x} + \log_a a = \log_a \frac{3a}{\sqrt[3]{x}}$

h) $-2 + \log_a (x + y) - 2 \cdot \log_a \sqrt{2} = \log_a a^{-2} + \log_a (x + y) - \log (\sqrt{2})^2$
$= \log_a \frac{1}{a^2} + \log_a (x + y) - \log_a 2$
$= \log_a \frac{x + y}{2a^2}$

i) $\log_a (x^2 - y^2) - 2 \cdot \log_a (x + y) = \log_a [(x - y)(x + y)] - \log_a (x + y)^2$
$= \log_a \frac{(x - y)(x + y)}{(x + y)^2} = \log_a \frac{x - y}{x + y}$

j) $\log_a (x^3 - 2x^2) - 3 \log_a x = \log_a [x^2 (x - 2)] - \log_a x^3 = \log_a \frac{x^2 (x - 2)}{x^3}$
$= \log_a \frac{x - 2}{x}$

138. a) $\log_5 10 = \log_5 (2 \cdot 5) = \log_5 2 + \log_5 5 = 0{,}431 + 1 = 1{,}431$

b) $\log_5 27 = \log_5 3^3 = 3 \cdot \log_5 3 = 3 \cdot 0{,}683 = 2{,}049$

c) $\log_5 \frac{6}{125} = \log_5 \frac{2 \cdot 3}{5^3} = \log_5 2 + \log_5 3 - \log_5 5^3 = 0{,}431 + 0{,}683 - 3$

$= -1{,}886$

d) $\log_5 \sqrt[3]{45} = \log_5 45^{\frac{1}{3}} = \frac{1}{3} \log_5 (5 \cdot 3^2) = \frac{1}{3} (\log_5 5 + \log_5 3^2)$

$= \frac{1}{3} (1 + 2 \cdot \log_5 3) = \frac{1}{3} (1 + 2 \cdot 0{,}683) = 0{,}789$

139. a) $\log_a (175x) = \log_a (5^2 \cdot 7 \cdot x) = \log_a 5^2 + \log_a 7 + \log_a x$

$= 2 \cdot \log_a 5 + \log_a 7 + \log_a x$

b) $\log_a (3a^5y^2) = \log_a 3 + \log_a a^5 + \log_a y^2 = \log_a 3 + 5 + 2 \log_a y$

c) $\log_a (4 - x^2) = \log_a [(2 - x)(2 + x)] = \log_a (2 - x) + \log_a (2 + x)$

d) $\log_a \frac{49x^7}{324} = \log_a \frac{7^2 \cdot x^7}{2^2 \cdot 3^4} = \log_a 7^2 + \log_a x^7 - \log_a 2^2 - \log_a 3^4$

$= 2 \cdot \log_a 7 + 7 \log_a x - 2 \log_a 2 - 4 \cdot \log_a 3$

e) $\log_a \frac{361}{(x+y)^3} = \log_a \frac{19^2}{(x+y)^3} = \log_a 19^2 - \log_a (x + y)^3$

$= 2 \cdot \log_a 19 - 3 \cdot \log_a (x + y)$

f) $\log_a \frac{3}{4} \cdot \sqrt[5]{x^2 y^3} = \log_a \frac{3 \cdot x^{\frac{2}{5}} \cdot y^{\frac{3}{5}}}{2^2}$

$= \log_a 3 + \log_a x^{\frac{2}{5}} + \log_a y^{\frac{3}{5}} - \log_a 2^2$

$= \log_a 3 + \frac{2}{5} \log_a x + \frac{3}{5} \cdot \log_a y - 2 \log_a 2$

140. a) $\log_{451} 0{,}34 = \frac{\lg 0{,}34}{\lg 451} = -0{,}177$

b) $\log_{\frac{1}{7}} 245 = \dfrac{\log 245}{\log\left(\frac{1}{7}\right)} = -2{,}827$

c) $\log_{\frac{1}{3}} \dfrac{4}{391} = \dfrac{\log\left(\frac{4}{391}\right)}{\log\left(\frac{1}{3}\right)} = 4{,}171$

d) $\log_{\sqrt[3]{26}} \dfrac{5}{74} = \dfrac{\lg \frac{5}{74}}{\lg\left(26^{\frac{1}{3}}\right)} = -2{,}481$

e) $\lg 351\,548\,000\,000 = \lg(3{,}51548 \cdot 10^{11}) = 11{,}546$

f) $\log_6 0{,}000000097813 = \dfrac{\lg(9{,}7813 \cdot 10^{-8})}{\lg 6} = -9{,}008$

g) $\log_{0{,}011} 0{,}00000001175 = \dfrac{\lg(1{,}175 \cdot 10^{-8})}{\lg 0{,}011} = 4{,}049$

141. a) Gesucht x mit

$$\begin{aligned} & 10\,000 \text{ DM} \cdot 1{,}05^x = 20\,000 \text{ DM} \\ \Leftrightarrow\quad & 1{,}05^2 = 2 \\ \Leftrightarrow\quad & x = \log_{1{,}05} 2 \\ \Leftrightarrow\quad & x = \frac{\lg 2}{\lg 1{,}05} = 14{,}2 \end{aligned}$$

Gesucht x mit

$$\begin{aligned} & 10\,000 \text{ DM} \cdot 1{,}065^x = 20\,000 \text{ DM} \\ \Leftrightarrow\quad & 1{,}065^x = 2 \\ \Leftrightarrow\quad & x = \frac{\lg 2}{\lg 1{,}065} = 11{,}0 \end{aligned}$$

Gesucht x mit

$$\begin{aligned} & 10\,000 \text{ DM} \cdot 1{,}08^x = 20\,000 \text{ DM} \\ \Leftrightarrow\quad & 1{,}08^x = 2 \\ \Leftrightarrow\quad & x = \frac{\lg 2}{\lg 1{,}08} = 9{,}0 \end{aligned}$$

Bei einem Zinssatz von 5 % verdoppelt sich das Guthaben in 14,2 Jahren, bei 6,5 % in 11 Jahren und bei 8 % in 9 Jahren.

b) Gesucht x, wenn G das Guthaben und p der Prozentsatz ist, mit

$$G \cdot \left(1+\frac{p}{100}\right)^x = 2 \cdot G$$

$$\Leftrightarrow \quad \left(1+\frac{p}{100}\right)^x = 2$$

$$\Leftrightarrow \quad x = \frac{\lg 2}{\lg\left(1+\frac{p}{100}\right)}$$

Somit ist die Verdoppelungszeit lediglich abhängig vom gewährten Zinssatz.

142. a) Für die Weltbevölkerung W gilt, wenn x Jahre seit 1995 vergangen sind:
$W(x) = 5{,}76 \text{ Mrd.} \cdot 1{,}016^x$
Gesucht x mit W (x) = 8 Mrd.

$$\Rightarrow \quad 5{,}76 \text{ Mrd.} \cdot 1{,}016^x = 8 \text{ Mrd.}$$

$$\Leftrightarrow \quad 1{,}016^x = 1{,}389$$

$$\Leftrightarrow \quad x = \frac{\lg 1{,}389}{\lg 1{,}016} = 20{,}7$$

In ca. 21 Jahren, d. h. im Jahre 2016 wird die Weltbevölkerung mehr als 8 Mrd. Menschen betragen.

b) Für die in x Jahren ab 1995 in Afrika lebenden Menschen gilt:
$A(x) = 643 \text{ Mill.} \cdot 1{,}029^x$
Für die in x Jahren ab 1995 in China lebenden Menschen gilt:
$C(x) = 1{,}153 \text{ Mrd.} \cdot 1{,}014^x$
Leben in Afrika genau so viele Menschen wie in China, dann gilt:
A (x) = C (x)

$$643 \text{ Mill.} \cdot 1{,}029^x = 1{,}153 \text{ Mrd.} \cdot 1{,}014^x$$

$$\Leftrightarrow \quad \frac{1{,}029^x}{1{,}014^x} = \frac{1153 \text{ Mill.}}{643 \text{ Mill.}}$$

$$\Leftrightarrow \quad \left(\frac{1{,}029}{1{,}014}\right)^x = \frac{1153}{643}$$

$$\Leftrightarrow \quad x = \frac{\lg \frac{1153}{643}}{\lg \frac{1{,}029}{1{,}014}} = 39{,}8$$

In ca. 40 Jahren werden in Afrika genau so viele Menschen leben wie in China (≈ jeweils ca. 2 Milliarden Menschen).

143. a) $3 \cdot 7^x = 1 \Leftrightarrow 7^x = \frac{1}{3} \Leftrightarrow x = \log_7 \frac{1}{3}$

b) $5^{2x-3} = 3 \Leftrightarrow 2x - 3 = \log_5 3 \Leftrightarrow 2x = 3 + \log_5 3 \Leftrightarrow x = \frac{3}{2} + \frac{1}{2}\log_5 3$

c) $8^{x+1} = 2^{x-2} \Leftrightarrow (2^3)^{x+1} = 2^{x-2} \Leftrightarrow 2^{3x+3} = 2^{x-2}$
$\Leftrightarrow 3x + 3 = x - 2 \Leftrightarrow 2x = -5 \Leftrightarrow x = -\frac{5}{2}$

d) $4^x = 7^{3x-4} \Leftrightarrow \lg 4^x = \lg 7^{3x-4} \Leftrightarrow x \cdot \lg 4 = (3x - 4) \cdot \lg 7$
$\Leftrightarrow x \cdot \lg 4 - 3x \cdot \lg 7 = -4 \cdot \lg 7$
$\Leftrightarrow x(\lg 4 - 3\lg 7) = -4 \cdot \lg 7$
$\Leftrightarrow x = \frac{-4 \cdot \lg 7}{\lg 4 - 3 \cdot \lg 7}$

e) $3 \cdot 10^{1-x} = 6^{x-1} \Leftrightarrow \lg(3 \cdot 10^{1-x}) = \lg 6^{x-1}$
$\Leftrightarrow \lg 3 + (1 - x) \cdot \lg 10 = (x - 1) \cdot \lg 6$
$\Leftrightarrow \lg 3 + 1 - x = x \cdot \lg 6 - \lg 6$
$\Leftrightarrow \lg 3 + 1 + \lg 6 = x \cdot \lg 6 + x$
$\Leftrightarrow \lg 3 + 1 + \lg 6 = x \cdot (\lg 6 + 1)$
$\Leftrightarrow \frac{1 + \lg 3 + \lg 6}{\lg 6 + 1} = x$

f) $\log_3 x = 4 \Leftrightarrow x = 3^4 \Leftrightarrow x = 81$

g) $\lg(5x + 1) = 1 \Leftrightarrow 5x + 1 = 10 \Leftrightarrow 5x = 9 \Leftrightarrow x = \frac{9}{5}$

h) $\log_2(x - 1) = 0 \Leftrightarrow x - 1 = 2^0 \Leftrightarrow x - 1 = 1 \Leftrightarrow x = 2$

i) $2\lg x - \lg(x + 6) = 0 \Leftrightarrow \lg x^2 = \lg(x + 6) \Leftrightarrow x^2 = x + 6$
$\Leftrightarrow x^2 - x - 6 = 0 \Leftrightarrow (x - 3)(x + 2) = 0 \Leftrightarrow x = 3 \vee (x = -2)$
Die Einsetzung von –2 für x ergibt in der Ausgangsgleichung einen nichtdefinierten Ausdruck.

j) $\log_2 x + \log_2 (x+2) = 3$

$\Leftrightarrow \quad \log_2 [x(x+2)] = \log_2 2^3$

$\Leftrightarrow \quad x(x+2) = 2^3$

$\Leftrightarrow \quad x^2 + 2x = 8$

$\Leftrightarrow \quad x^2 + 2x - 8 = 0$, da $4 \cdot (-2) = -8$ und $4 - 2 = 2$

$\Leftrightarrow \quad (x+4)(x-2) = 0$

$\Leftrightarrow \quad (x = -4) \vee x = 2$

Die Einsetzung von -4 in der Ausgangsgleichung liefert einen nichtdefinierten Ausdruck.

k) $\log_x 2 = \frac{1}{4} \Leftrightarrow x^{\frac{1}{4}} = 2 \Leftrightarrow x = 2^4 \Leftrightarrow x = 16$

l) $\log_x 81 = -4 \Leftrightarrow x^{-4} = 81 \Leftrightarrow \frac{1}{x^4} = 81 \Leftrightarrow \frac{1}{81} = x^4$

$\Leftrightarrow \left(x = -\frac{1}{3}\right) \vee x = \frac{1}{3}$

Die Einsetzung von $-\frac{1}{3}$ in der Ausgangsgleichung liefert einen nichtdefinierten Ausdruck.

Die Lösungen der quadratischen Gleichungen in i) und j) können auch mit Hilfe der Lösungsformel berechnet werden.

144. a) $3^{2x} - \frac{8}{3} \cdot 3^x - 1 = 0$

Setze $3^x = u$

$u^2 - \frac{8}{3}u - 1 = 0$ da $-3 \cdot \frac{1}{3} = -1$ und $-3 + \frac{1}{3} = -\frac{8}{3}$

$\Leftrightarrow \quad (u-3) \cdot \left(u + \frac{1}{3}\right) = 0$

$\Leftrightarrow \quad u = 3 \vee u = -\frac{1}{3}$

Setze $u = 3^x$

$3^x = 3 \vee 3^x = -\frac{1}{3}$

$\Leftrightarrow \quad x = 1$ unerfüllbar

b) $4^x - 18 \cdot 2^x + 32 = 0$

Setze $2^x = u$

$$u^2 - 18u + 32 = 0 \quad \text{, da } (-16)\cdot(-2) = 32 \text{ und } (-16)+(-2) = -18$$
$$\Leftrightarrow \quad (u-16)(u-2) = 0$$
$$\Leftrightarrow \quad u = 16 \vee u = 2$$

Setze $u = 2^x$

$$2^x = 16 \vee 2^x = 2$$
$$\Leftrightarrow \quad x = 4 \vee x = 1$$

c) $(\log_3 x)^2 - \log_3 x - 6 = 0$

Setze $\log_3 x = u$

$$u^2 - u - 6 = 0 \text{ , da } -3\cdot 2 = -6 \text{ und } -3+2 = -1$$
$$\Leftrightarrow \quad (u-3)(u+2) = 0$$
$$\Leftrightarrow \quad u = 3 \vee u = -2$$

Setze $u = \log_3 x$

$$\log_3 x = 3 \vee \log_3 x = -2$$
$$\Leftrightarrow \quad x = 3^3 \vee x = 3^{-2}$$
$$\Leftrightarrow \quad x = 27 \vee x = \frac{1}{9}$$

d) $(\log_2 x)^2 - \frac{11}{4} \cdot \log_2 x - \frac{3}{4} = 0$

Setze $\log_2 x = u$

$$u^2 - \frac{11}{4}u - \frac{3}{4} = 0 \text{ , da } -3\cdot\frac{1}{4} = -\frac{3}{4} \text{ und } -3+\frac{1}{4} = -\frac{11}{4}$$
$$\Leftrightarrow \quad (u-3)\cdot\left(u+\frac{1}{4}\right) = 0$$
$$\Leftrightarrow \quad u = 3 \vee u = -\frac{1}{4}$$

Setze $u = \log_2 x$

$$\log_2 x = 3 \vee \log_2 x = -\frac{1}{4}$$
$$\Leftrightarrow \quad x = 2^3 \vee x = 2^{-\frac{1}{4}}$$
$$\Leftrightarrow \quad x = 8 \vee x = \sqrt[4]{\frac{1}{2}}$$

Die Lösungen der quadratischen Gleichungen in Aufgabe 144 kannst du auch mit Hilfe der Lösungsformel bestimmen.

Notizen

Notizen

Notizen

Ihre Meinung ist uns wichtig!

Ihre Anregungen sind uns immer willkommen.
Bitte informieren Sie uns mit diesem Schein über Ihre Verbesserungsvorschläge!

Titel-Nr.	Seite	Fehler, Vorschlag

STARK

Bitte hier abtrennen

Bitte hier abtrennen

Zutreffendes bitte ankreuzen!

Die Absenderin/der Absender ist:

- ☐ Lehrer/in
- ☐ Fachbetreuer/in
  Fächer: ________________
- ☐ Oberstufenbetreuer/in
- ☐ Seminarlehrer/in
  Fächer: ________________
- ☐ Schulleiter/in
- ☐ Regierungsfachberater/in
  Fächer: ________________
- ☐ Sekretariat
- ☐ Schüler/in
- ☐ Eltern

Unterrichtsfächer:

Stark Verlag
Postfach 1852
85318 Freising

7-V1M

Bitte ausfüllen und im frankierten Umschlag an uns einsenden. Für Fensterkuverts geeignet.

Kennen Sie Ihre Kundennummer? Bitte hier eintragen.

Absender (bitte in Druckbuchstaben)

Name/Vorname

Straße/Nr.

PLZ/Ort

Schule/Schulstempel (bitte immer angeben)

Training aus der Praxis für Schüler!

Theorie ist gut, Praxis ist besser. Deshalb enthalten unsere von Fachlehrern entwickelten Trainingsbände nicht nur alle nötigen Fakten, sondern jede Menge praxisgerechte Übungen mit vollständigen Lösungen. Auf die prüfungsrelevanten Stoffgebiete konzentriert, ermöglichen alle Bände ein effektives Lernen – beste Voraussetzungen, um sich als Schüler selbstständig vorzubereiten.

Mathematik

Zentrale Klassenarbeiten NEU BEARBEITUNG
Aufgabensammlung zur intensiven Vorbereitung auf die zentrale Klassenarbeit an baden-württembergischen Gymnasien. Mit Lösungen.
■ **Best.-Nr. 80001 .... DM 16,90**

Mathematik Algebra 10. Klasse
Der Algebrastoff der 10. Klasse wird mit Blick auf die Oberstufe in fünf großen Kapiteln prägnant dargestellt. Dazu Aufgaben mit Lösungen.
■ **Best.-Nr. 90014 .... DM 17,90**

Mathematik Geometrie 10. Klasse – 1 NEU
Der relevante Lernstoff wird an treffenden Beispielen erläutert. Viele Aufgaben ermöglichen das Einüben des Stoffes. Mit Lösungen.
■ **Best.-Nr. 90024 .... DM 16,90**

Mathematik Geometrie 10. Klasse – 2 NEU
Einprägsame Darstellung des relevanten Lernstoffs in übersichtlich strukturierten Kapiteln. Dazu zahlreiche Aufgaben mit Lösungen.
■ **Best.-Nr. 90025 .... DM 16,90**

Mathematik Algebra 9. Klasse
Erklärungsteil, Grundwissen, Regeln mit dazugehörigen Grundaufgaben sowie umfangreiches Aufgabenmaterial. Mit Lösungen.
■ **Best.-Nr. 90013 .... DM 19,90**

Mathematik Geometrie 9. Klasse
Darstellung des Geometrie-Stoffes der 9. Klasse. Dazu Wiederholung des notwendigen Grundwissens, Beispiele und ausführliches Übungsmaterial mit schülergerechten Lösungen.
■ **Best.-Nr. 90023 .... DM 18,90**

Mathematik Algebra 8. Klasse
Darstellung des gesamten Lernstoffs in strukturierten Kapiteln. Mit Erklärungsteil, Beispielen und Aufgaben. Dazu erklärende Lösungen.
■ **Best.-Nr. 90012 .... DM 17,90**

Mathematik Geometrie 8. Klasse
Übersichtliche Darstellung des gesamten Geometriestoffes der 8. Klasse. Dazu Beispiele und Übungsmaterial mit schülergerechten Lösungen.
■ **Best.-Nr. 90022 .... DM 18,90**

Mathematik Algebra 7. Klasse
Darstellung des gesamten Lernstoffs in übersichtlich strukturierten Kapiteln. Aufgabenmaterial mit schülergerechten Lösungen.
■ **Best.-Nr. 90011 .... DM 16,90**

Mathematik Geometrie 7. Klasse
Erklärungsteil, Beispiele sowie Übungsmaterial mit schülergerechten Lösungen.
■ **Best.-Nr. 90021 .... DM 18,90**

Mathematik 6. Klasse
Trainingsmaterial zur Vorbereitung auf den Unterricht in der 6. Klasse Gymnasium. Charakteristische Aufgaben sowie 30 Prüfungsaufgaben mit ausführlichen Lösungen.
■ **Best.-Nr. 90006 .... DM 19,90**

Mathematik 5. Klasse
Trainingsmaterial zur Vorbereitung auf Klassenarbeiten in der 5. Klasse Gymnasium. Dazu Beispiele sowie zusätzlich 50 Klassenarbeiten mit schülergerechten Lösungen.
■ **Best.-Nr. 90005 .... DM 18,90**

Mathematik Übertritt ins Gymnasium
Enthält 30 Prüfungsaufgaben mit 180 Teil- und zusätzlichen Übungsaufgaben. Dazu Lösungen.
■ **Best.-Nr. 90001 .... DM 17,90**

(Bitte blättern Sie um)